U0303047

"十三五"国家重点出版物出版规划项目

持久性有机污染物
POPs 研究系列专著

持久性有机污染物被动采样与区域大气传输 （第二版）

刘咸德　郑晓燕　王宝盛　江桂斌／著

科学出版社

北京

内 容 简 介

本书基于大气被动采样和其他环境介质的观测数据，讨论了持久性有机污染物（POPs）在我国天津-山东长岛地区、成都-卧龙山区等地的浓度水平、组成特征、空间分布和季节变化，进而研究其区域性大气传输、山地冷捕集效应、土-气分配、森林过滤效应等环境过程，也分析了 POPs 的主要来源，源区和受体地区关系，区分其历史残留和近期输入。同时，还详细介绍了 POPs 相对组成探针技术方法，其具体应用从几百至几千千米尺度，应用实例包括非洲、南美洲、北美洲和全球范围的大气观测与研究；大气被动采样的原理、技术方法与装置；并综述了持久性有机污染物大气传输研究的现状与动态。第一版共 8 章。

第二版新增了 2 章。第 9 章报告了 2015～2019 年间五个方面的新进展，包括大气被动采样技术改进、POPs 化合物氯同位素丰度测定方法、青藏高原大气 POPs 组成与气候分区的关联、翻越喜马拉雅山脉的 POPs 大气传输研究，以及 POPs 长期监测数据在《斯德哥尔摩公约》履约工作中的意义。第 10 章归纳了国内外发挥引领作用的著名研究团队的先进研究理念，并着重分析了三个方面的显著特点。

本书可以作为高等院校环境科学、环境工程等专业的教学参考书，也可供从事大气环境科学、大气污染控制、大气环境监测、环境管理的研究人员和技术人员参考。

图书在版编目（CIP）数据

持久性有机污染物被动采样与区域大气传输／刘咸德等著. —2 版.
—北京：科学出版社，2019.10
（持久性有机污染物（POPs）研究系列专著）

"十三五"国家重点出版物出版规划项目　国家出版基金项目
ISBN 978-7-03-062468-0

Ⅰ.①持… Ⅱ.①刘… Ⅲ.①持久性-挥发性有机物-大气污染物-大气采样-研究 Ⅳ.①X831

中国版本图书馆 CIP 数据核字（2019）第 207003 号

责任编辑：朱　丽　杨新改／责任校对：杜子昂
责任印制：肖　兴／封面设计：黄华斌

斜 学 出 版 社 出版

北京东黄城根北街 16 号
邮政编码：100717
http://www.sciencep.com

北京画中画印刷有限公司 印刷
科学出版社发行　各地新华书店经销

*

2015 年 2 月第 一 版　开本：720×1000　1/16
2019 年 10 月第 二 版　印张：19 1/2　插页：10
2019 年 10 月第二次印刷　字数：380 000
定价：150.00 元
（如有印装质量问题，我社负责调换）

《持久性有机污染物（POPs）研究系列专著》
丛书编委会

丛 书 序

　　持久性有机污染物（persistent organic pollutants，POPs）是指在环境中难降解（滞留时间长）、高脂溶性（水溶性很低），可以在食物链中累积放大，能够通过蒸发－冷凝、大气和水等的输送而影响到区域和全球环境的一类半挥发性且毒性极大的污染物。POPs 所引起的污染问题是影响全球与人类健康的重大环境问题，其科学研究的难度与深度，以及污染的严重性、复杂性和长期性远远超过常规污染物。POPs 的分析方法、环境行为、生态风险、毒理与健康效应、控制与削减技术的研究是最近 20 年来环境科学领域持续关注的一个最重要的热点问题。

　　近代工业污染催生了环境科学的发展。1962 年，*Silent Spring* 的出版，引起学术界对滴滴涕（DDT）等造成的野生生物发育损伤的高度关注，POPs 研究随之成为全球关注的热点领域。1996 年，*Our Stolen Future* 的出版，再次引发国际学术界对 POPs 类环境内分泌干扰物的环境健康影响的关注，开启了环境保护研究的新历程。事实上，国际上环境保护经历了从常规大气污染物（如 SO_2、粉尘等）、水体常规污染物［如化学需氧量（COD）、生化需氧量（BOD）等］治理和重金属污染控制发展到痕量持久性有机污染物削减的循序渐进过程。针对全球范围内 POPs 污染日趋严重的现实，世界许多国家和国际环境保护组织启动了若干重大研究计划，涉及POPs 的分析方法、生态毒理、健康危害、环境风险理论和先进控制技术。研究重点包括：①POPs 污染源解析、长距离迁移传输机制及模型研究；②POPs 的毒性机制及健康效应评价；③POPs 的迁移、转化机理以及多介质复合污染机制研究；④POPs的污染削减技术以及高风险区域修复技术；⑤新型污染物的检测方法、环境行为及毒性机制研究。

　　20 世纪国际上发生过一系列由于 POPs 污染而引发的环境灾难事件（如意大利Seveso 化学污染事件、美国拉布卡纳尔镇污染事件、日本和中国台湾米糠油事件等），这些事件给我们敲响了 POPs 影响环境安全与健康的警钟。1999 年，比利时鸡饲料二噁英类污染波及全球，造成 14 亿欧元的直接损失，导致该国政局不稳。

　　国际范围内针对 POPs 的研究，主要包括经典 POPs（如二噁英、多氯联苯、含氯杀虫剂等）的分析方法、环境行为及风险评估等研究。如美国 1991～2001 年的二噁英类化合物风险再评估项目，欧盟、美国环境保护署（EPA）和日本环境厅先后启动了环境内分泌干扰物筛选计划。20 世纪 90 年代提出的蒸馏理论和蚂蚱跳效应较好地解释了工业发达地区 POPs 通过水、土壤和大气之间的界面交换而长距离迁移到南北极等极地地区的现象，而之后提出的山区冷捕集效应则更加系统地解释了高山地区随着海拔的增加其环境介质中POPs浓度不断增加的迁移机理，从而为POPs的全球传输提供了重要的依据和科学支持。

2001年5月，全球100多个国家和地区的政府组织共同签署了《关于持久性有机污染物的斯德哥尔摩公约》（简称《斯德哥尔摩公约》）。目前已有包括我国在内的179个国家和地区加入了该公约。从缔约方的数量上不仅能看出公约的国际影响力，也能看出世界各国对POPs污染问题的重视程度，同时也标志着在世界范围内对POPs污染控制的行动从被动应对到主动防御的转变。

进入21世纪之后，随着《斯德哥尔摩公约》进一步致力于关注和讨论其他同样具POPs性质和环境生物行为的有机污染物的管理和控制工作，除了经典POPs，对于一些新型POPs的分析方法、环境行为及界面迁移、生物富集及放大，生态风险及环境健康也越来越成为环境科学研究的热点。这些新型POPs的共有特点包括：目前为正在大量生产使用的化合物、环境存量较高、生态风险和健康风险的数据积累尚不能满足风险管理等。其中两类典型的化合物是以多溴二苯醚为代表的溴系阻燃剂和以全氟辛基磺酸盐（PFOS）为代表的全氟化合物，对于它们的研究论文在过去15年呈现指数增长趋势。如有关PFOS的研究在Web of Science上搜索结果为从2000年的8篇增加到2013年的323篇。随着这些新增POPs的生产和使用逐步被禁止或限制使用，其替代品的风险评估、管理和控制也越来越受到环境科学研究的关注。而对于传统的生态风险标准的进一步扩展，使得大量的商业有机化学品的安全评估体系需要重新调整。如传统的以鱼类为生物指示物的研究认为污染物在生物体中的富集能力主要受控于化合物的脂-水分配，而最近的研究证明某些低正辛醇-水分配系数、高正辛醇-空气分配系数的污染物（如HCHs）在一些食物链特别是在陆生生物链中也表现出很高的生物放大效应，这就向如何修订污染物的生态风险标准提出了新的挑战。

作为一个开放式的公约，任何一个缔约方都可以向公约秘书处提交意在将某一化合物纳入公约受控的草案。相应的是，2013年5月在瑞士日内瓦举行的缔约方大会第六次会议之后，已在原先的包括二噁英等在内的12类经典POPs基础上，新增13种包括多溴二苯醚、全氟辛基磺酸盐等新型POPs成为公约受控名单。目前正在进行公约审查的候选物质包括短链氯化石蜡（SCCPs）、多氯萘（PCNs）、六氯丁二烯（HCBD）及五氯苯酚（PCP）等化合物，而这些新型有机污染物在我国均有一定规模的生产和使用。

中国作为经济快速增长的发展中国家，目前正面临比工业发达国家更加复杂的环境问题。在前两类污染物尚未完全得到有效控制的同时，POPs污染控制已成为我国迫切需要解决的重大环境问题。作为化工产品大国，我国新型POPs所引起的环境污染和健康风险问题比其他国家更为严重，也可能存在国外不受关注但在我国环境介质中广泛存在的新型污染物。对于这部分化合物所开展的研究工作不但能够为相应的化学品管理提供科学依据，同时也可为我国履行《斯德哥尔摩公约》提供重要的数据支持。另外，随着经济快速发展所产生的污染所致健康问题在我国的集中显现，新型POPs污染的毒性与健康危害机制已成为近年来相关研究的热点问题。

随着2004年5月《斯德哥尔摩公约》正式生效，我国在国家层面上启动了对POPs污染源的研究，加强了POPs研究的监测能力建设，建立了几十个高水平专业实验室。科研机构、环境监测部门和卫生部门都先后开展了环境和食品中POPs的监测和控制措施研究。特别是最近几年，在新型POPs的分析方法学、环境行为、生态毒理与环境风险，以及新污染物发现等方面进行了卓有成效的研究，并获得了显著的研究成果。如在电子垃圾拆解地，积累了大量有关多溴二苯醚（PBDEs）、二噁英、溴代二噁英等POPs的环境转化、生物富集/放大、生态风险、人体赋存、母婴传递乃至人体健康影响等重要的数据，为相应的管理部门提供了重要的科学支撑。我国科学家开辟了发现新POPs的研究方向，并连续在环境中发现了系列新型有机污染物。这些新POPs的发现标志着我国POPs研究已由全面跟踪国外提出的目标物，向发现并主动引领新POPs研究方向发展。在机理研究方面，率先在珠穆朗玛峰、南极和北极地区"三极"建立了长期采样观测系统，开展了POPs长距离迁移机制的深入研究。通过大量实验数据证明了POPs的冷捕集效应，在新的源汇关系方面也有所发现，为优化POPs远距离迁移模型及认识POPs的环境归宿做出了贡献。在污染物控制方面，系统地摸清了二噁英类污染物的排放源，获得了我国二噁英类排放因子，相关成果被联合国环境规划署《全球二噁英类污染源识别与定量技术导则》引用，以六种语言形式全球发布，为全球范围内评估二噁英类污染来源提供了重要技术参数。以上有关POPs的相关研究是解决我国国家环境安全问题的重大需求、履行国际公约的重要基础和我国在国际贸易中取得有利地位的重要保证。

我国POPs研究凝聚了一代代科学家的努力。1982年，中国科学院生态环境研究中心发表了我国二噁英研究的第一篇中文论文。1995年，中国科学院武汉水生生物研究所建成了我国第一个装备高分辨色谱/质谱仪的标准二噁英分析实验室。进入21世纪，我国POPs研究得到快速发展。在能力建设方面，目前已经建成数十个符合国际标准的高水平二噁英实验室。中国科学院生态环境研究中心的二噁英实验室被联合国环境规划署命名为"Pilot Laboratory"。

2001年，我国环境内分泌干扰物研究的第一个"863"项目"环境内分泌干扰物的筛选与监控技术"正式立项启动。随后经过10年4期"863"项目的连续资助，形成了活体与离体筛选技术相结合，体外和体内测试结果相互印证的分析内分泌干扰物研究方法体系，建立了有中国特色的环境内分泌污染物的筛选与研究规范。

2003年，我国POPs领域第一个"973"项目"持久性有机污染物的环境安全、演变趋势与控制原理"启动实施。该项目集中了我国POPs领域研究的优势队伍，围绕 POPs 在多介质环境的界面过程动力学、复合生态毒理效应和焚烧等处理过程中 POPs 的形成与削减原理三个关键科学问题，从复杂介质中超痕量 POPs 的检测和表征方法学；我国典型区域 POPs 污染特征、演变历史及趋势；典型 POPs 的排放模式和运移规律；典型 POPs 的界面过程、多介质环境行为；POPs 污染物的复合生态毒理效应；POPs 的削减与控制原理以及 POPs 生态风险评价模式和预警方法体系七个方面开展了富有成效的研究。该项目以我国 POPs 污染的演变趋势为主，基本摸清了我国 POPs 特别是二噁英排放的行业分布与污染现状，为我国履行《斯德哥尔摩公约》做出了突出贡献。2009 年，POPs 项目得到延续资助，研究内容发展到以 POPs 的界面过程和毒性健康效应的微观机理为主要目标。2014 年，项目再次得到延续，研究内容立足前沿，与时俱进，发展到了新型持久性有机污染物。这 3 期"973"项目的立项和圆满完成，大大推动了我国 POPs 研究为国家目标服务的能力，培养了大批优秀人才，提高了学科的凝聚力，扩大了我国 POPs 研究的国际影响力。

2008 年开始的"十一五"国家科技支撑计划重点项目"持久性有机污染物控制与削减的关键技术与对策"，针对我国持久性有机物污染物控制关键技术的科学问题，以识别我国 POPs 环境污染现状的背景水平及制订优先控制 POPs 国家名录，我国人群 POPs 暴露水平及环境与健康效应评价技术，POPs 污染控制新技术与新材料开发，焚烧、冶金、造纸过程二噁英类减排技术，POPs 污染场地修复，废弃 POPs 的无害化处理，适合中国国情的 POPs 控制战略研究为主要内容，在废弃物焚烧和冶金过程烟气减排二噁英类、微生物或植物修复 POPs 污染场地、废弃 POPs 降解的科研与实践方面，立足自主创新和集成创新。项目从整体上提升了我国 POPs 控制的技术水平。

目前我国 POPs 研究在国际 SCI 收录期刊发表论文的数量、质量和引用率均进入国际第一方阵前列，部分工作在开辟新的研究方向、引领国际研究方面发挥了重要作用。2002 年以来，我国 POPs 相关领域的研究多次获得国家自然科学奖励。2013 年，中国科学院生态环境研究中心 POPs 研究团队荣获"中国科学院杰出科技成就奖"。

我国 POPs 研究开展了积极的全方位的国际合作，一批中青年科学家开始在国际学术界崭露头角。2009 年 8 月，第 29 届国际二噁英大会首次在中国举行，来自世界上 44 个国家和地区的近 1100 名代表参加了大会。国际二噁英大会自 1980 年召开以来，至今已连续举办了 38 届，是国际上有关持久性有机污染物（POPs）研究领域影响最大的学术会议，会议所交流的论文反映了当时国际 POPs 相关领域的最新进展，也体现了国际社会在控制 POPs 方面的技术与政策走向。第 29 届国际二噁英大会在我国的成功召开，对提高我国持久性有机污染物研究水平、加速国际化进程、推进国际合作和培养优秀人才等方面起到了积极作用。近年来，我国科学家多次应邀在国际二噁英大会上作大会报告和大会总结报告，一些高水平研究工作产生了重要的学术影响。与此同时，我国科学家自己发起的 POPs 研究的国内外学术会议也产生了重要影响。2004 年开始的 "International Symposium on Persistent Toxic Substances" 系列国际会议至今已连续举行 14 届，近几届分别在美国、加拿大、中国香港、德国、日本等国家和地区召开，产生了重要学术影响。每年 5 月 17～18 日定期举行的 "持久性有机污染物论坛" 已经连续 12 届，在促进我国 POPs 领域学术交流、促进官产学研结合方面做出了重要贡献。

本丛书《持久性有机污染物（POPs）研究系列专著》的编撰，集聚了我国 POPs 研究优秀科学家群体的智慧，系统总结了 20 多年来我国 POPs 研究的历史进程，从理论到实践全面记载了我国 POPs 研究的发展足迹。根据研究方向的不同，本丛书将系统地对 POPs 的分析方法、演变趋势、转化规律、生物累积/放大、毒性效应、健康风险、控制技术以及典型区域 POPs 研究等工作加以总结和理论概括，可供广大科技人员、大专院校的研究生和环境管理人员学习参考，也期待它能在 POPs 环保宣教、科学普及、推动相关学科发展方面发挥积极作用。

我国的 POPs 研究方兴未艾，人才辈出，影响国际，自树其帜。然而，"行百里者半九十"，未来事业任重道远，对于科学问题的认识总是在研究的不断深入和不断学习中提高。学术的发展是永无止境的，人们对 POPs 造成的环境问题科学规律的认识也是不断发展和提高的。受作者学术和认知水平限制，本丛书可能存在不同形式的缺憾、疏漏甚至学术观点的偏颇，敬请读者批评指正。本丛书若能对读者了解并把握 POPs 研究的热点和前沿领域起到抛砖引玉作用，激发广大读者的研究兴趣，或讨论或争论其学术精髓，都是作者深感欣慰和至为期盼之处。

2017 年 1 月于北京

第二版前言

从 2015 年初本书第一版付印，已经过去了四年多时间。第一版的最后一章我们展望了"持久性有机污染物被动采样与区域大气传输"的研究前景。现在回顾这几年的一些新进展是很有意义的。人们可以看到这个领域在研究的广度和深度上都有拓展。研究广度的拓展不仅仅是指具体应用研究区域的地理尺度更大了，也意味着应用的区域更具特色、更适合于探索具体的、未知的科学问题。研究深度的拓展表现在对被动采样技术本身的改进与革新，新技术的开发和应用；体现在研究方法有综合性的提升，例如把野外现场观测和模型研究模拟计算紧密地结合起来；还表现为有更多的研究工作深入讨论、定量描述有关的环境过程及其影响，而不仅仅是停留在浓度水平的报告或季节变化和空间差异的表述层面上。我们选择了近年新进展的几个具体研究实例，作为第 9 章的内容，向读者报告。

在《持久性有机污染物（POPs）研究系列专著》丛书编委会会议上，资深专家、学者建议我们认真思考、归纳总结国内外 POPs 研究的著名团队的先进研究理念。不要满足于学习、模仿他们一些具体的做法和思路，争取从先进研究理念层面，高屋建瓴，提纲挈领，更自觉、更有效地学习国内外先进研究团队的先进之处，提高我们自身的研究水平。我们把这个建议也提交给更多的同行专家，请他们发表意见，还特别邀请在国外著名研究团队有国际合作经历的一些学者介绍他们的体会、感受。最后我们归纳了三点，写成第 10 章。这些看法是探索性的一家之言，以期抛砖引玉。我们希望有更多的同行专家、学者来思考这个问题。大家共同努力，提高我国 POPs 研究的整体学术水平。

POPs 大气被动采样技术的使用历史并不长，是在 21 世纪最初几年先后成型并开始推广应用的。第二版新增添的两章内容，和前 8 章内容结合在一起，构建了一个更加清晰的时间坐标，可以更好地反映该技术和该研究领域的进步和发展前景。这有助于提升本书的可读性。

最后，衷心感谢 POPs 研究领域同行专家、学者的不懈努力和取得的最新研究成果；也感谢科学出版社朱丽、杨新改编辑的耐心帮助与辛勤努力。我们衷心希望读者对于本书的不足和疏漏之处不吝指正，提出建议。

著   者

2019 年 6 月

第一版前言

持久性有机污染物（POPs）具有毒性、生物蓄积性、环境中难降解的特性。此类污染物多为半挥发性有机物，具有大气长距离传输的能力，使得一个地方的污染问题演变为区域性、跨国界，甚至全球性的环境问题，引起国际社会的共同关注。一方面，大量的前期研究成果与环境监测数据，揭示了持久性有机污染物问题的严重性，催生、推动了国际《关于持久性有机污染物的斯德哥尔摩公约》（简称《斯德哥尔摩公约》）的签订。另一方面，国际公约的履约需求又引领、带动了持久性有机污染物的深入研究与系统、长期的环境监测。

为了了解 POPs 污染的状况，跟踪 POPs 减排与控制措施的实际效果，国际《斯德哥尔摩公约》对 POPs 的环境监测提出了具体要求。大气、底栖生物、母乳是 POPs 监测的三个关键环境介质。大气介质以其敏感反映 POPs 排放以及环境浓度的变化而受到关注。

在 2002 年和 2003 年分别出现了以聚氨酯泡沫（PUF）塑料和 XAD 树脂为吸附剂的被动采样器，专门针对 POPs 的大气被动采样，推动了新一波被动采样技术的发展与应用。这些采样器经济、适用，无需电力驱动，第一次提供了人迹罕至的广袤边远地区的背景值数据和一批各种空间尺度的具有区域代表性的宝贵数据。

大气被动采样技术（PAS）发展势头强劲，主要是它的特点与性能满足了履行 POPs 国际公约工作的要求。PAS 适合于大范围、区域性的调查与环境监测，利于 POPs 空间分布与季节变化的研究。PAS 尤其能够获取较长时段（旬、月、季、年）的 POPs 均值信息，进而获取多年时间跨度的浓度水平演变趋势的信息。深入分析、解读 PAS 数据还可以识别与区分 POPs 源区与清洁受体地区，研究大气传输现象和其他环境过程。

在国家重点基础研究发展计划项目"持久性有机污染物的环境安全、演变趋势与控制原理"（简称"973POPs"）项目的资助下，我们采用以 XAD 树脂为吸附剂的大气被动采样器（XAD-PAS）在天津、山东长岛、四川卧龙自然保护区进行了大气和土壤介质的样品采集和化学分析，开展了 POPs 大气污染状况、时空分布、来源识别、区域性大气传输过程、二次挥发过程、土-气交换过程等项研究。

本书由 8 章组成，分别是绪论；持久性有机污染物的大气被动采样技术；有机氯污染物沿天津城区-农村剖面的时空变化与组成特征；有机氯污染物的大气传输与森林过滤效应：长岛案例；持久性有机物污染物大气传输：成都平原-川西山区案例；持久性有机物污染物的山区冷捕集效应：川西山区案例；POPs 相对组成探针技术应用实例；前景与展望。本书依托大气被动采样技术，获取具有时间与空间代表性的大气浓度与组成的数据，表征持久性有机污染物的污染状况，进而研究其来源与环境过程。创新之处有，大气被动采样技术的应用：时间分辨与季节变化匹配的采样设计；多季节、跨年度的长期连续采样；源区与受体地区的协同采样。被动采样速率的推算：用六氯苯区域性平均浓度反推各点位采样速率，统一校正处理温度、风速、紊流等诸多影响因素，准确反映 POPs 的空间差异与季节变化规律。POPs 相对组成探针技术研究与应用：基于大气 POPs 相对组成数据，采用分层聚类技术，研究 POPs 来源与大气传输现象；具体应用包括几百至几千千米的区域、北美洲尺度和全球范围的观测与研究。环境过程研究：基于大气被动采样和土壤介质的数据，研究区域性大气传输、山区冷捕集效应、森林过滤效应、土-气交换等环境过程。

　　本书由刘咸德、郑晓燕、王宝盛、江桂斌策划、统稿，包含了郑晓燕、王宝盛博士论文和刘文杰硕士论文的部分工作，以及"973POPs"项目第三课题组与合作伙伴中刘文杰、杨文、陈大舟、汤桦、Frank Wania、John Westgate、杨永亮、朱晓华等十余人的有关研究成果。作者衷心感谢科学出版社的朱丽编辑的耐心与努力。参与研究与合作的所有人的辛勤工作使本书最终得以出版。

　　本书研究工作的现场采样、实验室分析、数据分析、初步成果表达是由"973POPs"项目第三课题"典型持久性有机污染物的排放特征和运移规律"（2003CB415003）资助完成的；后续的成果表达和专著写作工作还得到国家自然科学基金青年科学基金课题（41101476）和中国环境科学研究院的院所基金课题（2009KYYW13）的资助；本书的出版得到中国科学院生态环境研究中心的资助；在此表示衷心感谢。

　　由于我们的水平有限，书中不足、疏漏之处，敬请读者批评指正。

著　者

2014 年 10 月

目　　录

丛书序

第二版前言

第一版前言

第1章　持久性有机污染物的大气传输 ··· 1

　本章导读 ··· 1

　1.1　关于持久性有机污染物的国际公约 ·· 1

　　　1.1.1　持久性有机污染物的物理化学性质 ······························ 2

　　　1.1.2　关于持久性有机污染物的斯德哥尔摩公约 ····················· 6

　　　1.1.3　中国典型持久性有机污染物的污染状况 ························· 9

　　　1.1.4　中国履约成效和进程 ··· 13

　1.2　持久性有机污染物的大气传输实例 ·· 14

　　　1.2.1　跨太平洋的POPs大气长距离传输 ······························· 15

　　　1.2.2　南极洲的POPs大气长距离传输 ··································· 16

　　　1.2.3　青藏高原的POPs大气长距离传输 ······························· 17

　1.3　持久性有机污染物的区域分布与大气传输 ······························ 19

　　　1.3.1　大尺度的大气POPs监测和区域分布研究 ······················ 19

　　　1.3.2　区域性的POPs大气传输 ·· 21

　1.4　持久性有机污染物大气传输及有关环境过程 ··························· 24

　　　1.4.1　冷捕集效应 ·· 24

　　　1.4.2　土-气交换过程 ··· 26

　　　1.4.3　森林过滤效应 ·· 26

　1.5　持久性有机污染物大气传输有关的模型研究 ··························· 27

　　　1.5.1　反向风迹模型和"空域"的计算 ··································· 27

　　　1.5.2　环境多介质模型 ·· 28

　　　1.5.3　大气扩散模型 ·· 30

　　　1.5.4　演变趋势模型研究 ·· 31

　参考文献 ··· 33

第2章 持久性有机污染物的大气被动采样技术 ················· 42

本章导读 ·· 42

2.1 大气被动采样器的设计与原理 ·························· 43

2.1.1 履约需求催生 POPs 大气被动采样技术 ············ 43

2.1.2 大气被动采样器的设计与结构 ···················· 45

2.1.3 大气被动采样器的工作原理：双膜吸附假设 ········ 46

2.2 大气被动采样器的应用 ······························ 48

2.2.1 影响大气被动采样器采样速率的因素 ············ 48

2.2.2 XAD-PAS 采样速率的估算 ······················ 50

2.2.3 应用逸失-参考化合物预置技术推算 PUF-PAS 采样速率 ··· 52

2.2.4 大气被动采样器的校正与验证 ···················· 53

2.3 大气被动采样原理研究的新进展：三过程吸附假设 ········ 56

本章小结 ·· 59

参考文献 ·· 60

第3章 有机氯污染物沿天津城区-农村剖面的时空变化与组成特征 ········ 64

本章导读 ·· 64

3.1 材料与方法 ·· 65

3.1.1 样品采集 ····································· 65

3.1.2 样品提取与定量 ································ 67

3.2 天津市大气有机氯污染物的浓度水平与时空变化 ········ 68

3.2.1 HCHs 的浓度水平和时空变化 ···················· 72

3.2.2 HCB 的浓度水平和时空变化 ···················· 78

3.2.3 DDTs 的浓度水平和时空变化 ···················· 79

3.2.4 两个指示性 PCBs 同类物的浓度水平与时空变化 ······ 82

3.3 两个春季样品的比较 ································ 86

3.4 与前期工作的比较 ·································· 87

3.5 大气中有机氯污染物的相对组成的聚类分析 ·········· 88

本章小结 ·· 90

参考文献 ·· 91

第4章 有机氯污染物长距离大气传输及森林过滤效应：长岛地区 ········ 95

本章导读 ·· 95

4.1 材料与方法 ·· 96

4.1.1　样品采集 ··· 96
4.1.2　样品提取与定量 ·· 98
4.1.3　大气浓度的计算 ·· 98
4.2　有机氯污染物的浓度水平和空间变化 ······················· 103
4.3　有机氯污染物的相对组成及来源初析 ······················· 104
4.4　有机氯污染物的森林过滤效应 ································· 108
4.5　有机氯污染物季节情况 ··· 109
4.6　长岛-天津有机氯污染物相对化学组成的比较 ············· 114
4.6.1　长岛地区大气中有机氯污染物的组成特征 ············· 114
4.6.2　长岛-天津有机氯污染物相对化学组成相关性分析 ······ 115
4.6.3　长岛-天津有机氯污染物相对化学组成聚类分析 ········ 118
本章小结 ··· 122
参考文献 ··· 123

第5章　持久性有机污染物大气传输：成都平原-川西山区 ···· 127
本章导读 ··· 127
5.1　大气被动采样器采样速率的确定 ······························ 128
5.1.1　研究区域与大气被动采样 ······························· 128
5.1.2　样品处理与色谱分析 ···································· 130
5.1.3　质量控制 ·· 130
5.1.4　空域的计算 ··· 130
5.1.5　计算目标化合物的大气体积浓度 ······················ 130
5.1.6　大气被动采样器采样速率推算方法的比较 ············· 137
5.2　卧龙山区持久性有机污染物的大气浓度水平 ··············· 138
5.3　持久性有机氯污染物的大气浓度沿海拔梯度分布与当地排放源 ··· 142
5.4　川西山区大气中持久性有机污染物的分布特征与季节变化 ··· 144
5.4.1　大气浓度的季节变化与年际差异 ······················ 144
5.4.2　卧龙山区和成都的比较 ································· 145
5.5　运用持久性有机氯污染物组成探针技术研究区域性大气传输 ··· 146
5.5.1　大气中有机氯污染物的组成特征 ······················ 146
5.5.2　区域大气中有机氯污染物的相对组成的聚类分析 ······· 147
5.5.3　关于持久性有机氯污染物组成探针的讨论 ············· 148
本章小结 ··· 150

参考文献 ·· 150

第6章 持久性有机污染物的山区冷捕集效应：川西山区案例 ·········· 154

本章导读 ·· 154

6.1 实验部分 ·· 155

6.1.1 研究区概况 ·· 155

6.1.2 土壤样品的采集 ···································· 156

6.1.3 提取、净化和分析 ·································· 159

6.2 巴郎山区土壤中有机氯农药的区域分布 ···················· 161

6.2.1 有机氯农药的浓度水平 ······························ 161

6.2.2 有机氯农药的季节变化 ······························ 162

6.2.3 山区冷捕集效应 ···································· 166

6.2.4 有机氯农药污染的来源识别 ·························· 166

6.3 巴郎山区土壤中有机氯污染物的冷捕集效应 ················ 168

6.3.1 有机氯污染物的土壤浓度 ···························· 168

6.3.2 有机氯农药的土壤浓度沿海拔的分布 ·················· 170

6.3.3 Mountain-POP 模型预测 ···························· 174

6.3.4 现场观测与模型预测的比较 ·························· 175

6.3.5 其他的影响因素 ···································· 176

6.3.6 与意大利阿尔卑斯山区研究的比较 ···················· 177

6.4 巴郎山区土壤中 PCBs、PBDEs 的冷捕集效应 ·············· 178

6.4.1 PCBs 和 PBDEs 浓度水平 ·························· 178

6.4.2 土壤总有机碳的作用 ································ 180

6.4.3 PCBs 和 PBDEs 浓度沿海拔的分布 ·················· 181

6.4.4 PCBs 和 PBDEs 同类物组成沿海拔的分布 ············ 188

6.5 巴郎山区 POPs 土壤-大气交换 ·························· 189

6.5.1 逸度与逸度分数的计算 ······························ 189

6.5.2 卧龙山区 POPs 的气-土交换 ························ 190

本章小结 ·· 191

参考文献 ·· 192

第7章 POPs 相对组成探针技术应用实例 ·························· 199

本章导读 ·· 199

7.1 应用实例：博茨瓦纳（南部非洲） ························ 199

　　　7.1.1　博茨瓦纳全国区域研究背景介绍 ················· 199

　　　7.1.2　结果与讨论 ······················· 200

　　　7.1.3　小结：区分两类采样点位 ················· 202

　7.2　应用实例：加拿大西部山区（北美洲） ············· 202

　　　7.2.1　加拿大西部山区研究背景介绍 ·············· 202

　　　7.2.2　结果与讨论 ······················· 202

　　　7.2.3　小结：识别两种大气传输过程 ·············· 204

　7.3　应用实例：智利（南美洲） ··················· 204

　　　7.3.1　智利南、中、北部三个海拔梯度研究背景介绍 ······ 204

　　　7.3.2　结果与讨论 ······················· 205

　　　7.3.3　小结：研究POPs的来源与大气传输现象 ········· 207

　7.4　应用实例：北美洲 ······················· 207

　　　7.4.1　北美洲大区域研究背景介绍 ··············· 207

　　　7.4.2　结果与讨论 ······················· 207

　　　7.4.3　小结：梳理大范围被动采样网络的数据 ·········· 209

　7.5　应用实例：全球大气被动采样网络 ··············· 209

　　　7.5.1　全球大气被动采样网络研究背景介绍 ··········· 209

　　　7.5.2　结果与讨论 ······················· 211

　　　7.5.3　小结：在全球尺度上观测区域差异 ············ 213

　7.6　关于POPs相对组成探针技术方法的几点讨论 ········· 213

　　　7.6.1　组成数据和浓度数据的比较 ··············· 213

　　　7.6.2　平行样的作用 ····················· 215

　　　7.6.3　关于高权重化合物的讨论 ················ 216

　　　7.6.4　如何比较不同的区域性研究的结果 ············ 217

本章小结 ······························· 219

参考文献 ······························· 220

第8章　持久性有机污染物被动采样与大气传输：前景展望 ······· 222

本章导读 ······························· 222

　8.1　大气被动采样的原理、技术开发与完善 ············ 222

　　　8.1.1　被动采样原理的研究 ·················· 222

　　　8.1.2　被动采样器设计的改进 ················· 223

　　　8.1.3　被动采样技术与绿色化学的理念 ············· 223

8.1.4 被动采样技术与先进分析技术的组合 ……………………… 223

8.2 应用研究的探索与创新 ……………………………………………… 224

8.2.1 新的 POPs 化合物的观测与研究 ………………………… 224

8.2.2 来源研究的新思路：综合研究 POPs 和大气颗粒物（PM）的
技术途径 ……………………………………………………… 225

8.2.3 有机氯污染物相对组成探针的应用 ……………………… 225

8.2.4 区分当地点源排放和区域性长距离传输的贡献 ………… 226

8.3 关于技术途径和研究思路的展望 …………………………………… 227

8.3.1 同位素指纹技术应用的可能性 …………………………… 227

8.3.2 多介质协同的综合性研究 ………………………………… 228

8.3.3 现场观测、模型计算与实验室模拟研究的紧密结合 …… 228

8.3.4 从"时空分布"到"环境过程"研究 …………………… 228

8.3.5 POPs 时空分布基础数据的积累与分析、使用：对履约工作
的技术支持 ………………………………………………… 229

8.3.6 加强国内协作和国际合作的机制 ………………………… 229

本章小结 ……………………………………………………………………… 229

参考文献 ……………………………………………………………………… 229

第 9 章 近年有关研究进展实例 …………………………………………… 232

本章导读 ……………………………………………………………………… 232

9.1 以 XAD 树脂为吸附剂的被动采样器（XAD-PAS）的设计改进 … 232

9.1.1 大气被动采样的风速效应 ………………………………… 233

9.1.2 大气被动采样器的改进方案 ……………………………… 234

9.1.3 改进型大气被动采样器使用情况 ………………………… 236

9.2 POPs 被动采样网络的新应用 ……………………………………… 237

9.2.1 青藏高原 POPs 大气被动采样与监测 …………………… 237

9.2.2 现场监测和分析测试方法 ………………………………… 239

9.2.3 青藏高原大气中 POPs 浓度水平 ………………………… 241

9.2.4 POPs 分布的空间差异：来源和传输 …………………… 242

9.3 POPs 大气监测的新数据和长期趋势判断 ………………………… 245

9.3.1 青藏高原 POPs 浓度变化趋势 …………………………… 245

9.3.2 山东长岛有机氯污染物浓度变化趋势 …………………… 245

9.4 翻越喜马拉雅山脉的 POPs 大气传输 ……………………………… 246

9.4.1　翻越喜马拉雅山脉的大气 POPs 观测断面 ··················· 246

9.4.2　POPs 浓度分布与相对组成的演变 ··················· 247

9.4.3　POPs 在主要环境介质中的分配 ··················· 248

9.4.4　翻越喜马拉雅山脉的大气 POPs 传输通道与传输通量 ········ 249

9.5　六氯苯氯同位素丰度比的测定 ··················· 250

9.5.1　氯同位素丰度比测定的探索 ··················· 250

9.5.2　氯同位素丰度比测定的实验部分 ··················· 251

9.5.3　氯同位素丰度比测定的结果与讨论 ··················· 253

9.5.4　氯同位素丰度比测定的初步结论 ··················· 257

本章小结 ··················· 257

参考文献 ··················· 258

第 10 章　POPs 研究所体现的先进研究理念 ··················· 263

本章导读 ··················· 263

10.1　国际合作和全球视野 ··················· 263

10.2　在国际公约大背景下展开研究 ··················· 266

10.3　开拓与创新是永恒的主题：以全球分馏假设为例 ··················· 273

本章小结 ··················· 280

参考文献 ··················· 280

附录　缩略语（英汉对照） ··················· 284

索引 ··················· 286

彩图

第1章　持久性有机污染物的大气传输

本章导读

　　本章首先介绍了持久性有机污染物的背景情况，包括持久性有机污染物的理化性质、《斯德哥尔摩公约》、中国典型持久性有机污染物的污染状况以及中国履约成效和进程这几个方面（1.1节）。

　　1.2节集中介绍了持久性有机污染物长距离大气传输的典型实例，诸如跨太平洋的传输，在南极洲观测的传输以及在青藏高原开展的大气传输研究成果。

　　1.3节主要介绍了大陆尺度、区域尺度、城市-郊区-农村剖面等不同空间尺度的区域性分布和大气传输研究的观测与成果。这些研究大多数是依托大气被动采样技术实现的。这方面内容是本书的重点。

　　大气传输过程以及有关的其他环境过程研究是1.4节的主题，这些过程包括土-气交换过程、森林过滤效应和山区冷捕集效应等。

　　模型研究是持久性有机污染物大气传输研究的一个独具特色的重要方面。在1.5节我们选择介绍了反向风迹模型、环境多介质模型、大气扩散模型和演变趋势模型。

1.1　关于持久性有机污染物的国际公约

　　持久性有机污染物（POPs）是专指那些一旦进入环境便持久存在于其中的化合物。这些化合物多数是半挥发性的物质，可以长距离传输并且在全世界广泛分布。它们同时具有生物蓄积性，能够通过食物链产生生物放大作用，随时间累积有可能在生物体内达到足够高的浓度，对野生动物或人类产生负面影响。有一些POPs因为其特殊的性质可用于特定的工业或商业目的而被合成、生产。例如，滴滴涕（DDTs）生产成本不高，是一种有效的杀虫剂，用于热带地区蚊虫等疾病传播媒介的防治。多氯联苯（PCBs）具有良好的热稳定性，是电力系统很好的绝缘材料。全氟辛基磺酸盐具有很高的表面活性、很强的热稳定性和耐酸性，被用于聚合物和表面活性剂的制备。还有一些 POPs 如多氯代二苯并二噁英/呋喃（PCDD/Fs）是各种燃烧过程的副产物，不是人们有意识地合成与生产的。不幸的是，POPs 那些特殊的性质使之一方面成为有特定用途的工业和商业产品，另一方面又对环境和人类造成潜在威胁。为了认识其环境行为与归趋，了解它们的物理化学性质是十分重要的。

1.1.1 持久性有机污染物的物理化学性质

根据 POPs 的定义，国际上公认 POPs 具有下列四个重要的特性：

（1）持久性（persistent，P），在大气、土壤、水、沉积物及生物体等不同的环境介质中抵抗降解的能力。

（2）长距离传输潜力（long-range transport potential，LRTP），POPs 自身的属性能使之传输到从未生产和使用过 POPs 的边远地区。

（3）生物蓄积性（bioaccumulation，B），POPs 在生物体内蓄积的能力使之浓度水平高于周围的环境介质。

（4）毒性（toxicity，T），对人类或生态环境形成负面影响的能力。

1. 持久性

环境持久性反映了一种化合物抵抗物理、化学或生物降解/转化的能力。目前所有认定的 POPs 都具有数目不等的卤素取代基团，且多数含有芳香烃类或环烷烃类的分子结构，同时缺少极性官能团。其环境持久性主要来自其稳定的化学结构，电负性的卤素原子容易和碳链结构形成很强的键合。这些化学键需要比较高的活化能才能打断，这就是许多 POPs 在一般的环境条件下比较惰性、保持稳定的主要原因之一。随着卤素原子数的增加，电负性会随之减弱。键焓是测量共价键强度的指标，C—F、C—Cl、C—Br 和 C—I 的键焓分别为 481 kJ/mol、350 kJ/mol、302 kJ/mol 和 241 kJ/mol[1]，碳-卤素共价键的长度也随着卤素原子数的增大而增加：C—F 键长 1.38 Å，C—Cl 键长 1.78 Å，C—Br 键长 1.94 Å 和 C—I 键长 2.14 Å[2]。芳香烃官能团的 π 电子共轭结构的稳定化效应进一步增强了 POPs 的整体稳定性。但是一些脂肪族卤化化合物，如全氟辛基磺酸和氯化石蜡由于其多个 C—F 或 C—O 键，也可显示出环境持久性。

一种化合物的环境持久性常常用它在某一环境介质中的半衰期，即其初始浓度减半所需时间来表征。半衰期不仅取决于化合物的自身性质，而且与特定时间段内的环境介质的本质密切相关。持久性有机污染物的转化过程可以分为三个类型：生物转化、非生物氧化和水解、光解。这些因素取决于环境条件，如光照强度、温度、羟基自由基（·OH）浓度以及局地微生物群落的差异，这些都可以影响一种 POPs 物质的半衰期。也有学者指出大气中存在于颗粒物状态的那部分 POPs 物质可以免于羟基自由基和阳光的作用，从而较少降解[3]。但是也有学者观察到吸附于大气气溶胶的半挥发性有机化合物（SVOC）的反应性，因此这一解释也不尽准确。这一问题仍然有待进一步的研究。

评估一种化合物的环境持久性可通过几种途径来实现：实验室的模拟试验，野外观测结果的外推，或者依据结构-性质定量关系方法进行计算机计算。各种有机化合物的持久性差异很大，有的反应性很强，有的则非常持久。但是持久性化合物和非持久性化合物之间并没有一个截然的区分，在表 1-1 中列出了一些 POPs 的物理-化学性质。环境模型研究表明，一些化合物的大气半衰期是 2 天或更长一些，在一周之后，仍然有可观的数量存在于大气之中[4]。而这段时间足以让化合物传输到源排放区以外几百或几千千米的地方。

表 1-1　部分 POPs 的物理-化学性质[5]

化合物	M_w/(g/mol)	$V_p{}^a$	$S_w{}^b$	lg K_{aw}	lg K_{ow}	lg K_{oa}	大气半衰期/d*
顺式氯丹	409.8	0.005 70	7.49E−04	−2.51	5.94	8.99	2.1
反式氯丹	409.8	0.006 66	7.20E−04	−2.43	5.95	8.93	2.1
p,p'-DDT	354.5	0.000 28	2.39E−04	−3.33	6.06	10.1	3.1
p,p'-DDE	318.0	0.003 05	8.52E−04	−2.84	5.95	9.33	1.4
HCB	284.8	0.084 70	6.82E−04	−1.40	5.48	7.25	633
α-HCH	290.8	0.105 00	1.55E−01	−3.56	3.98	7.37	18.7
γ-HCH	290.8	0.033 20	1.98E−01	−4.17	3.84	7.95	18.7
PCB28	257.6	0.031 50	1.00E−03	−1.90	5.71	8.06	9.0
PCB52	292.0	0.015 90	3.61E−04	−1.75	5.83	8.08	14.6
PCB101	326.4	0.001 39	5.47E−05	−1.99	6.29	8.94	31.9
PCB153	360.9	0.000 46	2.03E−05	−2.04	6.75	9.62	65.2
PCB180	395.3	0.000 13	5.95E−06	−2.05	7.19	10.2	102

* 半衰期数据是用 EPI Suite 计算所得。取自 Estimation Programs Interface (EPI) Suite 4.1, U.S. Environmental Protection Agency, 2011. Based on 12 hours per day; 1.5E6 ·OH/cm³。

a. 25℃下的蒸气压（Pa）。

b. 25℃下的水溶性（mol/m³）。

2. 长距离传输潜力

大气中的传输与转化过程是决定环境中有机化合物分布和归趋的关键过程。评估有机化合物环境分配的一个重要方面就是定量描述一种化合物有多少是存在于气相，有多少是存在于凝聚态（液相或固相）之中。最重要的平衡分配是指一种 POP 纯物质与其气相之间的平衡分配，这主要由其蒸气压控制。蒸气压是指在特定的外部环境条件（如温度、湿度和大气压）下，化合物在纯凝聚相和气相之间达到平衡时，存在于气相中的气态分子对纯凝聚相产生的压强值。在通常环境温度下，如果蒸气压大于 1 Pa，有机化合物就基本上全部处于气相了。半挥发性有机化合物一般定义为蒸气压在 1 Pa 和 10^{-6} Pa 之间的有机化合物。而蒸气压低于 10^{-6} Pa 的有机化合物主要存在于凝聚态。有机化合物的蒸气压和温度关系密切，随着温度下降而变小[6]。

除了蒸气压，与大气传输潜力密切相关的另一个重要性质是辛醇-空气分配系数（K_{oa}），这一性质决定了一种化合物从气相到大气颗粒物表面（吸附）和内部（吸收）的能力。K_{oa} 有一个吸引人的特点：在研究 SVOC 气-颗粒态分配时，它能够替代蒸气压[5]，可以通过实验测得。而过冷液体的蒸气压必须从固体蒸气压、熔点和熔解熵来估算，从而误差较大。全氟辛基磺酸是一种特殊 POPs，因它在环境条件下主要处于阴离子状态，因此水溶性高，蒸气压可忽略不计。其全球远距离传输主要通过海洋传输进行，但也有证据表明，挥发性前体可从源区释放到偏远地区，然后在那里转化为全氟辛基磺酸并沉积到地下[7]。

另一个重要的性质是化合物在水体的溶解性。虽然绝大多数化合物在环境中的浓度远低于其饱和浓度，但是表征着溶解性的饱和浓度对于推算空气-水分配系数（K_{aw}）是很有用的。K_{aw} 是一个重要的参数，用来描述空气与水体界面上发生的交换过程，一般都假设这个分配系数也适用于低于饱和浓度的其他浓度水平。K_{aw} 是空气浓度除以水中浓度的比值，没有量纲；蒸气压和溶解度因此提供了一个 K_{aw} 的估计值。与此相关联的是亨利定律常数 H（Pa·m³/mol），也用于表达空气-水相之间分配的相对趋势，是一种化合物在空气中的分压（Pa）与其在水中的浓度（mol/m³）的比值，可见亨利定律常数是有量纲的。

如表 1-1 所示，POPs 一般具有的辛醇-水分配系数（K_{ow}）高于 5000。如果 K_{ow} 高于 7000 则对应的蒸气压就非常低。分配系数 K_{aw}、K_{oa} 以及蒸气压受温度的影响很大，因为化合物转变为气相的熔值很大。POPs 所具有的这些与温度关系十分密切的理化性质导致了它们在寒冷的南北极地区或者高海拔高寒地区不同程度的富集。排放源区一般处于温带地区，在向外传输的过程中，POPs 物质的半挥发性有利于它们随温度下降而离开气相进入凝聚相。

3. 生物蓄积性

长链烷烃或芳香烃结构与卤素原子相结合，使得这种有机化合物在本质上更加疏水。更何况卤素原子取代了氢原子，又加上没有极性官能团，进一步导致这种有机化合物难以参加水溶液中的氢键相互作用体系。这对于芳香烃结构化合物尤甚。正因如此，POPs 是疏水且亲脂的，因此有利于它们进入有机体。辛醇-水分配系数 K_{ow} 提供了化合物从水相与有机介质（如脂类、蜡质和天然有机物如腐殖酸）之间分配趋势的一个直接估算。K_{ow} 数值高表明亲脂性较强，因此在生物体的富脂组织中经常能检测到多种 POPs。如上所述，全氟辛基磺酸与其他 POPs 非常不同，因为它的分子结构中既含有疏水性的尾部，又含有亲水性官能团，使其具有高表面活性。全氟辛烷磺酸具有很高的生物蓄积和生物放大潜力，但与分配到脂肪组织的其他持久性有机污染物不同，其反而与血液和肝脏中的蛋白质结合。

生物蓄积或生物富集的概念是把一种化合物在生物体内的浓度与周边环境介质中的浓度相关联，用以表征该化合物在生物体富集的趋势。但是这两个术语有细微的差别，生物富集只关注生物体和周围环境介质中的浓度差异，而生物蓄积则考虑到所有的摄入（如呼吸、饮食、皮肤接触）和排出（如排泄）的机制。在生物体内的一种化合物的生物富集因子（BCF）或生物蓄积因子（BAF）可以按式（1-1）计算：

$$BCF/BAF = \frac{C_{biota}}{C_{bulk}} \qquad (1\text{-}1)$$

式中，C_{biota} 是特定化合物在生物体中的浓度（湿重），C_{bulk} 是环境介质如水体中的浓度。BCF 和 BAF 的单位通常表示为 L/kg。因此，如果 BCF 大于 1，表明有生物富集效应存在。影响生物富集因子（BCF）的因素很多，例如物种、性别、年龄、脂含量等。生物富集与生物蓄积均与一种化合物的亲脂性，即辛醇-水分配系数（K_{ow}）有关，所以 K_{ow} 的高低就指示了生物富集与生物蓄积的性质。有生物蓄积性的化合物一般是具有较高 K_{ow} 的有机化合物，虽然没有一个明确的限值来规定化合物的生物蓄积性质。有些化合物虽然 K_{ow} 较高，但是分子量大于 1000，很难以被动扩散方式通过生物膜，结果没有表现出强的生物蓄积性。另一些化合物虽然 K_{ow} 较高，但迅速被代谢，如五氯酚和苯并[a]芘。还有一些化合物虽然也具有很高的 K_{ow} 值，却并没有显现很强的生物蓄积效应，这是因为它们很强地吸附于有机表面，且后续的脱附过程很难发生，结果表现为不易被更高级别的生物与生命形态所利用[6]。《斯德哥尔摩公约》将 BAF＞5000 或者 lg K_{ow}＞5 的化合物指定为具有潜在生物蓄积性的 POPs。

虽然情况并不总是如此，但大多数 POPs 会随着食物链等级的上升浓度逐步变大，这就是所谓的生物放大过程。在这个过程中，捕食者体内某一化合物的浓度总是比它的猎物高，如此造成食物链顶端的生命体处于很高的暴露水平。生物蓄积和生物放大过程有时会导致相当高的浓度水平，从而引起慢性毒性效应。

4. 毒性

POPs 能够引起多种亚致死毒性效应，诸如内分泌干扰，免疫系统和神经系统紊乱，生殖能力下降，基因毒性效应和致畸性效应[8]。POPs 的生态毒理和环境健康效应是很复杂的，在这里只是简要涉及。若想做更深度的了解，建议参阅有关专著和论文。对于定性与定量地评估有毒化学品的负面效应，国际上现在还没有一致认可的标准。一般的毒性物质引起关注是因为其剂量较为可观。慢性与不可逆效应的评估不同于急性与短期效应。因此，毒性本质上是一种对潜在可能的 POPs 进行初步筛选时使用的定性的参数或指标。对于进行全球谈判所考虑的 28 种 POPs，大家一致认为，在目前的暴露水平下，它们对人类和环境都存在着显著的潜在风险。

1.1.2　关于持久性有机污染物的斯德哥尔摩公约

因为 POPs 具有长距离传输的潜在可能，这些化合物所致污染被认为是一种不受国境限制的、全球性的问题，因而需要国际社会共同努力才可能有效地应对。在 1979 年，有关国家签订了一个区域性的国际条约——《关于长距离跨境空气污染公约》[联合国欧洲经济委员会（UNECE）主导]，致力于通过科学合作和政策交流来应对这一区域的环境污染[9]。这个条约包括若干协议来控制与削减 POPs、重金属、挥发性有机物和痕量气体等。针对引起人们关注的 POPs，要求其具有产量足够高的使用特征以及易于进入环境的性质。对此，美国环境保护署（USEPA）规定所谓的高生产量化学品是非聚合物，年产量或进口量超过 450 t，而经济合作与发展组织（OECD）的定义是超过 1000 t/a。欧盟同时也建立了法规的框架，通过《化学品的注册、评估、授权和限制》（REACH）来识别潜在的POPs。这个法规要求：在欧洲生产的，或者是进口到欧盟的所有化学物质，如果数量超过 1000 t/a，需在 2010 年 12 月之前注册；如果在 100~1000 t/a 这个水平的，需在 2013 年 6 月之前注册；如果数量在 1~100 t/a，需在 2018 年 6 月之前注册。REACH 法规还对按照持久性、生物蓄积性与毒性（PBT）的准则认定的高度关注的化学品（substances of very high concern，SVHC）做出了专门的规定。如果高度关注的化学品在货物或产品中的质量浓度超过了 0.1%，或者其总量超过 1 t/a，生产厂家或进口商必须向有关管理部门申报。

为了应对全球范围的 POPs 问题，关于 POPs 的《斯德哥尔摩公约》（SCPOPs）在 2001 年正式通过，并于 2004 年正式实施。公约要求每一个缔约方切实可行地消除或削减 POPs 清单所列的物质排放进入环境[8]。SCPOPs 由位于瑞士日内瓦的联合国环境规划署（UNEP）进行管理。缔约方大会（COP）是公约的决策机构，由公约的所有缔约方组成。缔约方大会每两年举行一次会议，到 2018 年底为止共有 182 个缔约国。POPs 清单是基于 PBT 准则筛选确定的，不同的国际协议框架的 PBT 准则会略有不同。表 1-2 已给出了三个国际协议的有关 PBT 准则。《斯德哥尔摩公约》和联合国欧洲经济委员会关于空气污染长距离传输的协议均使用大气半衰期 2 d 以上作为筛选 POPs 的限值，而对于土壤、水体和水系沉积物的半衰期则使用 2 个月或 6 个月作为筛选的限值。

表 1-2　有关国际机构评估有机污染物的持久性、生物蓄积性与毒性（PBT）以及认定潜在 POPs 的基准

国际协议	持久性	长距离大气传输的潜力（LRATP）	生物蓄积性与毒性
《斯德哥尔摩公约》（SCPOPs）	· 水体中半衰期>2 个月 · 土壤和底泥中半衰期>6 个月 · 其他显著持久性的依据	监测数据显示化学品的长距离传输通过大气、水系或迁徙物种已经发生 或 环境行为和/或模型计算结果已经表明一种化学品具有通过大气、水系或迁徙物种实现长距离环境传输 或 蒸气压<1000 Pa 且大气中半衰期>2 d	· BCF>5000 或者 lg K_{ow}>5 · 其他因素：如高毒性
联合国欧洲经济委员会《关于长距离跨境空气污染公约》（UNECE CLRTAP）		蒸气压<1000 Pa 且大气中半衰期>2 d 或 监测数据表明该物质在边远地区检出	
REACH	PBT：地表水中半衰期>42 d，海水中>60 d，地表水系沉积物中>120 d，土壤中>120 d，海洋沉积物>180 d 强持久性强生物蓄积性物质（vPvB）：水中半衰期>60 d，土壤和沉积物中>180 d	无明确要求	具有生物蓄积性：2000<BCF≤5000 生物蓄积性强：BCF>5000

　　《斯德哥尔摩公约》列出的 POPs 分为三类，附件 A 列出的 POPs 是要求最终完全停用的，附件 B 列出的 POPs 是要求严格限制使用的，附件 C 列出的是要求减少或消除无意产生排放的化学品。附件 B 所列作为特例豁免而允许生产与使用的化合物，例如 DDT 是作为疟疾流行地区的疾病传媒控制手段，PFOS 可作为半导体工业的侵蚀剂以及液压流体介质。公约缔约方必须采取适当的行动严格控制清单中

POPs 的生产和使用，减少或完全停止其排放进入环境。《斯德哥尔摩公约》为各缔约方提供技术支持，在实用、可行的技术措施和行之有效的政策实施等方面提供指导与帮助。该国际公约还推荐使用大气环境样品和人体组织样品（如母乳和血清样品）来监测 POPs 的区域性浓度水平以及分布情况。

《斯德哥尔摩公约》最初列出的 12 种 POPs 化合物被称为"肮脏的一打"，可以分为以下三类：

农药类：艾氏剂、氯丹、滴滴涕、狄氏剂、异狄氏剂、七氯、六氯苯、灭蚁灵、毒杀芬；

工业化学品类：六氯苯、多氯联苯（PCBs）；

副产物类：六氯苯、多氯联苯、多氯代二苯并二噁英/呋喃（PCDD/Fs）。

《斯德哥尔摩公约》专设一章规定新的化合物可以由缔约方提名。一个专门的 POPs 审查委员会（Persistent Organic Pollutants Reviewing Committee，POPRC）负责评估这些被提名的候选化合物。该委员会按照附件 D 所列筛选标准来评估其持久性、生物蓄积性、长距离传输的潜力和毒性（图 1-1）。如果某化合物被认定是满足了这些条件，将按照附件 E 的规定，对该物质是否会引起人体健康或环境影响方面显著的负面效应，是否值得为它采取全球性的行动，提出这个被提名的化合物的风险简介草案。如果这一步评审通过了，最终还需要按照附件 F 的规定，考量可能采取的控制与禁用措施对社会经济层面的影响，形成一个风险管理评价报告。根据这些评估的结果，POPs 审查委员会（POPRC）将决定是否向缔约方大会（COP）推荐将此化合物列入有关的清单之中。

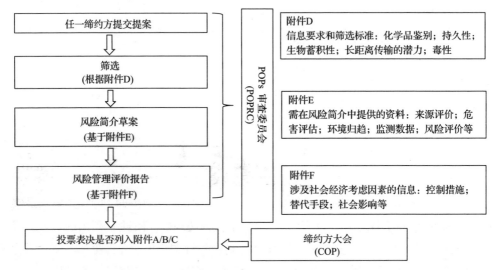

图 1-1　候选化合物列入 POPs 清单的程序图

到 2019 年，有 16 种新的 POPs 增添列入《斯德哥尔摩公约》的三个附件中。

附件 A：α-六六六、β-六六六、十氯酮（开蓬）、六溴联苯、林丹、五氯苯、四溴二苯醚和五溴二苯醚（商业品五溴二苯醚）、六溴二苯醚和七溴二苯醚（商业品八溴二苯醚）、十溴二苯醚（商业品十溴二苯醚）、工业品硫丹及其相关的异构体，六溴环十二烷，五氯苯酚及其盐类和酯类，六氯丁二烯，多氯萘，短链氯化石蜡；

附件 B：全氟辛基磺酸及其盐类、全氟辛基磺酰氟；

附件 C：五氯苯，六氯丁二烯，多氯萘。

1.1.3　中国典型持久性有机污染物的污染状况

中国在近几十年已经变成世界上最大的化学品生产国之一。虽然《斯德哥尔摩公约》清单上的许多 POPs 已经不再生产或使用，但它们在环境中还持久存在，仍然是中国面临的一个环境问题。本节将简要地总结几种典型的 POPs 在中国的污染状况，并且和其他国家的情况做一个比较。环境浓度水平将主要集中于大气的数据，并且区别对待主动采样方法和被动采样方法所得到的数据。

1. 多氯联苯

多氯联苯（polychlorinated biphenyls，PCBs）是一类有机氯芳香烃化合物，早在 20 世纪 20 年代就在许多国家广泛使用。PCBs 有 209 种同类物，其物理化学性质与毒性大小取决于联苯分子结构上的氯原子取代数目与位置。PCBs 可以影响人类的内分泌与生殖系统，表现出胚胎毒性效应。有一些 PCBs 同类物具有共平面的分子构型，从而具有和二噁英相似的毒理效应。从全球范围来看，中国的 PCBs 生产历史总量是相当少的，在 1965~1974 年间生产了大约 10 000 t[10]。和全球生产总量 1.3×10^6 t 比较，这的确是一个很少的数量[11]。但是，还有数目不详的，例如，在 20 世纪 50 年代至 80 年代期间，从工业化国家进口到中国的含有 PCBs 的电容器和变压器。这些电力设备有的是交付使用了，有的是拆解回收其有用的部件。

PCBs 在全世界的环境中广泛分布，甚至在南北极这样边远地区也能检测出。应该注意的是，在报告 PCBs 浓度时，基于的同类物常常是不同的，这就会引起差异，使得 PCBs 浓度水平的准确检测比较变得很困难。但是，大多数研究工作都考虑到了那些浓度占优的同类物，一般认为 PCBs 浓度的比较存在的偏差可能在 2 倍以内[12]。一个普遍的共识是 PCBs 的总浓度中应该至少包括 7 种指示性同类物，即 PCB28、PCB52、PCB101、PCB118、PCB138、PCB153 和 PCB180。这些 PCBs 同类物是环境中检出频率最高的。

在中国，珠江三角洲的底泥泥芯环境记录表明，PCBs 的沉积通量为 $480\sim$ 1910 ng/cm^2，和世界其他地方的同类数据比较，这处于浓度水平的低端[13]。虽然 PCBs 的生产和使用在 20 世纪 80 年代的早期就已经严格控制和禁止，但是珠江三角洲底泥中的 PCBs 沉积通量仍持续增加，可能的原因包括自 20 世纪 80 年代以来中国迅速的经济发展，大规模的土地征用，以及含有 PCBs 物质的电力设备的泄漏排放进入环境。

最近有一项研究工作调查了中国各地土壤中的 PCBs 浓度水平，其土壤干重浓度均值在 515 pg/g（浓度范围为 $138\sim1840$ pg/g），这个浓度比全球背景水平还要低一个数量级[14]。城市土壤中 PCBs 水平高于农村和背景地区，研究还发现低分子量的 PCBs 同类物从东向西沿经度的"分馏"效应，这可以用中国东部地区高度城市化和西部地区经济不发达来解释。在一些土壤采样点，相应大气中的 PCBs 用聚氨酯泡沫（PUF）为吸附剂的被动采样器进行了采样和分析，60 种 PCBs 的总浓度均值为 250 pg/m^3（范围为 $29\sim1050$ pg/m^3）。全球大气被动采样网络（GAPS）也采用 PUF 被动采样器在全球 40 个站点采样，其中中国采样点 4 个[15]。这 4 个中国采样点 48 种 PCBs 的总浓度水平在 $20\sim187$ pg/m^3，这些数值稍高于全球几何平均值 17 pg/m^3。另一项大气被动采样研究工作于 2004 年在东亚地区开展，发现中国的 29 种 PCBs 总浓度是 $21\sim336$ pg/m^3，这些浓度水平稍高于韩国和日本[16]。另一项后续的研究工作发现 2008 年中国大气中 PCBs 浓度水平与 2004 年比略有增加[17]。所有这些研究表明中国历史上的 PCBs 污染水平是比较低的。但是空气中的浓度较高，这表明还是有 PCBs 的排放源存在，直接影响到大气中的 PCBs 浓度水平。

2. 多溴二苯醚

多溴二苯醚（polybrominated diphenyl ethers，PBDEs）作为溴代阻燃剂在建筑材料、电子器件、家具、塑料、聚氨酯泡沫塑料及纺织品中已经应用了几十年。2001 年 PBDEs 的全世界需求量高达 6.7 万 t，其中亚洲市场占了 40%[18]。由于其环境持久性和潜在毒性，两种工业品混合物（五溴二苯醚、八溴二苯醚）已经于 2009 年列入《斯德哥尔摩公约》的清单之中。但是一种全溴取代物——十溴二苯醚仍然在中国生产。2001 年十溴二苯醚的年产量大约为 1.35 万 t，而且该产品的消费近几年仍在迅速增长。欧盟在 2008 年已经限制了十溴二苯醚，美国也于 2013 年淘汰十溴二苯醚。

因为 PBDEs 是阻燃添加剂，它们易于从高分子聚合物或其他基质材料中挥发出来，室内环境成为 PBDEs 排放和人类接触暴露的主要场所[19]。同时，在电子废物拆解回收地区，如广东省的贵屿和浙江省的台州，发现 PBDEs 的浓度水平特别之高。据估计，每年有几百万吨的电子垃圾出口到中国来拆解回收，而粗放的拆解过程和开放性焚烧很可能排放了数以吨计的 PBDEs 进入到环境中去[20]。大气主动采样的数据表明中国南方一处电子垃圾拆解地 PBDEs 的大气浓度年几何均值达到 2080 pg/m³，如果不包括十溴二苯醚 BDE209，浓度是 918 pg/m³，而 25 km 之外的农村地区的浓度水平是 165 pg/m³（不包括 BDE209 时为 73 pg/m³）[21]。在广州城区，11 种 PBDEs 的总浓度为 91 pg/m³，而 BDE209 是 396 pg/m³，但是在工业区域 11 种 PBDEs 的大气浓度高达 1941 pg/m³，BDE209 为 2125 pg/m³[22]。这些研究表明，如果没有当地 PBDEs 生产厂家的直接影响，中国城市地区的 PBDEs 大气浓度与北美和欧洲大体持平。据报道美国芝加哥大气中 26 种 PBDEs 的总浓度为（100±35）pg/m³[23]。欧洲的乡村和边远地区被动采样器获得的大气中 8 种 PBDEs 的总浓度在 0.5～250 pg/m³[24]。

3. 六氯苯

六氯苯（hexachlorobenzene，HCB）曾经被用于杀真菌剂，但它也是五氯酚生产过程中的副产品，也可以从含氯材料和废弃物焚烧过程中产生。六氯苯是热力学性质非常稳定的化合物，难以降解，在环境中广泛分布，其全球大气浓度在背景地区已经达到一个相当均一的水平。但是在历史上曾生产和使用的那些地区，六氯苯的浓度仍然处于高位。

模型研究表明，当六氯苯排放进入大气达到稳定状态后，大约 27% 的量留存于大气中，1% 进入水体，62% 进入土壤，10% 进入水系沉积物[25]。1998 年在全球 191 个背景地区采集的表层土壤中，分析了六氯苯的浓度，结果表明 HCB 土壤干重平均浓度为 0.68 ng/g，范围为 0.010～4.8 ng/g[26]。北京市大气主动采样数据表明几个季节中，冬季的六氯苯浓度最高（均值为 400 pg/m³），这种季节变化特征与同时测定的其他有机氯农药（OCPs）相比完全不同[27]。珠江三角洲以及中国其他地区的六氯苯浓度与北京相似。另一方面，珠穆朗玛峰地区的六氯苯浓度很低（均值为 8.9 pg/m³），比世界上其他边远地区的浓度还要低[28]。中国除了大气和人乳样品中六氯苯浓度较高，其他环境介质中的浓度与东亚和欧洲国家接近[29]。

4. 六氯环己烷

六氯环己烷（hexachlorocyclohexanes，HCHs），俗称六六六，有 8 种可能的同分异构体，其中 α-HCH 是工业品 HCH 中最主要的成分，约占 70%～80%；

而 γ-HCH 是工业品林丹的主要成分，占 99％。在 HCHs 的各种异构体中，主要是由 γ-HCH 发挥出特定的杀虫性能。据估计，全世界约有 4 万 t 到 7 万 t 的六六六残留物进入环境，其中一半在中国[30]。1983 年，中国禁止了工业品 HCHs 的使用，并在 2003 年停止了林丹的生产。由于 HCHs 的环境持久性、生物蓄积性和毒性，α-HCH、β-HCH 和林丹已经列入《斯德哥尔摩公约》的 POPs 清单之中。

珠江三角洲地区底泥泥芯的分析数据指出，ΣHCHs 的沉积通量在 $11.2 \sim 226.3 \ ng/cm^2$[31]。底泥沉积通量在 20 世纪 90 年代呈上升趋势，研究认定水土流失以及河流输送是主要原因。GAPS 的数据表明，中国哈尔滨和成都大气中的 α-HCH 浓度分别为 132 pg/m³ 和 145 pg/m³，比全球均值 3.2 pg/m³ 高出许多倍[15]，成都 γ-HCH 浓度也处于高水平，并且认为中国城市点位的 HCHs 高浓度可归因于历史上工业品 HCHs 以及林丹的使用。被动采样数据指出，印度大气 HCHs 浓度在 $66 \sim 5400 \ pg/m^3$ 的范围内，主动采样数据为 $(5400 \pm 4110) \ pg/m^3$[32,33]。中国和印度比较，还是要低一些。印度大气中 γ-HCH 的浓度是 α-HCH 的两倍以上，这反映出林丹的持续使用。青藏高原 HCHs 总量浓度处于 $0.1 \sim 36 \ pg/m^3$ 的范围，其南部的 HCHs 浓度较高，这可能是来自人口密集地区，如东侧四川省和南方印度大气传输的贡献[34]。

5. 二氯二苯基三氯己烷

几十年前，在发现二氯二苯基三氯己烷（dichlorodiphenyltrichloroethanes，DDTs）是鸟类、特别是大型捕食鸟类的蛋壳变薄的原因之后，DDTs 开始进入公众的视野，引起关注。由于它的环境与健康效应，在 20 世纪 70 年代许多国家开始禁用这种农药。中国在 20 世纪 50 年代初期开始 DDTs 的生产，1983 年禁用。但是，现在世界上仍然有少量的生产用于热带地区疟疾的防治。这也是 DDTs 列入《斯德哥尔摩公约》附件 B 的原因。如果完全禁用 DDTs 则与疟疾防治的重要需求相抵触，作为折中的办法，只能列入严格限制使用的附件 B。DDTs 的降解产物分别是 DDEs（二氯二苯基二氯乙烯，dichlorodiphenyldichloroethylenes）和 DDDs（二氯二苯基二氯乙烷，dichlorodiphenyldichloroethanes），在环境中的持久性更甚于 DDTs。DDTs 以及降解产物 DDEs 和 DDDs 各自都有两种不同的异构体构型，分子中两个苯基上氯取代基的位置分别是双对位取代的 p,p' 构型以及一个邻位一个对位取代的 o,p' 构型。在传统的 DDTs 产品中，p,p'-DDT 是主要的成分，在环境中的降解产物主要为 p,p'-DDE。DDTs/DDEs 的比值常用于区别在用的 DDTs 来源（DDTs/DDEs＞1）和历史的 DDTs 来源（DDTs/DDEs＜1）。

DDTs 尽管在农药中已经禁用，但仍然在中国的各种环境介质中检出，且浓度较高。近年的研究发现这和农药三氯杀螨醇（dicofol）的使用有关。这种农药中含有较高的 DDTs 杂质（高达 20％的质量分数)[35]，同时又发现在一些用于渔船的防污漆中有 DDTs 的添加成分，这导致中国沿海的渔船码头 DDTs 浓度升高[36]。这些渔船码头的底泥样品中 $\sum$DDTs 的干重浓度在 9～7350 ng/g 之间，比相邻的河口和海洋底泥中的浓度要高出 1～2 个数量级。

2006～2007 年，北京市大气中主动采样技术得到的 $\sum$DDTs 平均浓度是 898 pg/m^3 [37]，在相同的时段，相同的地区用被动采样技术得到的浓度稍低，范围为 33～269 pg/m^3。两种采样技术都发现春季和夏季大气中 DDTs 浓度要高于冬季[38]。在中国的南方，DDTs 的环境浓度水平一般高于北方，这可能是因为三氯杀螨醇在南方使用较多。广州大气中 o,p'-DDT 浓度是 896 pg/m^3，这和江苏太湖地区相仿，这些高浓度的 o,p'-DDT 均归因于三氯杀螨醇的使用；主动采样技术测定的 $\sum$DDTs 中位值为 1530 pg/m^3，高于我国香港的中位值 243 pg/m^3，也高于世界上大多数地区，但是和印度相仿[39]。主动采样技术测定的印度 $\sum$DDTs 平均浓度是（1470±1010）pg/m^3，这样高的浓度也意味着有 DDTs 或三氯杀螨醇在近期使用[32]。

1.1.4 中国履约成效和进程

中国在 2001 年作为首批缔约方签署了《关于持久性有机污染物的斯德哥尔摩公约》，并于 2004 年 11 月正式实施《关于持久性有机污染物的斯德哥尔摩公约》。2007 年，国务院批准了《中华人民共和国履行〈关于持久性有机污染物的斯德哥尔摩公约〉国家实施计划》（以下简称《国家实施计划》），确定了分阶段、分行业和分区域的履约目标、措施和具体行动，成为我国开展持久性有机污染物削减、淘汰和控制工作的纲领性文件。《国家实施计划中》指出：①禁止和防范艾氏剂、狄氏剂、异狄氏剂、七氯、六氯苯、毒杀芬和多氯联苯的生产和进口；除有限封闭体系中间体用途和可接受用途的滴滴涕生产和使用外，到 2009 年，基本消除氯丹、灭蚁灵和滴滴涕的生产、使用和进出口；到 2015 年，完成示范省在用含多氯联苯（PCBs）装置和已识别高风险在用含 PCBs 装置的环境无害化管理。②到 2008 年，对无意产生 POPs 排放的重点行业新源采取最佳可行技术和最佳环境实践（BAT/BEP）措施；优先针对重点区域的重点行业现有二噁英排放源采取 BAT/BEP 措施，到 2015 年，基本控制二噁英排放增长的趋势。③到 2010 年，完善 POPs 废物的环境无害化管理体系与处置支持体系，到 2015 年，初步完成已识别 POPs 废物环境无害化管理与处置[40]。

自开展《国家实施计划》后，不断取得了关于履约的实质性成效。2009 年 5

月，我国全面禁止了 9 种受控杀虫剂持久性有机污染物的生产、使用、流通和进出口。2010 年 11 月，发布了《关于加强二噁英污染防治的指导意见》，明确提出二噁英污染防治指导思想和工作方向。"十一五"期间，我国调查了含多氯联苯的电力装置的封存和使用情况，初步建立了管理和处置能力；启动了有机氯农药等持久性有机污染物废物和污染场地的核查工作，初步摸清了有关行业和企业相关排放源的基础数据；开展了二噁英类持久性有机污染物最佳可行技术/最佳环境实践的减排示范项目，促进了重点行业二噁英减排。同时发布了涉及持久性有机物污染防治工作的相关环保标准，初步构建了持久性有机污染物环境污染防治监督和管理体系；提高了民众对持久性有机污染物危害的认识，逐步培养专业技术人员从事持久性有机污染物的检测、防治和管理工作。

近期，我国政府颁布了《国家环境保护"十二五"规划重点工作内部分工方案》，将持久性有机污染物作为一项重点管理对象，对排放持久性有机污染物企业进行环境风险调查和评估，研发持久性有机污染物的控制技术。在具体出台的《全国主要行业持久性有机污染物污染防治"十二五"规划》中，确定了"十二五"期间持久性有机污染物污染防治工作的指导思想、原则、目标和指标。指出到 2015 年，基本控制重点行业二噁英类持久性有机污染物排放增长的趋势；淘汰已识别在用多氯联苯电力设备；调查并控制已识别持久性有机污染物废物和高风险污染场地环境风险；有效推进新增列持久性有机污染物的淘汰、削减和控制；加强持久性有机污染物监管能力建设；初步建立持久性有机污染物污染防治长效机制[41]。

1.2 持久性有机污染物的大气传输实例

持久性有机污染物（POPs）的长距离传输能力和它的持久性、毒性、生物蓄积性并列为其四大基本属性。正是因为长距离传输现象，POPs 从源区的局地问题逐步演变成一个区域性，甚至全球性的问题；POPs 因此成为《斯德哥尔摩公约》的主题，POPs 环境污染成为国际社会共同关注和决心携手应对的环境问题。

POPs 的长距离传输有多种形式，包括洋流的输送、鱼类的洄游、鸟类的迁徙等；其中最具普遍意义、最具规模的当属大气长距离传输，在 POPs 全球循环与分布过程中起到重要作用[42-46]。《斯德哥尔摩公约》把大气环境确定为最适于监测 POPs 的环境介质之一，POPs 的大气浓度可以直接、及时、敏感地反映 POPs 污染状况、分布特征和演变趋势。国际国内的 POPs 大气传输研究既有大陆尺度[43,44,47]、大洋尺度[48,49]、半球尺度[43,44,47]、全球尺度[15,50]的长距离传输研究,也有城市-郊区剖面[51,52]区域性的工作[35,53];这些研究获得的新数据、新认知逐步拓宽和深化了 POPs 大气传输研究,有利于更好地理解 POPs 时空分布和演变趋势、POPs 的来源和受体地区、POPs 的传输方向和通道,以及有关的环境交换和分配过程。

为了提供大气污染物长距离传输的证据,美国环境保护署(USEPA)给出了从非洲撒哈拉大沙漠到美洲地区的风沙尘跨越大西洋的卫星遥感图像;同样也用卫星遥感图像说明了中亚地区戈壁和沙漠发生的典型沙尘事件跨越北太平洋整个过程的演变情况[54]。模型研究预测了 POPs 有类似的长距离传输现象,但是当前的技术水平还没有办法提供这样的图像。大气传输的主体和驱动力量是大气环流,是天气过程;各种气态或颗粒态的污染物是大气中的微量杂质成分。所以风沙尘和生物质燃烧烟雾可以看作是指示物(indicator),其图像可以用来表征大气污染物的大气传输过程,具有普遍意义。

另一方面,必须指出各种污染物具有自身特定的理化性质,会有不同的环境行为,不能简单地类比。有一些大气污染物降解迅速,半衰期短,其大气寿命不长,难以长距离传输。例如,在欧洲阿尔卑斯山脉高海拔点位的观测研究发现 SO_2 和 NO_x 的源区分布差异很大。作者认为这应该归因于 SO_2 和 NO_x 不同的化学性质和传输特点,前者可以从源排放区域长距离传输到阿尔卑斯山脉高海拔点位,而后者在传输过程中很快降解,消于无形,所以只有周边较邻近区域的排放可以观测和识别[55]。又例如,Lavin 等[56]报道了在新西兰一个高海拔点位的研究成果。毒死蜱(chlorpyrifos)是一种在用的农药,广泛应用于新西兰和澳大利亚的农业区域。但是现场观测的化学成分与气象数据表明,只有位于采样点南方的新西兰农业区可以识别为来源区,位于西北方的澳大利亚的农业区却没有贡献。作者指出毒死蜱的半衰期只有一天左右,来自澳大利亚的排放贡献应该是降解于大气传输途中。

我们所关注的 POPs 化合物一般均难降解,具有较长的半衰期,具备大气长距离传输的能力。但是化合物之间的性质差异是值得充分注意的,而且这些性质差异为我们深入研究 POPs 的大气传输提供了特殊的"视角"和"切入点"。

1.2.1　跨太平洋的 POPs 大气长距离传输

中国东部沿海地区农业发达,历史上农药使用量较大,在一些研究中被认为是可能的排放源区。中国科学院广州地球化学研究所王新明研究组报道了 2003年夏季在我国破冰船"雪龙"号上进行的一次长途的太平洋航行观测 HCHs 和

DDTs 的研究结果[48,57]。从渤海开始，途经北太平洋，直至北极地区 HCHs 大气浓度逐渐降低，在东亚是 32.5 pg/m³、在北太平洋是 17.0 pg/m³、在北极地区是 7.3 pg/m³；和 20 世纪 90 年代的同类数据比较，HCHs 大气浓度下降了一个数量级。HCHs 大气浓度沿纬度上升（37°～80°N）而减小，α-HCH/γ-HCH 比值沿纬度上升而显著增加，有明显的规律性。因为这个比值在环境中会改变，那就不能通过简单地比较边远地区大气和工业品 HCHs 的 α-HCH/γ-HCH 比值来判断 HCHs 来源。α-HCH 手性分析的数据表征了海-气交换过程，以及对大气浓度的贡献。逸度计算表示在北极地区 α-HCH 和 γ-HCH 均处于从海水向大气净挥发的状态，北冰洋发挥着 HCHs 二次源的作用[48]。从长期的历史演变观点看，一种 POPs 化合物在一个特定历史时期开始进入环境，有一个从无到有、从少到多的过程；停产和禁用之后，也会有一个从多到少、从有到无的过程，也就是演变的过程。对于远离源区的边远地区的生态系统，一种 POPs 会有一个从输入过程为主，到输入输出大体平衡，演变至输出为主的过程[54]。逸度计算所提供的信息有利于了解 POPs 的污染状况和演变趋势。

加拿大环境部 Harner 研究组从 2001 年 8 月 14 日至 30 日在北美洲西海岸比较了飞机高空航测和地面观测的 POPs 数据，在 4400 m 高度的七次飞行中发现有三次 α-HCH 大气浓度明显大于地面两个点位的浓度水平；反向风迹分析指出相应的气团来自亚洲大陆，从而捕捉到了跨太平洋的 α-HCH 的长距离传输过程，提供了现场实验数据和实例[49]。

1.2.2 南极洲的 POPs 大气长距离传输

南极洲是人类活动最少、距离其他人类活动区域最远的地区之一。从这个意义上说，南极洲也是理想的观察与研究 POPs 长距离传输过程的地方。一般认为南极洲人类活动如此之少，而且 POPs 的浓度水平是如此之低，只要检出 POPs 就可以认为是长距离传输的贡献。如果 POPs 的检出同时还具备广泛分布和均匀一致的特征，那么是可以这么推论的。除此以外还能有什么解释呢？例如，2005 年的一项研究在南极洲大气中检出频率较高的有机氯农药为 HCB、HCHs、七氯和环氧七氯。水-气交换的逸度计算表明，对于 HCHs 主导的交换过程是大气沉降过程。在以往的 20 年间大气中 HCB 和 HCHs 浓度有下降的趋势，但是七氯和环氧七氯浓度是大体持平的。这些南极洲的有机氯污染物均系长距离大气传输的贡献[58]。

但是，如果发现在很低的、大体均匀的背景水平上出现个别的高值，那是不能用长距离传输贡献解释的，必须考虑南极洲当地的污染来源。Dickhut 和同事报道了这样的情况[59]。他们于 2001～2007 年期间采集了南极洲的空气、海冰、冰雪等样品，分析了多溴二苯醚（BDE47，BDE99，BDE100，BDE209）的含量。研究结果表明在南极洲的夏季和冬季，PBDEs 所经历的大气传输等环境过程区别较大。用大流量采样器采集大气样品的数据表明，PBDEs 主要存在于颗粒物之中，在气相中都处于检出限以下，只有 BDE47 在三分之一的样品中可以检出。PBDEs 的浓度水平很低，即便和北极地区的大气颗粒物样品相比较，也为其 1/33～1/4。但是在 2001 年 9～10 月于南极洲玛格丽特湾（Marguerite Bay）采集的样品中，BDE209 出现极高值。BDE209 是十溴二苯醚商业产品的主要成分（≥97%），作为塑料和聚合物的阻燃剂用于电气和电子产品以及纺织品中。2001 年 9 月 28 日在附近的 Rothera 研究基地发生的一次烧毁了一个实验室的火灾可能就是南极洲玛格丽特湾出现 BDE209 极高值的来源。

正是由于存在 BDE209 的当地源排放，导致 BDE209 和其他 PBDEs 化合物之间的相关性不再具有统计意义（$p \geq 0.14$）。另一方面，五溴二苯醚商业产品中的几种主要成分（BDE47，BDE99，BDE100）之间都是显著相关的。更重要的是这种显著相关性提供了南极洲 PBDEs 来源与大气传输过程的宝贵信息。五溴二苯醚化合物的光降解半衰期递减的顺序是：BDE100＞BDE47＞BDE99；也就是说 BDE99 是三者之中最容易光降解的。现在 BDE99/BDE100 比值和 BDE47/BDE100 比值均可以用以表征光降解程度。在南极洲的春、夏季节的大气颗粒物 BDE99/BDE100 比值的平均值是 2.45 ± 0.41，低于两种主要五溴二苯醚商业产品的比值（DE-71：3.71 与 Bromkal 70-5DE：5.37），而且也低于加拿大北极地区的阿勒特（Alert）点位的比值（5.4 ± 1.4），这就表明 BDE99 在大气长距离传输过程中的优先降解，以及南极洲距离五溴二苯醚排放源所在的大块陆地比加拿大 Alert 点位还要更远些，虽然 Alert 点位处于很高的纬度（北纬 82°）。

南极洲夏季大气颗粒物中 BDE47/BDE100 比值和 BDE99/BDE100 比值的情况类似，但是海冰样品中颗粒物的数据有所不同。BDE47/BDE100 比值为 5.41，BDE99/BDE100 比值为 4.59，和两种主要五溴二苯醚商业产品的比值（DE-71：2.92 与 Bromkal 70-5DE：5.47）基本一致。作者具体讨论了南半球的气候和地理情况以及 PBDEs 的理化性质。结论是 PBDEs 在南半球的冬季向南极洲大气传输的过程中主要是以大气颗粒物的形式参与其中，而且没有发生明显的光降解。

1.2.3　青藏高原的 POPs 大气长距离传输

青藏高原作为地球的第三极在 POPs 大气长距离传输研究中可以发挥独特的作用，这引起了国内外的广泛关注。中国科学院生态环境研究中心张庆华研究组[60]采集了喜马拉雅山北坡沿海拔梯度 3689 m 至 6378 m 的 15 个点位的表层土壤样品，系统分析其中 PCBs 和多溴二苯醚（PBDEs）同系物，发现 4500 m 以上的高海拔点位出现比较规律的现象，经土壤有机碳校正的 POPs 浓度沿海拔上升而增加，而且挥发性弱的同系物比挥发性强的同系物更易在高海拔富集。这是基于大气传输过程的山区冷捕集效应的典型表现。

中国科学院青藏高原研究所王小萍等[61,62] 在喜马拉雅山北坡的研究发现 PAHs 总量在土壤样品中沿海拔梯度升高而增加，而在植物样品中有相反的分布情况；松针中的有机氯农药，挥发性较强的如 α-HCH 和 γ-HCH 的浓度和海拔高度呈正相关，而挥发性较弱的如 DDTs 则呈负相关；DDTs 化合物之间的浓度比值表明在这个区域有 DDTs 的近期输入。

四川西部山区处于青藏高原东缘，在一年四季东风的影响下，成为人口密集、社会经济活动旺盛的成都平原下风向的受体区域。成都市和卧龙自然保护区于 2007 年 4 月至 2008 年 4 月同步实施的大气被动采样的结果表明，卧龙山区的有机氯污染物，除了 HCB，均表现出明显的夏高冬低的季节变化。在总体上，卧龙山区有机氯污染物大气浓度处于低水平，沿海拔梯度没有明显的变化，反映了山地风的迅速混合作用，指示其主要来源是大气传输过程的贡献，很可能源自成都平原方向。成都和卧龙山区两地的大气有机氯污染物相对组成的高度相似性，浓度水平的差异，表征降解过程的比率参数（α-HCH/γ-HCH、p,p'-DDE/p,p'-DDT）的相对大小，均表明两地之间存在一种明确的"源区-受体"关系[63]。

王小萍及其同事们[64] 在广袤的青藏高原设置了大气被动采样的网络，包括 16 个采样站点，覆盖了东经 80°～97°，北纬 28°～36.5°的广大区域。2007 年 7 月至 2008 年 6 月为期一年的被动采样的数据分析表明，青藏高原存在零星和分散的 o,p'-DDT 高值，这可能与三氯杀螨醇的使用有关；森林火灾也能引起临近点位的某些有机氯污染物的浓度高值；而中印边境附近高于 4000 m 的几个高海拔点位的 HCHs 与硫丹的高浓度水平则指示了来自南亚次大陆翻越喜马拉雅山脉大气长距离传输的贡献。有机氯污染物相对组成数据的聚类分析结果进一步指出沿雅鲁藏布江河谷东西向分布的 7 个点位具有高度的相似性，这一狭长的河谷区域实际上形成了一个空域；而 HCB 的高浓度和人口密度正相关，是城镇点位的显著特征。被动采样技术的应用提供了青藏高原 POPs 的来源、空间分布和大气传输贡献的重要信息。

加拿大多伦多大学 Wania 教授汇总了青藏高原纳木错湖泊、喜马拉雅南坡和青藏高原东缘卧龙自然保护区三个地点的研究数据，认为青藏高原同时表现出山地冷捕集和极地冷捕集的效应，是因为它同时具有山地高海拔和海拔梯度急剧变化的特征以及极地广袤、低温和稀少降水的特征[63,65]。

1.3　持久性有机污染物的区域分布与大气传输

研究 POPs 的大气传输可以有"动力学"的方案和途径，亦步亦趋地模拟和跟踪整个传输过程及其发生的各种物理、化学变化，这是大气扩散模型研究的思路；也可以有"热力学"的方案和途径，关注环境介质中 POPs 的浓度和组成及其变化情况，从 POPs 的时空变化反推大气传输的过程和效果，是现场观测研究的思路。在早期研究中汇集和比较的一些现场观测数据往往并不是为研究大气长距离传输或全球循环的目的而专门设计和采集的，这些数据之间的可比性较差。值得注意的是，这些数据一般均为非气相的环境介质（海水、树叶、鱼肝、水系沉积物、土壤等）的数据，由于采样技术的局限，大气的数据较少。因此 POPs 大气长距离传输和全球循环的一些假设和预测，在早期的现场观测中有时发现一些规律性数据，获得一些实验支持，有时则不然。由于大气被动采样技术的突破[66,67]，在近年出现了精心设计和实施的大尺度 POPs 采样监测项目，报道了典型 POPs 的大气年均值或季均值浓度观测数据和研究成果。

1.3.1　大尺度的大气 POPs 监测和区域分布研究

加拿大多伦多大学 Wania 研究组在北美洲跨越 72 个纬度（$10°\sim82°N$）和 72 个经度（$53°\sim125°W$）的广大区域的 40 个点位上放置了被动采样器（passive air sampler，PAS）的平行双样。这些点位均远离点源干扰，具有区域代表性，采样器放置了一年（2000 年夏至 2001 年夏），获得了多种 POPs 的年均值数据[43,44,47]。基于这样大尺度的监测网络所得到的 POPs 区域分布、相对比值和相对组成的数据以及手性化合物对映异构体的组成数据，就可以研究特定 POPs 化合物排放和历史、大气传输和沉降、来源区域和属性。大气中检出的六六六（HCHs）主要是两个异构体：α-HCH 和 γ-HCH。α-HCH 在历史上曾经广泛使用，但是已经禁用多年；而 γ-HCH 以农药林丹（lindane）的形式，仍然有近期的使用；两者形成鲜明对照。它们在北美洲大气中各有什么不同的表现呢？α-HCH 大气浓度在加拿大和美国是大体均匀分布的；在加拿大大西洋沿岸（东海岸）α-HCH 大气浓度略高是源于拉布拉多（Labrador）洋流海水中 α-HCH 的挥发，这得到了 α-HCH 手性组成特征的支持，也得到了 α-HCH 浓度与温度依赖关系的支持；α-HCH 从大湖（苏必利尔湖）的挥发也导致邻近点位 α-HCH 大气浓度的升高；α-HCH 从水体的挥发，即二次源的排放，是北美洲大气 α-HCH 的重要来源。γ-HCH 大气浓度在整个区域变化较大，在加拿大西部草原出现高值，这与在这一地区农业应用的 γ-HCH 一次源排放有关，在该地林丹作为种子处理剂还在继续使用。中美洲地区的 HCH 大气浓度比较低，主要是由热带气候下降解过程更有效引起的[43]。

相对而言，六氯苯（HCB）的大气浓度是最均匀的，在整个北美洲范围内只有 2~4 倍的变化，这反映了 HCB 大气寿命较长，一次源排放在北美洲较少。氯丹（chlordane）化合物在美国东南部出现一组明显的高值，表明这里是大气环境中氯丹近期输入的源区；顺式和反式氯丹的高比值、七氯和七氯过氧化物的高比值以及顺式氯丹的手性组成特征均支持这一结论。滴滴涕（p,p'-DDT）大气浓度的一组特别高值出现在中美洲的墨西哥南部和伯利兹，伴随着降解产物（p,p'-DDE）相对丰度较低，以及 o,p'-DDT 的手性组成特征均表明这一地区存在 DDTs 的近期使用[44]。

有机氯农药（OCPs）纬度浓度分布的实测数据和模型研究得到 POPs 长距离传输能力的结果兼容一致。现场观测的 PCBs 组成特征和模型拟合的结果相当吻合，大气中三氯和四氯取代 PCBs 的相对组成在加拿大北极地区比热带地区要高，五氯、六氯、七氯取代的 PCBs 的情况则相反，这是验证 POPs 长距离传输和全球分馏假设的比较系统的、有说服力的实验证据[47]。

中国、日本、韩国、新加坡和英国科学家的一项合作研究用放置在 77 个点位的被动采样器形成了颇具规模的网络，覆盖了亚洲的广阔地区[68]。样品采集持续了 8 周（2004 年 9 月 21 日~11 月 16 日）。数据的表达选用了多种方式，每个采样器采集特定 POPs 的量（ng/PAS）、大气浓度（pg/m³）、最大值/最小值（H/L）的比值，以方便讨论。六氯苯（HCB）的情况值得注意，在北美洲、欧洲 HCB 的大气浓度都比较均匀，其中欧洲的 H/L 比值约为 6[69]；在这项研究中 H/L 比值在日本是 7，在韩国是 5，在新加坡是 2.5，但是在中国高达 45。在中国有 32 个点位，其中 13 个农村点位，19 个城市点位。HCB 高值出现在城市点位如天津、北京、福州。HCB 是生产血吸虫防治的药剂五氯酚钠的原料，天津大沽化工厂到 2004 年才完全停止生产 HCB。由此看来 HCB 生产过程的一次排放是大气 HCB 的一个重要来源。DDTs 的高值出现在中国的东南沿海地区，特别是长江三角洲和珠江三角洲地区，原因之一是在用农药三氯杀螨醇中含有相当量的 DDTs 杂质，特别是 o,p'-DDT。这几种 POPs 的大气浓度在韩国、日本、新加坡一般不高[68]。

中国科学院广州地球化学研究所张干研究组开展了后续的研究工作。基于珠江三角洲地区为期一年的被动大气采样，发现特定 POPs 的高浓度值分布和季节性的农药使用以及亚洲季风驱动的大气长距离传输有密切关系。冬季季风盛行时，三氯杀螨醇使用引起下风向地区的 o,p'-DDT 浓度升高；广东沿海地区每年使用的渔船防护漆含有大约 $30\sim60$ t DDTs，在夏季季风盛行时引起下风向地区大气 p,p'-DDT 浓度升高[39]。

张干研究组在 2005 年开展了中国 37 个城市的大气监测和研究，产生了全国范围的能够反映季节变化的实测数据集合。研究结果表明，我国 DDTs 的来源主要有 DDTs 的生产过程、消毒灭蚊公共卫生应用、渔船防护漆的使用、三氯杀螨醇的使用等四个方面；我国城市的 HCB 大气浓度明显比欧洲和北美的数据要高，H/L 高达 135，这表明有 HCB 排放源存在；我国的 HCB 排放是一个有全球意义的重要来源[70]。

POPs 在大气传输过程中发生多种环境交换和分配过程，近年来越来越多的研究致力于多介质的协同研究。哈尔滨工业大学任南琪研究组[71,72]按照一个覆盖全国的网络同时采集大气和土壤两个环境介质样品，在 51 个点位采集了表面土壤样品，在 97 个点位采集了为时 3 个月的大气被动样品，然后分析、研究两类样品中 60 种多氯联苯（PCBs）同系物，这样的研究在中国还是首次。结果表明 60 种 PCBs 的大气浓度在城区点位最高（350 ± 218）pg/m^3，农村点位居中（230 ± 180）pg/m^3，背景点位最低（77 ± 50）pg/m^3；中国大气的 PCBs 同系物组成特征和欧洲、北美不同，而与中国变压器油的特征类似，以低氯取代为主，特别是三氯取代 PCBs；中国土壤的 PCBs 同系物组成特征向高氯取代 PCBs 偏移，并且越是接近源区（城市）高氯取代的组成越高。对土壤和大气样品的数据进行相关性分析，在农村和背景点位二氯和三氯取代 PCBs 表现出较强的相关性，而在城市点位四氯和五氯取代 PCBs 表现出较强的相关性，这显然是因为低氯取代 PCBs 的挥发性和大气传输能力更强。和单一介质研究比较，大气和土壤介质的协同研究提供了更多的信息和更深入的认识。

以上所有研究工作均采用了 PUF 塑料或 XAD 树脂为吸附介质的被动大气采样技术，正是这一技术突破使得这些大尺度的研究成为可能。被动大气采样技术的应用，为识别和研究特定 POPs 的排放类型和来源区域提供了一个强有力的工具，为系统进行大气中 POPs 的监督性监测和 POPs 废物及污染场地的核查工作拓宽了思路，对于履行国际公约、实施环境管理以及深化大气传输研究均有重要意义。

1.3.2　区域性的 POPs 大气传输

深入认识 POPs 大气传输现象并不局限于大尺度的 POPs 监测和区域分布研究以及长距离的大气传输过程的研究。一些区域性的研究工作，甚至于一个城市的城区-郊区剖面的研究也可以从多方面揭示与大气传输有关的来源、环境过程和影响因素。

北京大学朱彤研究组[35,53]在长江三角洲太湖流域对大气中的 POPs 进行了深入的研究，观测到大气中 o, p'-DDT 出现异常高值，结合气团反向轨迹的分析发现这与江苏北部棉田三氯杀螨醇农药的使用有关，进而对众多生产厂家的有关产品进行化学分析，提供了进一步的证据。这一研究把现场观测和气象信息进行综合，识别了排放源区和下风向受体地区的因果关系，并且追踪到生产厂家的源头，得出令人信服的结论，得到国内外同行的广泛认可。这一成果在后续研究中，在更大的区域中不断得到印证，这表明在我国这已经是一个相当普遍的现象。这个问题在我国的履约工作中已经受到重视。

加拿大环境部 Harner 研究组[51,52]针对多伦多市的"城区-郊区-农村"剖面研究 POPs 的分布和来源引起同行广泛的兴趣。这个剖面有 75 km 的跨度；大气被动采样分为三期，覆盖了一整年。研究的几类 POPs 的表现可以分为两大类，一类是以农业应用为特征的，农村点位的浓度高，城区点位的浓度低，如历史上使用的 DDTs 和仍然在用的硫丹；另一类是以城区应用为特征的，城区点位的浓度高，农村点位的浓度低，如 PCBs、氯丹、多环芳烃（PAHs）。PCBs 曾经广泛使用于变压器、电容器、润滑剂、防水层、堵漏剂等，主要应用场合是城市[73,74]；氯丹作为杀灭白蚁的药剂也在城区多有应用；PAHs 在夏季出现高值是和沥青制品和沥青路面的挥发有关联的。可见对于周边更广阔的区域，大城市可以是这些 POPs 扩散和传输的重要来源。作者还比较了两种被动采样器（分别以聚氨酯泡沫和半渗透膜为吸附介质）的性能，认为被动采样技术是完全可行的，可以获得和传统的大流量采样器有可比性的大气浓度数据，可以用于 POPs 大气浓度空间分布和季节变化的观测和研究，在验证模型的预测，在环境过程中的研究，在国际公约所要求的大尺度监测等方面都有应用前景[51,52]。

参考多伦多的研究成果，结合我国的情况，我们选择天津市开展了"城区-郊区"剖面的研究，具体的 6 个采样点位按照功能区划分为工业点位（塘沽、汉沽）、市区点位（市站、团泊洼）、郊区点位（宝坻、于桥），覆盖了天津市南北130 km，东西 60 km 的区域。大气被动采样以 XAD 树脂为吸附介质，采样分为六期，持续了两整年。研究的几类 POPs 的表现各有不同。2007 年 7 月至 2008 年 6 月年均值浓度示于图 1-2。可见 HCHs 的最高值处于塘沽工业区点位，其最大值/最小值的比值为 24；HCB 的最高值也处于塘沽工业区点位，其最大值/最小值的比值为 4.3；DDTs 的最高值处于汉沽工业区点位，其最大值/最小值的比值为 10.6；PCBs 的最高值处于市站市区点位，其最大值/最小值的比值为 4.5。PCBs 的情况和多伦多相似，高值处于城区；但是几种有机氯农药沿天津"城区-郊区"剖面分布情况则和多伦多完全不同，高值和热点是在工业区点位，而且和有关化工厂的具体位置以及生产的历史和现状都是一致的。DDTs 在汉沽工业区现在仍有生产。位于塘沽的天津大沽化工厂 2000 年以前曾经是 HCHs 的生产厂家；其 HCB 生产在 2004 年才停产。几种有机氯农药的大气浓度在春季和夏季较高，在冬季最低；这样的季节特征和三氯杀螨醇在春夏之交使用，渔船防护漆在夏季休渔期使用，以及温度升高时半挥发性 POPs 从土壤、水体再挥发的种种情况是相应的。运用被动大气采样技术得到的 POPs 时空分布实测数据对于我国的履约工作是必需的、有用的[75]。天津市"城区-郊区"剖面的研究将在本书第 3 章详细介绍。

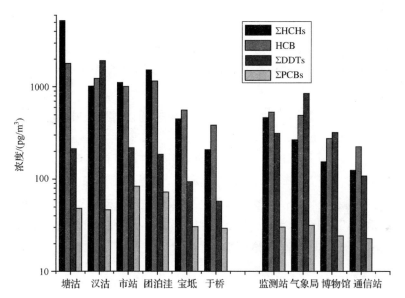

图 1-2　天津-山东长岛 2007 年 7 月至 2008 年 6 月年均值典型 POPs 浓度比较[28,29]

　　和天津地区的研究同步，我们开展了山东省长岛县的 POPs 观测研究，设置了 4 个采样点位，两个是林内点位（通信站、博物馆），两个是林外点位（监测站、气象局）。长岛县和天津市同属环渤海区域。长岛距离天津约 400 km，由一组岛屿组成，人口 4 万左右，以渔业和旅游业为主，基本没有工业排放，是一个区域性的受体。从图 1-2 可见，长岛的 HCHs 和 HCB 大气浓度和天津的郊区点位相当，而 DDTs 却远高于天津的郊区点位，和工业区、城区点位大体相当，特别是临近渔港的气象局点位。这种情况是和休渔期间渔船防护漆的使用密切相关的。在 POPs 大气传输的研究中常常选用一些参数如 α-HCH/γ-HCH 比值、DDTs/DDEs 比值作为一种"指纹"，来讨论所研究的问题。这对于大气被动采样器（PAS）技术的应用是特别恰当的，因为大气被动采样器提供的这种相对量的数据是比较准确的、定量的；而绝对大气浓度的不确定度较大，是半定量的。我们将计算有机氯化合物的归一化的相对组成作为一套分子探针，然后进行天津和长岛两地 10 个点位的比较，发现存在点源污染、浓度较高的 3 个点位（塘沽、汉沽、长岛气象局）和其他点位之间相似性较差；其他 7 个点位之间相似性一般均好，特别在冬、秋季节欧亚大陆盛行西北季风时相似性很强。较少受到局地点源干扰的 4 个区域性点位是天津市北部郊县的宝坻和于桥点位以及长岛的监测站和博物馆点位，这四个点位虽然分别处于两地，相互之间的相关性在所有的 6 个采样时段总是很好，相关系数大于 0.90，并且统计显著性水平小于 0.05。从有机氯农药和 PCBs 分布的观点，表明天津-长岛整体上同属于一个环渤海的区域；从污染物大气传输的角度，天津-长岛同属于一个"空域"，天津和长岛之间有一种"源区-受体"的关系[76]。天津的农药和化工生产的历史背景会影响多大一个区域，会影响多久一个时期，仍然是国内外关注的一个问题。关于天津-长岛区域的研究将在本书第 4 章详细介绍。

1.4 持久性有机污染物大气传输及有关环境过程

大气传输是 POPs 全球传输和循环的重要环节，涉及诸多环境过程，如气相进入凝聚相的湿沉降过程（降雨、降雪、大雾），从凝聚相返回大气的热蒸发过程，POPs 被植被吸附和吸收以及秋季落叶混入土壤的过程。对于这些交换和分配过程的正确描述和认识是 POPs 大气传输研究的重要内容。下面仅以冷捕集效应以及土-气交换过程和植被过滤过程为例简要说明。

1.4.1 冷捕集效应

由于扩散、稀释、降解等过程的作用，环境中污染物的浓度水平一般是随着离开污染源的距离的增加而逐渐降低，但是在某些情况下事情会颠倒过来，远离源区的污染物浓度会比近处的高。例如，在北半球海水中的六六六（如 α-HCH）[77]，植被中的六氯苯（HCB）[78]，随着纬度增加，逐渐远离北半球中低纬度的源区而接近北极，其浓度反而增加了。研究这种反常规的现象有利于我们深化对有关环境过程的认识，理解持久性有机污染物（POPs）在全球的传输和分布，有利于我们正确地评估特定污染物的暴露水平和富集。

这种现象主要发生在半挥发性 POPs 身上，一开始人们形象地把这种温度差异所驱动的现象称之为"冷凝结（cold condensation）效应"。但是严格地说，在寒冷的高纬度地区这些有机污染物并没有真正凝结起来；只不过是它们在大气和地球表面介质之间的相平衡偏离了大气而趋向于凝聚态介质；如此看来，不如称之为"冷捕集（cold trapping）效应"更恰当[79,80]。基于前期研究的发现，人们把沿纬度升高污染物浓度增加的现象称为纬度分馏效应或"极地冷捕集（polar cold trapping）"效应；把沿海拔升高污染物浓度增加的现象称为"山地冷捕集（mountain cold trapping）"；两者均系温度变化所驱动，这两种冷捕集的机制有什么异同呢？这个问题现在已经有了初步的认识。

多氯联苯（PCBs）是 209 种同类物组成的一大类持久性有机污染物，其物理化学性质随着分子中氯原子个数的增加（从 2 到 10）体现出规律性的变化。PCBs 在 20 世纪 70 年代已经禁用，但是长期以来在环境中持久存在。PCBs 是一套理想的分子探针，可用来研究 POPs 长距离传输和迁移转化。前期研究发现在大气传输过程中 PCBs 的组成发生规律性的变化，即分馏效应。在向北极传输的迢迢路程中发生的分馏被称为纬度分馏或全球分馏，导致低氯代 PCBs 在高纬度样品中富集。PCBs 向北极地区的大气长距离传输是通过反复多次的沉降和挥发循环实现的，又称为"蚂蚱跳（grass-hopping）"机制。只有在大气和地球表面介质（土壤、植被、水体等）之间能够顺利交换的有机化合物才有这种能力，如低氯代 PCBs。另一方面，"山地冷捕集"效应是一个比较快的、湿沉降驱动的过程，POPs 在气相和大气中的颗粒物、雨滴、雪花、云滴、雾滴之间的分配和交换更具重要性[81]。海拔分馏导致高氯代 PCBs 在高海拔样品中富集。虽然"山地冷捕集"和"极地冷捕集"有不同的表现，但是在实质上，两者是兼容一致的。小尺度的"山地冷捕集"效应富集，滞留了高氯代 PCBs，那么，很自然就导致了大尺度的"极地冷捕集"效应最后富集的是低氯代 PCBs 了。有关的模型计算已经可以定量地重现现场实验观测的 PCBs 的结果[47,80,81]。

中国有辽阔的国土、丰富的山地资源，开展冷捕集效应研究具有地域优势。我们选择了成都平原和青藏高原之间的过渡地带，在四川西部山区卧龙自然保护区进行了土壤和大气两个环境介质的样品采集和研究[63,82]。在 2006 年的春季和秋季，沿巴郎山迎风坡 2636～4479 m 海拔梯度的 5 个地点采集土壤样品。土壤中 POPs 的浓度经过土壤有机质的校正，均表现出沿海拔升高呈指数增加的规律性。用指数项来表征浓度增加的速率，则有一个顺序 HCB<PCBs<HCHs<DDTs。这个顺序和 POPs 化合物的理化性质相关联，而且和山地冷捕集模型的计算结果是大体一致的。这个模型指出山地冷捕集效应主要取决于一个半挥发性有机化合物的湿沉降效率对特定的一段海拔梯度引起的温度差的敏感程度[81]。同步采集的大气被动样品也涵盖了 1242～3619 m 的海拔梯度，分成暖季（4～10 月）和冷季（10～4 月）两套样品。POPs 大气组成在巴郎山山区是相当均匀一致的，没有检出当地一次源的排放，山区的 POPs 主要来源于大气传输的外来贡献。暖季的 POPs 浓度水平是冷季的 2～

4 倍。夏季高海拔点位存在当地二次源排放的贡献。

1.4.2 土-气交换过程

应该指出多环芳烃（PAHs）是非常重要的一类环境污染物，虽然没有列入《斯德哥尔摩公约》，但是它的性质是符合持久性有机污染物的基本属性的。PAHs是不完全燃烧的产物，种种燃烧过程均有排放。中国作为经济迅速发展的国家，能源结构以燃煤为主，所以 PAHs 的研究和环境管理对于中国特别重要。国际国内对于 PAHs 的大气长距离传输也有许多很好的研究成果[83]。和 PCBs 类似，PAHs 化合物的物理化学性质随着分子量的增大、环数的增加呈现规律性的变化，为环境研究提供了一组"分子探针"。大连海事大学和加拿大环境部的合作团队采样分析了冬夏两季大连市城区和郊区农村的土壤和大气的 PAHs 浓度，通过计算 PAHs 在土壤和大气中的逸度，来判断土-气交换和分配的状况。大连地区的结果表明对于二环和三环芳烃，土壤是向大气排放的二次源；对于五环和六环芳烃，土壤是汇；对于四环和五环芳烃，在土壤和大气两相处于大体平衡的状态，随着季节变化，在不同的城市功能区这个状态会略有改变。和冬季比较，在夏季 PAHs 从土壤向大气的逸出势更大些[84]。

北京大学陶澍研究组对天津地区的有机氯农药和多环芳烃开展了多年系统的研究。基于土壤和大气两个介质中 POPs 的逸度计算，他们指出历史上受污染的土壤是当前天津海河地区 HCHs 和 DDTs 的二次排放源。这主要是因为这两类 POPs 禁用以后，土壤从主要的汇变成了重要的源；而且这个状况还会持续相当长的一段时期[85]。

1.4.3 森林过滤效应

基于逸度概念的模型研究表明森林和其他植被在 POPs 的全球分布与循环中起重要作用，提供了一个从大气到林下土壤的有效 POPs 输送机制，增加了净大气沉降量。在春季植物生长期一些 POPs 的大气浓度会因此而下降。POPs 浓度在林下土壤中升高的同时在其他环境介质中下降[86,87]。由于植被的过滤和吸收，大气被动采样的现场观测发现林内样品的 POPs 浓度一般均小于作为对比的林外空地样品的浓度。用林内/林外浓度比值可以表征森林植被对特定 POPs 化合物的过滤吸收能力；这个比值与 POPs 的辛醇-空气分配系数 K_{oa} 有很好的负相关性，并且和树叶的繁茂程度（叶面积指数）及树种有合理的关联[88]。我们在山东长岛的研究也观测到这样比较规律的现象。

1.5　持久性有机污染物大气传输有关的模型研究

模型研究是 POPs 大气传输研究的一个重要方面。模型研究运用数学方法描述、模拟、预测自然现象与环境过程。模型可以很简单，如分析化学中基于最小二乘方法的线性回归技术的标准曲线的建立；模型也可以很复杂，如气候变化研究中预测全球变暖的具体温度的上升幅度。模型研究的形式也是多种多样的。以大气颗粒物研究为例，有从排放源出发的、以源排放清单为基础的"扩散模型"；也有以环境样品的分析测试数据为基础的"受体模型"。受体模型又可以细分为化学质量平衡方法（CMB）、多变量统计分析技术的多重线性回归方法（MLR）、绝对主因子得分方法（APCA）、正矩阵因子分析方法（PMF）等多种类型。对于 POPs 大气传输有关的模型研究也有许多方法值得关注。例如，基于反向风迹统计计算"空域"研究的模型，强调各介质界面的分配与交换过程的多介质（箱体）模型，对环境介质和污染物进行动力学描述的大气扩散模型等。

1.5.1　反向风迹模型和"空域"的计算

反向风迹模型的广泛使用要归因于气象数据公开与分享的政策。美国大气与海洋管理局（NOAA）的网站提供了及时的气象数据和应用软件包，包括反向风迹统计模型（HYSPLIT）。基于一个受体点位一个时期足够多的反向风迹统计计算，就可以得到围绕该点位的空域（airshed），从而对这一时期的主导风向以及周边地区的相对重要性有了形象、半定量的了解。这为大气污染物（包括气相污染物和大气颗粒物）的大气传输提供了必需的气象背景和有关信息。

Ashbaugh 等[89]于 1985 年提出了"潜在源贡献函数"（potential source contribution function，PSCF）的概念，试图把反向风迹的信息和受体现场观测的污染物浓度数据相关联，来推测污染物排放的来源区域。大量的反向风迹覆盖了一个广大的区域，这个区域可以划分成网格。"潜在源贡献函数"有一个简单明了的定义式，$PSCF = M/N$；其中 N 是落入一个网格中的所有反向风迹的节点数目；而 M 是该网格中一个特定污染物的受体点浓度超过其均值的反向风迹的节点数目。可见 PSCF 是一个分数。每个网格都有自己的 PSCF 数值，较高的数值表明这个网格是该特定污染物潜在排放源的可能性较大。这个概念和技术的运用经常得到一些合理的结果，引起研究人员的兴趣，并在运用中不断改进。

浓度加权的风迹（concentration weighted trajectory，CWT）方法也是将区域划分成网格，用两因子相除。其中将所有途径网格的反向风迹在该网格停留时间加和，作为分母；将所有这些停留时间乘以对应受体点位测量的特定污染物浓度并加和，作为分子[90,91]。该法改进了以均值判别高低的简单做法。

停留时间与浓度加权（residence time weighted concentration，RTWC）的风迹方法在CWT方法的基础上进一步细化。CWT会出现以下这种情况：一旦受体点位测得高值，对应的风迹所途经的所有网格都授予高分，这并不合理。RTWC指出真正的持续性排放源所在网格应该持续对应受体点的污染物高值；而偶尔性的对应受体点高值网格可能是因为偶发性的排放，或位于传输途径之上。这两种情况应该区别对待[90,92]。

传输偏差定量分析（quantitative transport bias analysis，QTBA）方法考虑应对的是反向风迹的不确定性问题，用高斯分布来描述风迹的可能地理坐标[93,94]。

Westgate和Wania[95]认为应该考虑气团风迹过境时的高度因素，对于一个网格如果风迹高于大气边界层的厚度，就不应该考虑对于这个网格的贡献。气团运动是大气传输的机制与载体，大气污染物是大气的杂质成分与负载物。反向风迹统计模型已经成为大气传输研究中一个必不可少的关键组成部分，具有基础性的重要意义，已经得到了广泛的运用。

1.5.2　环境多介质模型

POPs污染物并非仅仅存在于大气中，它的存在具有多介质的特征，在不同的环境介质之间会有持续的分配与交换过程。所以我们既不能把大气介质孤立出来，也不能把POPs的大气传输过程隔离出来，只能尽可能地同时关注与之有关的其他环境介质与环境过程。环境多介质模型是一种很有用的工具，它用一个统一的数学框架对各种环境过程进行理论的描述。它具有开放的结构，可以通过引入新的环境过程来扩展与改善模型自身。模型可以用于一些假设的验证。通过敏感度分析，模型可以发现最具影响力的因素，作为下一步研究的重点。模型研究考虑的诸多方面在具体的现场观测中往往难以综合考虑，或难以接近，或难以处理。

环境多介质模型的特点是易于理解和运用，对计算机的硬件要求不高，需计算机机时较少，模型本身易于调整和扩展；另一方面这种模型的空间与时间的分辨率较低，适于理想情况、基本环境过程与分布状况的研究与评判，不适于研究急剧变化的情况，不适于特定污染事件与过程的描述。

基于逸度概念的多介质模型经过多年的开发与改善，已经得到广泛的应用。逸度概念用于模型计算具有便捷与巧妙的特征，得到普遍的认可。逸度是表征化合物从特定环境相中逃逸的趋势。当两相达到平衡时，化合物具有相同的逸度。在逸度模型中通过引入"逸度容量"和"通量系数"等概念，把一种化学物质在环境中的

浓度和迁移转化过程都用逸度表现出来，建立了基于逸度的质量平衡方程。Mackay
教授的专著 *Multimedia Environmental Models：The Fugacity Approach*（第二版）
（2001 年）[96]，在 2007 年已经由南开大学黄国兰教授与同事翻译为中文《环境多介
质模型：逸度方法》[97]。我国的研究者也多有成功应用[98-101]。本书第 6 章介绍的
Mountain-POP 模型也是环境多介质模型在山区冷捕集效应研究中的一种应用。

　　Globo-POP 是研究全球环境问题的一种环境多介质箱体模型，具有气候分区的
基本特征。Globo-POP 模型模拟各个气候分区的温度季节变化过程，考虑和计算了
温度对特定污染物的降解速率常数以及分配系数的影响。如图 1-3 所示，Globo-
POP 模型有 10 个气候区：南北半球各有 5 个气候区（热带、副热带、温带、副寒
带、寒带）。气候区是按照纬度划分的，其体量逐步增大；南北极的寒带气候区体
量最小，赤道附近的热带气候区体量最大。由于大气的混合在东西方向远比南北方
向迅速，所以按气候分区考虑其平均浓度也是合理的。每个气候区都由几个环境箱
体组成，包括 2 种土壤（农业用地和非农业自然土壤），大气分成 4 层（从地面往高
空分别是大气边界层、低/中对流层、中/高对流层、平流层），2 种水体（地表水体
和海洋）[102]。

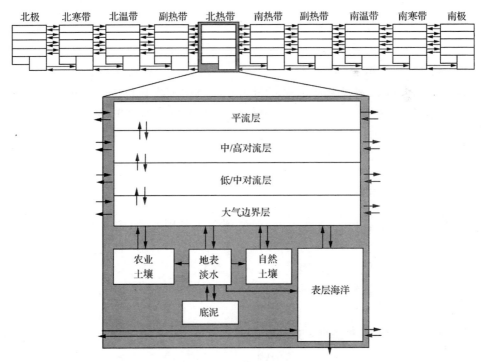

图 1-3　Globo-POP 模型结构[103]

Globo-POP 模型计算结果中温度的效应显现出来了。由于极地严寒的低温条件加强了 POPs 向非气相介质（土壤、水体）的分配，减缓了 POPs 降解速率。低温还增强了污染物向大气颗粒物的吸附作用，以及湿沉降效率的提高。一些特定的污染物，如 α-HCH，表现出浓度沿纬度增加而增加的趋势，这和现场观测的数据是一致的。

Globo-POP 模型计算指出 POPs 的持久性和大气传输距离与其排放的具体地点关系很大。仍然以 α-HCH 为例，如果在热带排放进入环境，其持久性大约为 100 天；如果排放发生在北温带，其持久性大约是 250 天。虽然 POPs 可以经过大气和水体长距离传输，但是其主体部分仍然留在热带和温带的排放源区，并且在源区域降解。在 20 世纪 90 年代加拿大北冰洋水域的 α-HCH 浓度远高于印度洋和西太平洋。出现这种浓度反转的现象的原因在于 α-HCH 20 年左右的停用与排放减少，热带与温带的排放源区 α-HCH 不断的降解与挥发，浓度在下降。北冰洋成为 α-HCH 最后的全球"避难"所，α-HCH 在这里被捕集和保存。由于北极地区体量较小，虽然只有一小部分 α-HCH 传输到这里，却引起浓度的迅速增高，终于形成了"浓度反转"的局面[102]。

Globo-POP 模型应用于 PCBs 时，也得出有趣的重要结论。低氯取代的 PCBs 主要是通过与大气中羟基自由基的反应而清除。深海沉积清除的重要性随着氯取代程度的加大而增大。地表水底泥沉积清除从全球范围看重要性不大。随着时间的推移，土壤介质成为越来越重要的 PCBs 储库。今后 PCBs 的清除主要取决于土壤中 PCBs 的降解。PCBs 作为组成复杂的混合物，其组成变化也提供了重要的信息。PCBs 组成沿纬度呈现规律性变化，纬度越高，低氯取代的 PCBs 所占百分比越大。关于 PCBs 的模型计算结果和众多现场观测的数据，最终形成了全球分馏的概念[102]。

1.5.3　大气扩散模型

大气扩散模型基于较高的时间与空间分辨率，运用大量的气象数据，依靠强大的计算机能力，对大气气团和污染物的运动进行动力学描述。同时大气扩散模型也需要更充分的数据支持，其应用主要集中于 HCHs 的几种异构体，特别是 α-HCH，因为只有这几种化合物基本具备全球范围的、具有时间和空间分辨的、接近历史真实的排放数据。

哈尔滨工业大学和加拿大环境部的合作团队基于中国 α-HCH 的排放清单和 2005 年的气象数据，针对长距离传输和大气环流的关系开展了模型研究。结果表明在夏季季风的作用下 α-HCH 从华东、华南挥发，被带上高空，长距离传输送往北方；我国的东北和北太平洋地区成为 α-HCH 的受体地区。和春季季风的路径不同，夏季季风是从东北地区出境的。东亚的夏季季风为 α-HCH 向东亚的输送提供了一个重要的大气通道和可观的夏季输出。α-HCH 全年输送总量的 83％是在夏季[104]。

Tian 等[105]进一步拓展了研究的范围，研究了 1952～2009 年五十多年间，不同时间尺度的源于中国的 α-HCH 大气输送。这段时间覆盖了一次排放为主的时期（1952～1984 年）和二次排放逐步上升的时期（1985～2009 年）。所用模型为网格化质量平衡模型 ChnGPERM（Chinese Gridded Pesticide Emission and Residue Model）。模型以 1/6 纬度和 1/4 经度的空间分辨率覆盖了整个中国的陆地面积（北纬 17°～55°，东经 70°～135°）。模型包括了大气、水体、土壤和底泥 4 种环境介质。土壤有五种类型，而且从表面往下 30 cm 被分为 4 层。大气被分为 2 层，地上 1000 m 为大气边界层，1000～4000 m 为大气低对流层。数值模拟的"步长"是 1 天，计算从 1952 年开始顺序进行至 2009 年。土壤特性的数据，土地利用的数据，每天的气象数据都是模型计算所需要的数据。Tian 等还十分重视模型计算结果的验证，收集了 1979～2009 年间的前期研究所报道的 65 个有关 α-HCH 现场观测的数据集合。将计算值与实测值比较，发现比值的平均值为 1.0，相关系数 r 为 0.4，显著性水平 p 小于 0.001，所得结果鼓舞人心。

模型计算表明中国东北方向边界和南方边界输出的 α-HCH 分别占输出总量的 47％ 和 35％。东北方向边界输出的主要时段是夏季（6～8 月份），而南方边界输出的主要时段是秋、冬季节（10～12 月份）。如果说作者在 2009 年的研究[104]主要是强调 α-HCH 在东亚夏季季风驱动下输送的话；那在 2012 年的研究[105]中，作者主要是深入研究 α-HCH 输送通量和更广阔区域的海平面大气压（SLP）之间的统计关系，开发了 2 个与海平面大气压有关的气象指数（index），用来解释年内季节变化、年际变化和十年尺度上的长期变化。其中第一个气象指数所选海平面大气压区域在长江与黄河下游、华东沿海与黄海区域（东经117°～123°，北纬 32°～38°）；第二个气象指数所选区域在太平洋赤道水域（东经 150°～170°，南纬 15°～北纬 20°）。这两个气象指数在很大程度上成功地解释了三种时间尺度上的 α-HCH输送通量在东北边界与南方边界的波动变化。

1.5.4　演变趋势模型研究

对于 POPs 的"大气传输"研究，一个重要的主题就是它的来源。POPs 长期演变趋势研究着重讨论与分析 POPs 的浓度水平、空间分布、来源份额的动态变化过程；在这些变化过程中大气传输又扮演着积极的角色，持续施加影响。演变趋势研究可以涵盖过去、现在和将来。特别是对于将来情况的预测，这是模型研究独具的优势领域，可以假设各种预案（scenarios），展开充分讨论与分析。

HCHs 是一种在历史上曾经大量和广泛使用的农药，在 20 世纪 80～90 年代在各个国家先后禁用。研究 HCHs 的演变趋势有利于深化对 POPs 在全球环境中的传输、分配、分布、降解的全过程理解，也有利于了解 POPs 禁用措施的实际效果。Wöhrnschimmel 等[106] 运用模型方法（BETR-research global multimedia contaminant fate model），在 1950～2050 年的时间尺度上，对北极边远地区的 HCHs 的两个异构体 α-HCH 和 β-HCH 进行比较研究。地球被划分为 288 个 $15°\times$ $15°$ 的网格区域，每个区域包含 7 个环境相（箱体）：上层大气、底层大气、植被、地表水、海水、土壤、底泥。区域之中以及区域之间的传质过程用微分方程来描述。模型的输出数据为各个区域、各个箱体的清单和通量。模型的输入数据包含三类：源排放清单，环境的参数化数据，α-HCH 和 β-HCH 的理化性质[106]。

由于 β-HCH 更难降解，半衰期大约是 α-HCH 的 3 倍；所以两者在全球大气环境中的浓度虽然都在下降，但是下降的速率不同；两者的大气浓度将会发生反转，β-HCH 在历史上浓度较低的情况将会在不久的将来逐步反超 α-HCH 的浓度（图 1-4）。在 20 世纪后半叶，HCHs 的排放主要是由大面积农业使用和一次排放主导，改变为当今从土壤和水体的二次排放主导的情况。这种情况已经从 HCHs 大气浓度的季节特点中反映出来，即从与农业活动密切相关的春季高值改变为与环境温度密切相关的夏季高值。作者从北极等边远地区选取了 3 个科考点位（加拿大北极地区的 Alert，北美大湖区域的 Burnt Island，挪威北极地区的 Zeppelin），它们都具有 1980～2010 年历年观测数据。这些宝贵数据一方面用于模型的关键输入数据的优化，例如 β-HCH 半衰期的估算；另一方面用于模型计算值和实际观测值的比较。从整体上看，计算值和观测值一致性良好。这也大大加强了模型预测的可信度。作者指出 β-HCH 浓度反超 α-HCH 的情况将首先在历史上大量使用的源区如东亚发生；对于边远的受体区域这将会在几十年以后。源区与边远地区之间之所以有如此之长的"时间差"，也是因为 HCHs 的两种异构体有不同的理化性质，在长距离大气传输过程中有不同的表现所致。模型的结果表明土壤是 HCHs 最主要的存储介质，最重要的二次排放源，比水体的释放通量要高 1～2 个数量级。

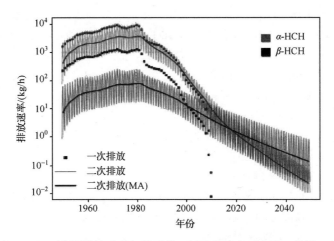

图 1-4　北半球 HCHs 一次源排放对大气的贡献，以及地球表面土壤、植被、各类水体和海洋
二次源排放对大气的贡献。MA 为 12 个月滑动几何平均值[106]

参 考 文 献

[1] Blanksby S J, Ellison G B. Bond dissociation energies of organic molecules. Accounts of Chemical Research, 2003, 36 (4): 255-263

[2] Schwarzenbach R P, Gschwend P M, Imboden D M. Environmental Organic Chemistry (2nd edition). Wiley-Interscience, 2003 [2014-11-10]. http://onlinelibrary. wiley. com

[3] Scheringer M. Long range transport of organic chemicals in the environment. Environmental Toxicology and Chemistry, 2009, 28: 677-690

[4] Scheringer M, Matthies M. Persistence Criteria in the REACH Legislation: Critical Evaluation and Recommendations. Final Report 21. 12. 2006. In: 2006

[5] Harner T, Bidleman T F. Octanol-air partition coefficient for describing particle/gas partitioning of aromatic compounds in urban air. Environmental Science & Technology, 1998, 32: 1494-1502

[6] Kelly B C, Ikonomou M G, Blair J D, et al. Food web specific biomagnification of persistent organic pollutants. Science, 2007, 317: 236-239

[7] UNEP. Stockholm Convention on Persistent Organic Pollutants. [2014-11-10]. http://chm. pops. int/

[8] Buck R C, Franklin J, Berger U, et al. Perfluoroalkyl and polyfluoroalkyl substances in the environment: Terminology, classification, and origins. Integrated Environmental Assessment and Management, 2011, 7: 513-541

[9] UNECE. Convention on Long-range Transboundary Air Pollution. [2014-11-10]. http://

www. unece. org/env/lrtap

[10] Xing Y, Lu Y, Dawson R W, et al. A spatial temporal assessment of pollution from PCBs in China. Chemosphere, 2005, 60 (6): 731-739

[11] Breivik K, Sweetman A, Pacyna J M, et al. Towards a global historical emission inventory for selected PCB congeners—A mass balance approach: 1. Global production and consumption. Science of the Total Environment, 2002, 290 (1-3): 181-198

[12] Li Y-F, Harner T, Liu L, et al. Polychlorinated biphenyls in global air and surface soil: Distributions, air-soil exchange, and fractionation effect. Environmental Science & Technology, 2009, 44 (8): 2784-2790

[13] Mai B X, Zeng E Y, Luo X J, et al. Abundances, depositional fluxes, and homologue patterns of polychlorinated biphenyls in dated sediment cores from the Pearl River Delta, China. Environmental Science & Technology, 2004, 39 (1): 49-56

[14] Ren N, Que M, Li Y F, et al. Polychlorinated biphenyls in Chinese surface soils. Environmental Science & Technology, 2007, 41 (11): 3871-3876

[15] Pozo K, Harner T, Wania F, et al. Toward a global network for persistent organic pollutants in air: Results from the GAPS study. Environmental Science & Technology, 2006, 40 (16): 4867-4873

[16] Jaward F M, Zhang G, Nam J J, et al. Passive air sampling of polychlorinated biphenyls, organochlorine compounds, and polybrominated diphenyl ethers across Asia. Environmental Science & Technology, 2005, 38: 8638-8645

[17] Hogarh J N, Seike N, Kobara Y, et al. Passive air monitoring of PCBs and PCNs across East Asia: A comprehensive congener evaluation for source characterization. Chemosphere, 2012, 86 (7): 718-726

[18] Wang Y, Jiang G, Lam P K S, et al. Polybrominated diphenyl ether in the East Asian environment: A critical review. Environment International, 2007, 33 (7): 963-973

[19] Harrad S, de Wit C A, Abdallah M A-E, et al. Indoor contamination with hexabromocyclododecanes, polybrominated diphenyl ethers, and perfluoroalkyl compounds: An important exposure pathway for people? Environmental Science & Technology, 2010, 44 (9): 3221-3231

[20] Wu J, Zhang Y, Luo X, et al. A review of polybrominated diphenyl ethers and alternative brominated flame retardants in wildlife from China: Levels, trends, and bioaccumulation characteristics. Journal of Environmental Sciences, 2012, 24 (2): 183-194

[21] Tian M, Chen S J, Wang J, et al. Brominated flame retardants in the atmosphere of E-Waste and rural sites in southern China: Seasonal variation, temperature dependence, and gas-particle partitioning. Environmental Science & Technology, 2011, 45 (20): 8819-8825

[22] Chen L G, Mai B X, Bi X H, et al. Concentration levels, compositional profiles, and gas-

particle partitioning of polybrominated diphenyl ethers in the atmosphere of an urban city in South China. Environmental Science & Technology, 2006, 40 (4): 1190-1196

[23] Hoh E, Hites R A. Brominated flame retardants in the atmosphere of the East-Central United States. Environmental Science & Technology, 2005, 39 (20): 7794-7802

[24] Jaward F M, Farrar N J, Harner T, et al. Passive air sampling of PCBs, PBDEs, and organochlorine pesticides across Europe. Environmental Science & Technology, 2004, 38 (1): 34-41

[25] MacLeod M, Mackay D. An assessment of the environmental fate and exposure of benzene and the chlorobenzenes in Canada. Chemosphere, 1999, 38 (8): 1777-1796

[26] Meijer S N, Ockenden W A, Sweetman A, et al. Global distribution and budget of PCBs and HCB in background surface soils: Implications for sources and environmental processes. Environmental Science & Technology, 2003, 37 (4): 667-672

[27] Zhang L, Huang Y, Dong L, et al. Levels, seasonal patterns, and potential sources of organochlorine pesticides in the urban atmosphere of Beijing, China. Arch Environ Contam Toxicol, 2010, 61: 159-165

[28] Li J, Zhu T, Wang F, et al. Observation of organochlorine pesticides in the air of the Mt. "Everest" region. Ecotoxicology and Environmental Safety, 2006, 63 (1): 33-41

[29] Wang G, Lu Y, Han J, et al. Hexachlorobenzene sources, levels and human exposure in the environment of China. Environment International, 2010, 36 (1): 122-130

[30] Vijgen J, Abhilash P C, Li Y, et al. Hexachlorocyclohexane (HCH) as new Stockholm Convention POPs—A global perspective on the management of Lindane and its waste isomers. Environmental Science and Pollution Research, 2011, 18 (2): 152-162

[31] Zhang G, Parker A, House A, et al. Sedimentary records of DDT and HCH in the Pearl River Delta, South China. Environmental Science & Technology, 2002, 36 (17): 3671-3677

[32] Chakraborty P, Zhang G, Li J, et al. Selected organochlorine pesticides in the atmosphere of major Indian cities: Levels, regional versus local variations, and sources. Environmental Science & Technology, 2010, 44 (21): 8038-8043

[33] Zhang G, Chakraborty P, Li J, et al. Passive atmospheric sampling of organochlorine pesticides, polychlorinated biphenyls, and polybrominated diphenyl ethers in urban, rural, and wetland sites along the coastal length of India. Environmental Science & Technology, 2008, 42 (22): 8218-8223

[34] Wang X P, Gong P, Yao T D, et al. Passive air sampling of organochlorine pesticides, polychlorinated biphenyls, and polybrominated diphenyl ethers across the Tibetan Plateau. Environmental Science & Technology, 2010, 44 (8): 2988-2993

[35] Qiu X, Zhu T, Yao B, et al. Contribution of dicofol to the current DDT pollution in China.

Environmental Science & Technology, 2005, 39 (12): 4385-4390

[36] Lin T, Hu Z, Zhang G, et al. Levels and mass burden of DDTs in sediments from fishing harbors: The importance of DDT-containing antifouling paint to the coastal environment of China. Environmental Science & Technology, 2009, 43 (21): 8033-8038

[37] Zhang W, Ye Y, Hu D, et al. Characteristics and transport of organochlorine pesticides in urban environment: air, dust, rain, canopy throughfall, and runoff. Journal of Environmental Monitoring, 2010, 12: 2153-2160

[38] Li Y, Zhang Q, Ji D, et al. Levels and vertical distributions of PCBs, PBDEs, and OCPs in the atmospheric boundary layer: Observation from the Beijing 325-m meteorological tower. Environmental Science & Technology, 2009, 43 (4): 1030-1035

[39] Li J, Zhang G, Guo L, et al. Organochlorine pesticides in the atmosphere of Guangzhou and Hong Kong: Regional sources and long-range atmospheric transport. Atmospheric Environment, 2007, 41 (18): 3889-3903

[40] 中华人民共和国环境保护部. 中华人民共和国履行《关于持久性有机污染物的斯德哥尔摩公约》国家实施计划. 2007 [2014-11-10]. http://www.zhb.gov.cn/

[41] 中华人民共和国环境保护部. 全国主要行业持久性有机污染物污染防治"十二五"规划. 2012 [2014-11-10]. http://www.zhb.gov.cn/

[42] Li Y, Bidleman T, Barrie L, et al. Global hexachlorocyclohexane use trends and their impact on the arctic atmospheric environment. Geophysical Research Letters, 1998, 25 (1): 39-41

[43] Shen L, Wania F, Lei Y D, et al. Hexachlorocyclohexanes in the north American atmosphere. Environmental Science & Technology, 2004, 38 (4): 965-975

[44] Shen L, Wania F, Lei Y D, et al. Atmospheric distribution and long-range transport behavior of organochlorine pesticides in north America. Environmental Science & Technology, 2005, 39 (2): 409-420

[45] Wania F. On the origin of elevated levels of persistent chemicals in the environment. Environmental Science and Pollution Research, 1999, 6 (1): 11-19

[46] Wania F, Mackay D. Global fractionation and cold condensation of low volatility organochlorine compounds in polar regions. Ambio, 1993, 22 (1): 10-18

[47] Shen L, Wania F, Lei Y D, et al. Polychlorinated biphenyls and polybrominated diphenyl ethers in the North American atmosphere. Environmental Pollution, 2006, 144 (2): 434-444

[48] Ding X, Wang X M, Xie Z Q, et al. Atmospheric hexachlorocyclohexanes in the North Pacific Ocean and the adjacent Arctic region: Spatial patterns, chiral signatures, and sea-air exchanges. Environmental Science & Technology, 2007, 41 (15): 5204-5209

[49] Harner T, Shoeib M, Kozma M, et al. Hexachlorocyclohexanes and endosulfans in urban,

rural, and high altitude air samples in the Fraser Valley, British Columbia: Evidence for trans-Pacific transport. Environmental Science & Technology, 2005, 39 (3): 724-731

[50] Pozo K, Harner T, Lee S C, et al. Seasonally resolved concentrations of persistent organic pollutants in the global atmosphere from the first year of the GAPS study. Environmental Science & Technology, 2008, 43 (3): 796-803

[51] Harner T, Shoeib M, Diamond M, et al. Using passive air samplers to assess urban-rural trends for persistent organic pollutants. 1. Polychlorinated biphenyls and organochlorine pesticides. Environmental Science & Technology, 2004, 38 (17): 4474-4483

[52] Motelay-Massei A, Harner T, Shoeib M, et al. Using passive air samplers to assess urban-rural trends for persistent organic pollutants and polycyclic aromatic hydrocarbons. 2. Seasonal trends for PAHs, PCBs, and organochlorine pesticides. Environmental Science & Technology, 2005, 39 (15): 5763-5773

[53] Qiu X H, Zhu T, Li J, et al. Organochlorine pesticides in the air around the Taihu Lake. Environmental Science & Technology, 2004, 38 (5): 1368-1374

[54] USEPA. The foundation for global action on persistent organic pollutants: A United States perspective. EPA/600/P-01/003, NCEA-1-1200, March 2002. www. epa. gov. 2014-11-10

[55] Kaiser A. Origin of polluted air masses in the Alps. An overview and first results for MONARPOP. Environmental Pollution, 2009, 157 (12): 3232-3237

[56] Lavin K S, Hageman K J, Marx S K, et al. Using trace elements in particulate matter to identify the sources of semivolatile organic contaminants in air at an alpine site. Environmental Science & Technology, 2012, 46 (1): 268-276

[57] Ding X, Wang X M, Wang Q Y, et al. Atmospheric DDTs over the North Pacific Ocean and the adjacent Arctic region: Spatial distribution, congener patterns and source implication. Atmospheric Environment, 2009, 43 (28): 4319-4326

[58] Dickhut R M, Cincinelli A, Cochran M, et al. Atmospheric concentrations and air-water flux of organochlorine pesticides along the western Antarctic Peninsula. Environmental Science & Technology, 2005, 39 (2): 465-470

[59] Dickhut R M, Cincinelli A, Cochran M, et al. Aerosol-mediated transport and deposition of brominated diphenyl ethers to Antarctica. Environmental Science & Technology, 2012, 46 (6): 3135-3140

[60] Wang P, Zhang Q H, Wang Y W, et al. Altitude dependence of polychlorinated biphenyls (PCBs) and polybrominated diphenyl ethers (PBDEs) in surface soil from Tibetan Plateau, China. Chemosphere, 2009, 76 (11): 1498-1504

[61] Wang X P, Yao T D, Cong Z Y, et al. Concentration level and distribution of polycyclic aromatic hydrocarbons in soil and grass around Mt. Qomolangma. Chinese Science Bulletin,

2007，52 (10)：1405-1413

[62] Wang X P，Yao T D，Cong Z Y，et al. Gradient distribution of persistent organic contaminants along northern slope of central-Himalayas，China. Science of the Total Environment，2006，372 (1)：193-202

[63] Liu W J，Chen D Z，Liu X D，et al. Transport of semivolatile organic compounds to the Tibetan Plateau：Spatial and temporal variation in air concentrations in mountainous western Sichuan，China. Environmental Science & Technology，2010，44 (5)：1559-1565

[64] Wang X P，Gong P，Yao T D，et al. Passive air sampling of organochlorine pesticides，polychlorinated biphenyls，and polybrominated diphenyl ethers across the Tibetan Plateau. Environmental Science & Technology，2010，44 (8)：2988-2993

[65] Wania F，Xiao H，Westgate J N，et al. Cold trapping of persistent organic pollutants in the Himalayas and on the Qinghai-Tibetan Plateau. Organohalogen Compounds，2009，71：3139-3140

[66] Gouin T，Wania F，Ruepert C，et al. Field testing passive air samplers for current use pesticides in a tropical environment. Environmental Science & Technology，2008，42 (17)：6625-6630

[67] Wania F，Shen L，Lei Y D，et al. Development and calibration of a resin-based passive sampling system for monitoring persistent organic pollutants in the atmosphere. Environmental Science & Technology，2003，37 (7)：1352-1359

[68] Jaward F M，Zhang G，Nam J J，et al. Passive air sampling of polychlorinated biphenyls，organochlorine compounds，and polybrominated diphenyl ethers across Asia. Environmental Science & Technology，2005，39 (22)：8638-8645

[69] Jaward F M，Farrar N J，Harner T，et al. Passive air sampling of PCBs，PBDEs，and organochlorine compounds across Europe. Environmental Science & Technology，2004，38 (1)：34-41

[70] Liu X，Zhang G，Li J，et al. Seasonal patterns and current sources of DDTs，chlordanes，hexachlorobenzene，and endosulfan in the atmosphere of 37 Chinese cities. Environmental Science & Technology，2009，43 (5)：1316-1321

[71] Ren N Q，Que M X，Li Y F，et al. Polychlorinated biphenyls in Chinese surface soils. Environmental Science & Technology，2007，41：3871-3876

[72] Zhang Z，Liu L Y，Li Y F，et al. Analysis of polychlorinated biphenyls in concurrently sampled Chinese air and surface soil. Environmental Science & Technology，2008，42 (17)：6514-6518

[73] Kohler M，Tremp J，Zennegg M，et al. Joint sealants：An overlooked diffuse source of polychlorinated biphenyls in buildings. Environmental Science & Technology，2005，39 (7)：1967-1973

[74] Robson M, Harrad S. Chiral PCB signatures in air and soil: Implications for atmospheric source apportionment. Environmental Science & Technology, 2004, 38 (6): 1662-1666

[75] Zheng X Y, Chen D Z, Liu X D, et al. Spatial and seasonal variations of organochlorine compounds in air on an urban-rural transect across Tianjin, China. Chemosphere, 2010, 78 (2): 92-98

[76] Zheng X Y, Chen D Z, Liu X D, et al. Organochlorine pesticides and polychlorinated biphenyls in the air of Changdao, China: Implication of the filter effect of forests. Organohalogen Compounds, 2009, 71: 1947-1950

[77] Iwata H, Tanabe S, Sakai N, et al. Distribution of persistent organochlorines in the oceanic air and surface seawater and the role of ocean on their global transport and fate. Environmental Science & Technology, 1993, 27 (6): 1080-1098

[78] Calamari D, Bacci E, Focardi S, et al. Role of plant biomass in the global environmental partitioning of chlorinated hydrocarbons. Environmental Science & Technology, 1991, 25 (8): 1489-1495

[79] Wania F, Westgate J N. On the mechanism of mountain cold-trapping of organic chemicals. Environmental Science & Technology, 2008, 42 (24): 9092-9098

[80] Blais J M, Schindler D W, Muir D C G, et al. Accumulation of persistent organochlorine compounds in mountains of western Canada. Nature, 1998, 395 (6702): 585-588

[81] Wania F, Su Y. Quantifying the global fractionation of polychlorinated biphenyls. Ambio, 2004, 33 (3): 161-168

[82] Chen D, Liu W, Liu X, et al. Cold-trapping of persistent organic pollutants in the mountain soils of western Sichuan, China. Environmental Science & Technology, 2008, 42 (24): 9086-9091

[83] Cheng H R, Zhang G, Jiang J X, et al. Organochlorine pesticides, polybrominated biphenyl ethers and lead isotopes during the spring time at the Waliguan Baseline Observatory, northwest China: Implication for long-range atmospheric transport. Atmospheric Environment, 2007, 41 (22): 4734-4747

[84] Wang D G, Yang M, Jia H L, et al. Seasonal variation of polycyclic aromatic hydrocarbons in soil and air of Dalian areas, China: An assessment of soil-air exchange. Journal of Environmental Monitoring, 2008, 10 (9): 1076-1083

[85] Tao S, Liu W X, Li Y, et al. Organochlorine pesticides contaminated surface soil as reemission source in the Haihe Plain, China. Environmental Science & Technology, 2008, 42 (22): 8395-8400

[86] Su Y, Wania F. Does the forest filter effect prevent semivolatile organic compounds from reaching the Arctic? Environmental Science & Technology, 2005, 39 (18): 7185-7193

[87] Wania F, Mclachlan M S. Estimating the influence of forests on the overall fate of semivola-

tile organic compounds using a multimedia fate model. Environmental Science & Technology, 2001, 35 (3): 582-590

[88] Jaward F M, Di Guardo A, Nizzetto L, et al. PCBs and selected organochlorine compounds in Italian Mountain air: The influence of altitude and forest ecosystem type. Environmental Science & Technology, 2005, 39 (10): 3455-3463

[89] Ashbaugh L L, Malm W C, Sadeh W Z. A residence time probability analysis of sulfur concentrations at Grand Canyon National Park. Atmospheric Environment (1967), 1985, 19 (8): 1263-1270

[90] Hsu Y-K, Holsen T M, Hopke P K. Comparison of hybrid receptor models to locate PCB sources in Chicago. Atmospheric Environment, 2003, 37 (4): 545-562

[91] Seibert P, Kromp-Kolb H, Baltensperger U, et al. Trajectory analysis of aerosol measurements at high alpine sites. In: Borrell P M, et al. ed. Transport and Transformation of Pollutants in the Toposphere. Den Haag: Academic Publishing, 1994: 689-693

[92] Stohl A. Trajectory statistics-A new method to establish source-receptor relationships of air pollutants and its application to the transport of particulate sulfate in Europe. Atmospheric Environment, 1996, 30 (4): 579-587

[93] Zhao W, Hopke P K, Zhou L. Spatial distribution of source locations for particulate nitrate and sulfate in the upper-midwestern United States. Atmospheric Environment, 2007, 41 (9): 1831-1847

[94] Zhou L M, Hopke P K, Liu W. Comparison of two trajectory based models for locating particle sources for two rural New York sites. Atmospheric Environment, 2004, 38 (13): 1955-1963

[95] Westgate J N, Wania F. On the construction, comparison, and variability of airsheds for interpreting semivolatile organic compounds in passively sampled air. Environmental Science & Technology, 2011, 45 (20): 8850-8857

[96] Mackay D. Multimedia Environmental Models: The Fugacity Approach. 2 ed. LLC: Taylor & Francis Group, 2001

[97] Mackay D. 环境多介质模型：逸度方法. 原著第二版. 黄国兰等译. 北京：化学工业出版社, 2007

[98] Cao H Y, Tao S, Xu F L, et al. Multimedia fate Model for hexachlorocyclohexane in Tianjin, China. Environmental Science & Technology, 2004, 38 (7): 2126-2132

[99] Dong J Y, Wang S G, Shang K Z. Simulation of the long-term transfer and fate of DDT in Lanzhou, China. Chemosphere, 2010, 81 (4): 529-535

[100] Tao S, Cao H Y, Liu W X, et al. Fate modeling of phenanthrene with regional variation in Tianjin, China. Environmental Science & Technology, 2003, 37 (11): 2453-2459

[101] Wang X L, Tao S, Xu F L, et al. Modeling the fate of benzo[a]pyrene in the wastewater-irriga-

ted areas of Tianjin with a fugacity model. Journal of Environmental Quality, 2002, 31 (3): 896-903

[102] Scheringer M, Wania F. Multimedia models of global transport and fate of persistent organic pollutants. *In*: Fiedler H, ed. Persistent Organic Pollutants. Berlin: Springer, 2003: 237-269

[103] Wania F, Mackay D. The global distribution model. A non-steady state multicompartmental mass balance model of the fate of persistent organic pollutants in the global environment. Technical Report and Computer Program on CD-ROM. (www. utsc. utoronto. ca/~wania). 2000: 21

[104] Tian C, Ma J, Liu L, et al. A modeling assessment of association between east Asian summer monsoon and fate/outflow of α-HCH in Northeast Asia. Atmospheric Environment, 2009, 43 (25): 3891-3901

[105] Tian C G, Ma J M, Chen Y J, et al. Assessing and forecasting atmospheric outflow of α-HCH from China on intra-, inter-, and decadal time scales. Environmental Science & Technology, 2012, 46 (4): 2220-2227

[106] Wöhrnschimmel H, Tay P, von Waldow H, et al. Comparative assessment of the global fate of α- and β-hexachlorocyclohexane before and after phase-out. Environmental Science & Technology, 2012, 46 (4): 2047-2054

第2章 持久性有机污染物的大气被动采样技术

本章导读

  大气被动采样技术有长期的应用历史，主要用于挥发性有机物和无机气体污染物的采样与监测。POPs 被动采样技术的开发与应用至今只有十余年的历史，而且受到了履行《斯德哥尔摩公约》需求的有力驱动。本章集中讨论两种受到关注最多，可以提供一个较长时段的 POPs 大气平均浓度定量或半定量数据的所谓"线性采样器"，即 XAD 树脂被动采样器（XAD-PAS)和 PUF 塑料被动采样器（PUF-PAS)。

  首先介绍这两种大气被动采样器的设计与结构（2.1.2节）。然后介绍这两种大气被动采样器的采样原理：双膜吸附假设（2.1.3节）。在被动采样技术的研发与应用中，得到 POPs 大气平均浓度定量或半定量数据的关键是正确地确定采样速率（R，m^3/d)。在讨论影响采样速率因素的基础上（2.2.1节），我们先介绍 XAD-PAS 采样速率估算的几种具体方法（2.2.2节），然后介绍应用逸失-参考化合物预置技术推算 PUF-PAS 采样速率的一些数据和成果（2.2.3节）。

  作为一种新技术，被动采样器需要依靠技术上更成熟、应用历史更长久的主动采样技术的验证和校正，从而保证数据的质量和定量或半定量的属性（2.2.4节）。

  大气被动采样技术一方面需要在广泛的应用中展现其可行性、可靠性和适当的应用领域；另一方面也需要在采样原理的研究上取得进展，在采样器的设计和结构上不断改进。在2.3节我们介绍采样原理的模型研究的新成果：包括空气边界层和吸附剂内部扩散与吸附过程的三阶段传质过程的假设。

2.1　大气被动采样器的设计与原理

2.1.1　履约需求催生 POPs 大气被动采样技术

　　为了了解 POPs 污染的状况，跟踪 POPs 减排与控制措施的实际效果，《斯德哥尔摩公约》对 POPs 的环境监测提出了要求。POPs 监测的三个重点环境介质是大气、底栖生物和母乳。大气介质的特点是可以敏感反映 POPs 排放以及环境浓度的变化；而底栖生物和母乳则是侧重了解与评价 POPs 对生态环境质量和人体健康的影响。

　　对于大气环境 POPs 的监测，在后勤条件较好的城市地区可以用大流量采样；而在人迹罕至的广袤的边远地区，由于缺少电力供给，无法用主动采样获得这些背景值数据以及有区域代表性的数据。即便是城市地区，由于大流量采样器的设备投资较大、监测运行和后续的分析测试费用较高，也限制了采样点位的数目，进而影响了采样点位和样品的广泛代表性。为了解决这个难题，被动采样技术应运而生。英国的例子可以说明这个问题。英国国家级的网络才设置了 6 个 POPs 采样点；而氮氧化物和臭氧的网络，因为运用了经济适用的扩散管被动采用技术，采样点有好几十甚至上百个。可见，研究与开发新型、经济、适用的 POPs 被动采样技术的需求不但客观存在，而且明确和强烈[1]。

　　实际上树叶和土壤已经被用于大气被动采样。树叶（如松针）有较大的表面积，有一层蜡质层可以吸附有机物，但是植物种类、年龄、季节变化和地域改变都会影响其吸附容量和吸附速率，难以获得大气浓度的定量数据，限制了其广泛应用的可行性。土壤也有类似的局限性。在这方面，人造的吸附材料具有均一的属性和内部构造，较少受到季节和地域的影响，具有独特的优越性。

　　在世纪之交已经有一些 POPs 被动采样器的探索与应用，例如，半透膜装置（semi-permeable membrane device，SPMD）技术。SPMD 是一个装填了三油酸甘油酯（triolein）的低密度聚乙烯管，它的吸附容量大，可用于长期采样。但是 SPMD 的低密度聚乙烯膜筒和内装的三油酸甘油酯均具有吸附能力，两种吸附剂并存，形成了比较复杂的情况。而且样品净化时须通过凝胶渗透色谱（GPC）去除三油酸甘油酯，分析流程变得繁琐[2,3]。

　　在 2002 年和 2003 年分别出现了专门针对 POPs 的大气被动采样新技术——PUF-PAS 和 XAD-PAS[2,4]。这两种新技术的出现推动了新一轮被动采样技术的发展与应用。西班牙瓦伦西亚大学的学者指出，被动大气采样技术自 1973 年问世以来，经历了2个高速发展期，一是1990～2004年平均每年有15篇研究文章发表，二是2005～2009年平均每年有43篇研究文章发表，而且这些文章主要发表在环境类学术刊物上[5]。中国科学院广州地球化学研究所的学者指出，在2003年以前，针对POPs的被动采样技术的发表量每年少于5篇；而2004年激增至11篇，以后每年均多于10篇，处于增长的态势[3]。

大气被动采样（PAS）技术近年来势头强劲，主要是它的特点满足了国际上POPs履约工作的要求。PAS适合于大范围区域性的调查与环境监测，可用于POPs区域性分布与大气传输过程的研究。值得指出的是，PAS可收集较长时段（周、旬、月、季、年）的POPs均值信息，进而得到多年时间尺度的浓度水平演变趋势的信息，以及获取有助于POPs源区与受体地区的识别与区分的信息。

用于挥发性有机化合物（VOC）观测的PAS有扩散管（diffusion tubes）、胸牌式扩散管（badge-type diffusion tubes）、半渗透膜装置（SPMD）等。用于POPs观测的PAS有PUF-PAS、XAD-PAS、SPMD-PAS和POG-PAS等[5-8]。

在这里我们简单介绍聚合物涂层玻璃大气被动采样器（polymer-coated glass PAS，POG-PAS）。POG-PAS将圆柱形玻璃筒放入乙烯乙酸乙烯酯（ethylene vinyl acetate，EVA）的二氯甲烷溶液中浸渍带上一层液膜，溶剂挥发后在玻璃表面留下一层EVA薄膜。这种薄膜采样器的吸附剂使用量很少（约9.4 mg），表面积较大（300 cm^2），膜厚0.33 μm，采样速率约为3 m^3/d，采样时间较短，一般为1～7天。对于为期7天的采样，lg $K_{oa} \leqslant 9$ 的化合物已经达到平衡；而lg $K_{oa} > 9$ 的化合物仍处于线性吸附或曲线吸附区间。采样器吸附的化合物的量对于已经达到平衡的化合物，对应于采样终止时的即时大气浓度；而对于线性吸附区间的化合物则对应于整个采样时段的大气平均浓度。POG-PAS的应用要特别关注采样对象POPs的性质和采样时段的确定，要明确判断POG-PAS的运行状态是"平衡吸附采样器"还是"线性吸附采样器"[7]。因为溶剂抽提POPs目标化合物时，EVA薄膜也同时被剥离洗脱了，所以POG-PAS的样品处理过程比较复杂，需要经过离心分离、柱分离净化、凝胶渗透色谱分离等步骤[8]。

本书主要介绍两种"线性吸附采样器"：PUF-PAS和XAD-PAS。这两种被动采样器的共同特点是：①都使用有机吸附剂；②分子扩散的吸附机理属于"线性吸附采样器"；③具有保护性外罩，无需电力供给，无需专业维护；④吸附剂原则上可以通过净化再生多次使用；⑤采样器制作简单、使用方便、成本低廉、经济、耐用，适宜在区域性网络中同时、大量、协同使用。

2.1.2　大气被动采样器的设计与结构

如图 2-1（a）所示，XAD-PAS 的核心部件是一个不锈钢筛网制成的圆柱形吸附剂芯管，装填了 XAD-2（苯乙烯-二乙烯基苯共聚物）树脂。芯管处于保护性外筒之中。外筒可以保护芯管免于野外条件下直接的风吹、日晒、雨淋；使得吸附过程较少受到风速和紊流的影响；也减少大气颗粒物的吸附或附着效应的干扰；减少光降解的影响[2]。

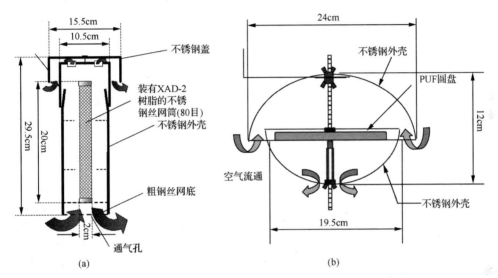

图 2-1　XAD-PAS（a）和 PUF-PAS（b）的设计与结构的图示

外筒由筒体和上盖两部分组成。这两部分对接的尺寸相近，上部略大，下部略小，是一种紧密的配合，既可以分离开启以更换吸附剂芯管，又可以对接闭合成为一个整体使芯管处于垂直端立的正常采样状态。芯管可以悬挂于上盖，也可以从下方支撑，使之处于筒体中一个固定的位置。为了避免芯管的晃动，在筒体内有一个金属环，用辐条固定于正中，使芯管稳定和垂直地处于筒体的中央。空气的交换主要是通过完全开放的筒体下端口实现的。上盖也有 4 个小孔，并且设计成双层结构，既可使空气能够流动，又可确保芯管无雨淋雪浸之忧。

筒体的下端口有宽大网孔的筛网，在保证空气交换的前提下，有一定的防护作用。万一发生悬挂式芯管脱落的情况，也不会从下端口坠落。

在野外现场 XAD-PAS 垂直固定于直径 30~50 mm 的立柱上，离地面的高度约为 1.5~1.8 m。在实验室或运输途中，吸附剂芯管均存放于专用的特氟龙或铝合金保护管中，仅在野外现场方取出芯管放置于采样器中。

聚氨酯泡沫（PUF）塑料在大流量采样器等主动采样技术方法中广泛应用于气相有机化合物的吸附，因此在被动采样技术中也得到重视和应用。如图 2-1（b）所示，PUF-PAS 由上大下小两个碗状不锈钢材罩子组成，罩子对内部的圆盘形聚氨酯泡沫（PUF）塑料吸附介质有保护作用。中心贯穿一根支撑杆，与安装在其上的三组螺丝固定了上碗、下碗和正中的 PUF 圆盘。空气可以通过上下碗之间大约 2.5 cm 的环状空隙扩散进入采样器内部，下碗底部预留的小孔也有利于空气的交换。在野外现场 PUF-PAS 一般以垂直悬挂的方式固定，离地面的高度大于等于 1.5 m[4]。

PUF 圆盘经过 2 次 24 小时的索氏提取净化处理，先后使用丙酮和石油醚溶剂处理。PUF-PAS 的一个独特之处在于逸失-参考化合物（depuration compounds）的使用，以期估算每个采样器的采样速率。净化后的 PUF 圆盘中添加了 5～7 种挥发性各异的逸失-参考化合物（详见 2.2.3 节"应用逸失-参考化合物预置技术推算 PUF-PAS 采样速率"）。在实验室或运输途中，PUF 圆盘均存放于专用的聚四氟乙烯密封衬垫加盖的清洁的广口棕色玻璃瓶中，仅在野外现场方取出 PUF 圆盘放置于采样器中。

2.1.3 大气被动采样器的工作原理：双膜吸附假设

XAD-2 树脂是一种苯乙烯-二乙烯基苯共聚物，和聚氨酯泡沫（PUF）塑料一样，长期应用于传统的大气大流量采样器，都是高效、优质的吸附有机化合物的吸附剂。XAD-PAS 和 PUF-PAS 的工作原理是相似的，均为 POPs 分子扩散过程主导的在吸附剂表面吸附的物理过程。现今一般都接受用 Whitman 双膜理论来描述有机物的吸附过程[9]。双膜吸附假设认为：POPs 吸附量取决于分子通过大气与吸附剂之间的两层薄膜，即大气一侧的边界层薄膜和吸附剂一侧的边界层薄膜的扩散速率，而且认为大气一侧的边界层薄膜是速率决定部位。吸附过程整体分为三个步骤：污染物由大气向采样器内部空气扩散；由采样器内部空气向吸附剂-空气相界面扩散；由相界面向吸附剂扩散。大气介质和吸附剂表面之间的 POPs 传质过程可以用菲克第一定律来描述[2,4]：

$$dm/dt = k_A A (C_{Air} - C_{Surface}) \qquad (2\text{-}1)$$

式中，dm（单位：pg）是一种 POPs 在时间段 dt（单位：d）被吸附的质量；C_{Air}（单位：pg/m³）是 POPs 的大气浓度；$C_{Surface}$（单位：pg/m³）是 POPs 在紧邻吸附剂表面的（大气）浓度；k_A（单位：m/d）是传质系数；A（单位：m²）是界面传质面积。

图 2-2 表示了吸附的三个阶段：线性吸附段，曲线吸附段，吸附平衡段。从图 2-2 可以看到两种采样策略：一种是"平衡采样器"，另一种是"线性吸附采样

器"。"平衡采样器"的前提是有机化合物在吸附剂表面和大气之间达到吸附平衡。这种采样策略得到的数据是样品回收时的即时大气浓度，而且这个浓度受到环境温度的影响，换言之这是处在一个不断变化之中的目标值。这种采样器更适合于浓度变化较小的室内环境。"线性吸附采样器"的前提是有机化合物在吸附剂表面和大气相之间远未达到吸附平衡，处于图 2-2 的"线性吸附区间"。这种采样策略得到的数据是被动采样器放置期间的平均大气浓度。这种采样器适合于数周、数月至数年的长期采样，得到整个采样期间的平均大气浓度。

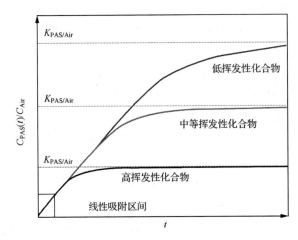

图 2-2　大气被动采样器（PAS）吸附曲线

吸附容量用 PAS 和大气的分配系数 $K_{PAS/Air}$ 来表达，图示了吸附容量和达到平衡所需时间之间的关系。
PAS 应该在线性吸附区间运行，以便定量地估算 POPs 的大气浓度

XAD-PAS 和 PUF-PAS 技术要求在线性吸附段工作。这个阶段的吸附速率远大于脱附速率。脱附速率很小，而表面浓度 $C_{Surface}$ 可认为是零。在这样的条件下，式（2-1）可以简化为 $dm/dt = kAC_{Air}$，POPs 的采样器浓度 C_{PAS} 和大气浓度 C_{Air} 的关系如式（2-2）所示：

$$C_{PAS} = C_{Air} Rt \qquad (2-2)$$

式中，C_{PAS}（单位：pg）是吸附芯管的 POP 吸附量；C_{Air}（单位：pg/m³）是整个采样期间的 POP 平均大气浓度；R（单位：m³/d）是采样速率，综合了式（2-1）中的两个参数 k_A 和 A；t（单位：d）是采样时期的天数。

在被动采样技术研究开发的过程中，被动采样器和主动采样器是平行放置的，而且以"全程平行采样"的方式完成整个实验，即用主动采样技术对被动采样器进行校正。在这些实验中，式（2-2）中的采样天数 t 可以准确地记录；POPs 吸附量 C_{PAS} 可以在实验室定量测定；整个采样期间的 POPs 平均大气浓度

C_{Air}由主动采样技术提供；这样就可以比较准确地算出采样速率 R 这个唯一的未知项。

在许多野外现场的应用研究中，由于不具备主动采样的动力条件，一般采用被动采样技术。然而式（2-2）中 C_{Air}（采样期间的 POPs 平均大气浓度）和 R（采样速率）都是未知项。这就需要先估算出采样速率 R，然后计算 C_{Air}，也就是说 C_{Air} 的准确度主要取决于采样速率 R。采样速率 R 可以由多种方法推定，但是不确定度较大。影响采样速率的一些因素，包括环境因素和有机污染物自身的因素，我们在下述还会进一步讨论。根据现场校正和评估的结果看，被动采样技术和大流量采样器的结果之间的一致性，一般在 2～3 倍以内[1,10]，其所得到的平均大气浓度 C_{Air} 是半定量数据。

六氯苯（HCB）是一种挥发性较强的 POPs，在 25 ℃的时候，XAD-2 树脂对于六氯苯的保留体积（retention volume）为 10 000 m³/g。对于挥发性弱于 HCB 的 POPs，在 25 ℃时，对应的保留体积会大于 10 000 m³/g。这表明 XAD-2 树脂的吸附容量对于一种以"线性吸附"为原理的被动采样器是适用的、胜任的[2]。

和 XAD-PAS 相比，PUF-PAS 的吸附容量较小，对于挥发性较强的 POPs 它的线性吸附区间较小，所以在实际应用中 PUF-PAS 的采样时间一般较短，处于几周到几个月的范围。但它的采样速率相对较大（3.5～4 m³/d），可以更及时地获取 POPs 浓度水平、随季节变化与空间分布的研究数据。它的这个特性在许多环境研究中得到充分的发挥[11,12]。

2.2 大气被动采样器的应用

2.2.1 影响大气被动采样器采样速率的因素

环境温度对大气被动采样器的采样速率有一定的影响。温度升高一方面会导致吸附容量的下降，另一方面会使分子扩散过程加剧，导致采样速率的增加。根据前期研究的报道，分子扩散系数的增加和温度 T（热力学温度，K）的 1.75 次方成正比[4]。另一个环境参数大气压力（P）也对分子扩散系数有影响，是一种成反比的关系。对于一种特定的有机污染物，分子扩散系数和温度与大气压的关系可以用式（2-3）来表达。

$$D_{Air} = K(T^{1.75})/P \qquad (2-3)$$

式中，D_{Air} 是扩散系数；T 是环境温度（热力学温度，单位：K）；P 是大气压力

（单位：atm[①]）；K 是一个比例系数，与有机污染物的性质有关。

这个公式对于推算 XAD-PAS 的采样速率有很大的帮助。

实验数据表明相对湿度（RH）对于 XAD-2 树脂的吸附影响甚微[13]。这可能与 XAD-2 是非极性的树脂有关，不存在和水分子的竞争吸附，没有水分子在表面形成水膜从而干扰有机物吸附的问题。在 PUF-PAS 的应用中也未见相对湿度的显著影响。

风速以及紊流的影响仍然有待研究与观测。早期的研究认为风速在 5～15 m/s 的试验范围内对 XAD-PAS（图 2-2）的吸附性能没有影响。计算机模拟也表明水平方向的气流没有从下端开口直接进入垂直放置的采样器的筒体，气体是以"分子扩散"的方式进入采样器筒体与吸附剂发生接触和交换的[2]。但是后续的现场应用研究表明，和其他点位相比较，在一些风力强、风速高的采样点位的各种 POPs 的吸附量（pg/PAS）均同步趋高。这只能用较高的采样速率来合理解释。对于一些采样点位，限于局部环境的条件，找不到一个平坦的地表面作为"下垫面"，采样器被放置在斜坡上或屋顶上。这均会引起局部气流的复杂情况，而偏离风洞试验中"水平方向"气流的理想状况，从而在采样器周边形成紊流，导致采样速率的增加[14,15]。

PUF-PAS 的性能同样受到风速的影响。Tuduri 等[16]指出风力通过改变空气边界层的厚度，使污染物的扩散距离发生变化，从而显著影响采样速率。PUF-PAS 的外罩设计在高风速（罩内风速大于 1.0 m/s，罩外自然风速大于 3.5 m/s）时，防护作用有限，采样速率会增加。Klánová 等[17]发现对应于风速 1.5～5.5 m/s 的变化，采样速率有 2 倍的变化。

有机化合物的挥发性也是大气被动采样技术必须考虑的问题。PUF-PAS 和 XAD-PAS 适合于半挥发性 POPs 的被动采样。如果 POPs 挥发性太强，很快在吸附剂表面达到吸附平衡，超出了"线性吸附区间"，虽然可以被吸附、被检出，但是无法得出定量的代表整个采样时期的平均浓度数据。如果分子量较大、挥发性弱的 POPs 主要以颗粒物的形态存在于大气中，也不适合此项技术应用。

以 25℃温度下的多环芳烃（PAHs）为例，二环和三环的多环芳烃由于迅速地在大气和吸附剂之间达到吸附平衡，超出了"线性吸附区间"，虽然可以被吸附、被检出，但是无法得出定量的平均浓度数据；而五环和六环的多环芳烃主要以颗粒态存在，其气相浓度很低，颗粒态原则上不为 XAD-PAS 所采集，气相浓

---

① 1 atm＝1.01325×10[5] Pa

度太低也无法定量检出。只有四环的多环芳烃在 XAD-PAS 的吸附曲线上处于"线性吸附区间"，其大气浓度可以用这种采用技术来定量测定[18]。

有观测肯定了 PUF-PAS 对颗粒物的采集，但是机理不明。Klánová 等[17]发现 PUF-PAS 对于颗粒态 PAHs 的采样速率是气态 PAHs 的十分之一。气态 PAHs 的采样速率在较低温度反而较高，这和理论公式（2-3）是不一致的。作者认为这是因为在特定低温季节的野外环境下，盛行的强风起了主导作用，掩盖了温度的影响。颗粒态 PAHs 的采样速率在温度升高时显著增加，作者认为这和颗粒态 PAHs 的气-粒平衡在高温时向气态移动有关。

和 PUF-PAS 的双碗式外壳相比，XAD-PAS 的圆柱形外筒有更好的防护作用，吸附剂较少受到大气颗粒态 POPs 的影响，因此 XAD-PAS 是气相 POPs 的专用采样器[19,20]。XAD-PAS 的这一特性有利于气相 POPs 分析数据的解读。但是 XAD-PAS 的圆柱形外筒也导致其采样速率小于 PUF-PAS。

式（2-4）是式（2-3）的完整形式（Fuller-Schettler-Giddings equation）[21]。

$$D_{Air} = 0.001\, T^{1.75}(1/M_A + 1/M_X)^{0.5} / [P(V_A^{1/3} + V_X^{1/3})^2] \qquad (2\text{-}4)$$

式中，D_{Air} 是扩散系数；T 是环境温度（单位：热力学温度，K）；P 是大气压力（单位：atm）；M_A 是空气的平均分子量（28.96 g/mol）；M_X 是 POPs 化合物的分子量（g/mol）；V_A 是空气的平均摩尔体积（20.1 m³/mol）；V_X 是 POPs 化合物的摩尔体积（m³/mol）[22]。

可见分子扩散系数 D_{Air} 也和有机化合物的分子大小有关，从而影响采样速率。在现场观测研究中也确实发现不同有机物的采样速率并非完全一致。大气被动采样器的采样速率和分子扩散率会随着多氯联苯的氯取代数目的增加而减少[20]，随着有机氯农药分子量的增大而减小[10]。

被动采样器的采样速率 R（m³/d）和主动采样器，如大流量采样器的采样速率是不同的概念。大流量采样器用泵的负压力量抽吸一定体积的空气通过采样介质（滤膜或吸附剂），其采样体积是可以准确计量的，采样速率（m³/d）也具有较高的精度。对于采集的各种有机和无机污染物，主动采样有一个统一的采样速率。而被动采样器没有动力设备，吸附剂和空气的接触靠分子扩散的机理，它的采样速率要小得多，而且和分子的大小、其他性质有关，不再具有一个准确的、统一的数值。如果被动采样器的采样速率采用了一个单一的数值，那也只是一个近似的数值，一种简化的处理。

2.2.2　XAD-PAS 采样速率的估算

XAD-PAS 采样速率的估算经历了一个逐步细化的过程，一般有以下几种途径。采用一个根据经验确定的、单一的采样速率。PAS 技术应用初期的许多研究中都采用了单一的采样速率[23,24]。例如，在天津的城区和郊区设置的 6 个采样点[25]，温度和大气压等环境条件相似，即参考前期研究的做法[10]，采用了一个单一的 XAD-PAS 采样速率，2.0 m³/d。得到的大气体积浓度和前期研究的同一地区、同一季节的 PUF-PAS 被动采样数据有可比性，处于同一水平[26,27]。

Wang 等[28]报道了青藏高原 16 个点位组成的被动采样网络的观测数据。这个网络覆盖了东西方向 2000 km、南北方向 1000 km 的辽阔地域，采样点位的年均温度和海拔高度也差别很大。在这种情况下如果仍然采用一个单一的采样速率就不合适了。基于式（2-3），结合前期获得的现场数据[2]，推算得到了计算式 $R=0.16(T^{1.75}/P)-2.14$ 具有统计意义（$r^2=0.92$）。应用此式，根据每个采样点的温度和大气压的数据，算出青藏高原 16 个点位各自的采样速率处于 2.2~3.3 m³/d 的范围，均值为（2.7±0.3）m³/d。

在我国四川省西部山区的现场观测研究中，Liu 等[14]提出了用一种大气浓度均匀的 POPs 化合物（如六氯苯，HCB）作为参考化合物，合理设定其大气浓度，反推每个采样器的采样速率的技术方法。这样推算采样速率的前提是确有一种 POP 浓度低并且均匀分布于研究区域。这项位于四川卧龙自然保护区的现场观测研究中，虽然 7 个被动采样点位散布于约 100 km 长的高山峡谷区域，海拔从 1242 m 到 4486 m 的范围，但是每个采样器 6 个月采样期间采集的六氯苯的量相当一致。64 个分析数据的变异系数是 43%，如果不包含一个高风速采样点（耿达小学）数据的话，变异系数为 34%。六氯苯的这个独特表现和其理化性质有关。六氯苯挥发性强，不易被干湿沉降过程清除，大气寿命长。合理预设一个 HCB 的大气浓度，就从采样器所采集的 HCB 的量（pg/PAS）可以反推出每个采样器的采样速率（m³/d）。预设的 HCB 大气浓度值可能和实际的真实浓度有差异，因此会导致采样速率的系统偏差，这个偏差会传输到其他 POPs 的大气浓度的绝对数值中。但是这一系统偏差不会影响季节变化和空间分布的规律性，在相对比较的意义上使用这些浓度数据，得到的结论均不会受到影响。正如 Harner 等[1]强调指出的，被动采用技术的特色在于它高质量的相对组成数据。这种借助均匀分布的 POPs 反推采样速率的方法的优势在于综合处理了温度、压力、风速、紊流等诸多环境参数的影响，给出了针对每个采样器（sampler-specific）的相对合理的采样速率。这个技术方法在南美洲三个纬度大不相同的智利山区环境的研究中也得到成功的应用，成功解释了山区冷捕集效应、土壤再挥发效应，以及 POPs 跨区域大气传输过程[15]。

和青藏高原的情况相仿，四川西部山区卧龙自然保护区的现场大气观测的各个点位也处于环境温度和大气压差异很大的环境中，如果用 Wang 等[28]的计算公式，$R = 0.16(T^{1.75}/P) - 2.14$，推算采样速率，结果如何呢？在本书第 5 章，我们比较了这两种原理完全不同的技术方法。两种方法的结果一致性良好，表明这两种方法均具有合理性。每一种方法又各有其局限，用六氯苯浓度反推采样速率方法的局限在于预设六氯苯的浓度，难免主观因素的干扰，和实际真实浓度会有差异；而公式计算方法的局限在于未能考虑高风速和紊流的影响。

2.2.3　应用逸失-参考化合物预置技术推算 PUF-PAS 采样速率

和 XAD-PAS 相同，PUF-PAS 的采样速率可以通过主动采样技术校正的方法获得。但是野外环境的天气情况变化很大、差别很大，会影响采用速率，所以难以采用一个统一的、单一的采样速率来应对不同季节以及广大地区的复杂情况。

在 PUF-PAS 的研究、开发与应用过程中，为了克服风速等因素对采样速率的影响，提出了一种参考化合物预置技术，即预先"涂渍"几种特定化合物于 PUF 吸附剂之中，通过采样过程中这几种化合物的清除和流出的程度来反推 PUF-PAS 在不同点位、不同环境条件下（site-specific）的采样速率的技术方法。这些特定的化合物称为"逸失化合物"（depuration compounds），本小节采用含义更加宽泛的"逸失-参考化合物"一词。这一技术主要应用于 PUF-PAS、SPMD-PAS 和 POG-PAS。

对于 PUF-PAS，假设一种半挥发性有机化合物（SVOC）的清除速率（rate of loss）等于它的吸附速率（rate of uptake）。如果我们在圆盘形 PUF 吸附介质上预先浸渍已知量（C_0）的同位素标记的 D_6-γ-HCH，在野外环境中放置采样一段时间 t（比如 2 个月），根据分子扩散的机理，D_6-γ-HCH 的量（C_t）会逐渐减少，我们用回收率（C_t/C_0）来描述逸失-参考化合物 D_6-γ-HCH 的逸失与清除[29]。而传质系数（k_A）可以由式（2-5）算得。采样速率 R 等于传质系数（k_A）与吸附剂有效面积（A）的乘积，可以由式（2-6）算得。

$$k_A = -\ln(C_t/C_0) \cdot d \cdot (K_{PUF\text{-}A}/t) \tag{2-5}$$

$$R = -\ln(C_t/C_0) \cdot d \cdot A \cdot (K_{PUF\text{-}A}/t) = -\ln(C_t/C_0) \cdot V \cdot (K_{PUF\text{-}A}/t) \tag{2-6}$$

式中，d 为吸附剂有效厚度，可以从吸附剂体积（V）和有效面积（A）算出；$K_{PUF\text{-}A}$ 为化合物在 PUF 吸附剂与空气间的分配系数，和 K_{oa} 有很好的相关性[4]，可以从有关文献查出[29]。

逸失-参考化合物的回收率应该处于 20%～80% 的区间，理想的情况是回收率为 50％，这样一方面参考化合物可以比较充分地发挥作用，另一方面化学分析引入的误差不会严重影响回收率的准确度。

用逸失-参考化合物预置技术推算出 PUF-PAS 的采样速率 R 一般处于 $3\sim 6$ m^3/d 的范围[29,30]。这和大流量采样器校正得到的采样速率基本一致[10]。有些研究得到的采样速率较高，处于 $6\sim 11$ m^3/d 的范围；据分析这和选用的逸失-参考化合物有关，也和野外现场的高风速（6 m/s）有关[11]。

Moeckel 等[31]归纳了逸失-参考化合物预置技术的 5 个应用要点和注意事项。

第一，逸失-参考化合物的种类应该和目标化合物一致，或者是同位素标记的同一种化合物，或者是一种很少在天然环境中检出的同系物。

第二，同时运用几种挥发性各不相同的逸失-参考化合物，在挥发性方面具有广泛的代表性。

第三，逸失-参考化合物中至少有 3 种化合物的逸失清除达到 40％以上，使得推算的采样速率比较准确。

第四，还必须有至少一种逸失-参考化合物的挥发性很弱，其逸失清除可以忽略不计，从而可以作为内标化合物来评估每个 PAS 的回收率。

第五，在较长时段的校正与验证实验中，如果存在高风速的情况，那就要考虑 PAS 技术对于高风速情况的偏重，应该对各种典型气象情况的安排主动采样，从而有可能观测到气象条件对于 PAS 采样速率的影响。

逸失-参考化合物预置技术在 PUF-PAS 和 POG-PAS 的实际应用效果比较好[8,29,30]，但是对于其他种类的 PAS 技术是否适用还没有定论。Gioia 等[32]在 SPMD-PAS 的使用中发现其效果很有限。因为 POPs 在 XAD 树脂上的吸附显著强于 PUF 塑料，逸失-参考化合物预置技术不适于 XAD-PAS。即便是挥发性较强的一氯取代联苯化合物，也很难从 XAD 吸附剂逸失达到 40％以上[20]。而一氯取代联苯化合物的理化性质已经偏离半挥发性有机物的性质，不符合上述应用要点的第一条。由于在 PUF 吸附介质中混入了 XAD 树脂微粒，吸附容量显著增加，所以在 SIP-PAS 的应用中也没有采用逸失-参考化合物预置技术[33]。

2.2.4　大气被动采样器的校正与验证

以大流量采样器为代表的主动采样技术体现了现阶段有机污染物大气绝对浓度测试的最高水平。大气被动采样器的校正一般采用同一地点、同一时段的主动采样（大流量或中、小流量的采样器）的平行实验方法。理想的情况应该是主动采样和被动采样全过程平行进行。考虑到大流量采样器的设备和运行的高成本，一般难以实现几周或几个月的"全程平行采样"，而是采用每周或每两周采集一个 24 小时大气主动样品的技术策略。这样就引入了代表性的问题。可见在一般的校正与验证试验中，主动采样具有准确性高的优势，被动采样具有代表性好的优势。

在具体实施现场校正时，可以是"多点校正"或"单点校正"的策略。所谓"多点校正"需要放置若干组 PAS，例如将 XAD-PAS 的采样时段从短到长，如 2、4、6、8、10、12 个月，沿时间轴（t）展开。相应的得到每个时段所对应的 XAD-PAS 有机污染物的吸附量 $M_{i,t}$，下标 i 和 t 分别标识不同的化合物和不同的采样时段。如此得到吸附量 $M_{i,t}$ 随采样时间延长而增长的曲线，即吸附曲线（图 2-3）。如果被动采样器果然如图 2-2 的吸附曲线所示，在"线性区间"工作，那么吸附曲线应该表现出较好的线性。并且对数据点进行最小二乘法线性回归，得到的直线斜率可以算出采样速率 R。根据式（2-2），斜率应为 $C_{Air} \cdot R$，其中 C_{Air} 可由主动采样的数据提供，则 R 可以算得。这样得到的采样速率 R 是针对单个化合物（compound-specific）的[2]。

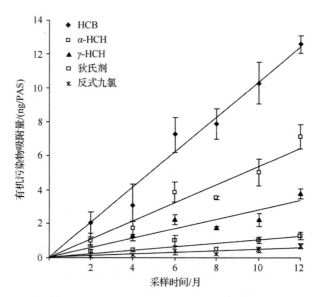

图 2-3　在北美洲大湖区 Burnt Island 采样点位，用 XAD-PAS 放置一年的平行双样
所得到的几种典型 POPs 的吸附曲线[2]

Wania 等[2] 的校正试验给出图 2-4 所示的结果。采样点位分别处于 IADN（Integrated Atmospheric Deposition Network，综合大气沉降网络）的 Burnt Is-land 点位、Point Petre 点位以及 NCP（Northern Contaminants Program，加拿大北方污染物研究项目）的阿勒特（Alert）点位。纵坐标是 XAD-PAS 的数据，基

于为期一年的被动采样，从平行放置的 XAD-PAS 所吸附的 POPs 的量，以及该点位的平均采样速率 R 可以算出 POPs 是大气体积浓度值。横坐标是相同时间段的大气主动采样的大气体积浓度数据，由 IADN 和 NCP 监测网络多年监测的数据推算得到。如图可见，两种技术途径所得到的数据有良好的可比性。浓度大于 1 pg/m³ 的数据一般相差不超过 30%。浓度低于 1 pg/m³ 的数据相差较大（±60%～80%），因为越是接近分析方法的检测下限，数据的误差就越大。

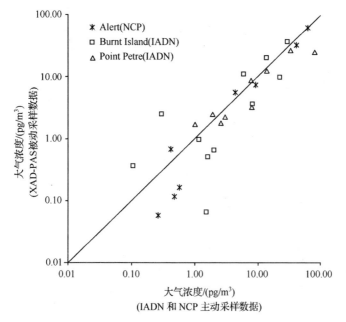

图 2-4　在北美洲三个采样点位（Alert，Burnt Island，Point Petre）用 XAD-PAS 放置一年的平行双样与传统的大流量采样器所得到的几种典型 POPs 的大气浓度（pg/m³）的比较。浓度较高的 POPs 具有较好的一致性[2]

　　严格意义上的采样速率是和 POPs 分子（compound-specific）的性质相关联的。被动采样器的工作原理是分子扩散过程。而分子扩散系数 D_{Air} 除了和温度、大气压有关，还和 POPs 分子的性质有关。Gouin 等[10]通过测量同时启动而采样时段从 4 个月到 12 个月不等的 5 个时间段的 PAS 样品中 POPs 的量，作出了 PAS 的吸附曲线。由于处于线性吸附区间，可以推算出斜率，进而推算出采样速率。他们发现采样速率的确和 POPs 的分子大小有关，小分子 POPs 的采样速率较高。但是化合物分子大小对采样速率 R 的变化幅度（0.8～5.4 m³/d）的影响远大于分子扩散系数 D_{Air} 的变化幅度（4.8～6.9）。据此推测另有其他因素会影响采样速率，这也表明进一步深入研究的必要性。

对于具体的环境应用研究，不可能总是安排图 2-3 所示的吸附曲线那样的"多点校正"试验。但是安排一个"单点校正"的试验内容还是可行的，即选择实施多点校正试验中吸附时间最长的那一组试验。只要有主动采样的平行采样数据来提供整个采样时段的平均大气绝对浓度（C_{Air}），就可以算出各个化合物的采样速率。非洲南部博茨瓦纳的研究就是这样的研究实例[34]。"单点校正"的策略固然有方便易行的优点，同时却也失去了"多点校正"策略所具有的观察与验证吸附曲线的线性强弱的机会。

在非洲南部气候干旱的博茨瓦纳选择 15 个采样点位，采用 XAD-PAS 进行区域性应用。在其中一个点位（Maun，校正点位）安排了每两周一次 24 小时的大流量采样器的主动采样，为期一年。在此校正被动采样器，得到了这个点位（Maun）上各个有机氯农药化合物（compound-specific）的采样速率。然后，基于整个研究区域的 HCB 浓度均匀一致的特点，反推其他 14 个点位对于 HCB 的（site-specific）采样速率。假设在校正点位（Maun）上得到的 HCB 和其他有机氯农药化合物的采样速率的比例关系也适用于其他点位，如此推算出其他 14 个点位的其他有机氯化合物（site-specific，compound-specific）的采样速率[34]。

在被动采样器校正与验证工作中还应该注意到，由于风速的影响，PAS 在高风速的情况下采样速率较高，采样体积较大，所以其结果会有偏重于高风速情况的倾向。在和大流量采样器比较时，被动采样器有可能表现出偏差。通过主动采样获取典型气象条件下的样品和数据，结合反向风迹图的统计信息，将大有利于被动采样实验结果的讨论和解读。

2.3 大气被动采样原理研究的新进展：三过程吸附假设

现场校正试验表明化合物分子的大小导致分子扩散系数 D_{Air} 在一定范围内的变化，但是其变化幅度远不能解释采样速率 R 的变化幅度[10]。PUF-PAS 的现场校正试验数据表明，采样速率有"先快后慢"的情况，Chaemfa 等[35]据此提出了"两阶段吸附"的假设，即有机化合物首先比较快捷地在吸附剂的外表面吸附，后来则更多的通过渗透进入吸附剂内部进行吸附，表现为一种速率较慢的吸附过程。这实际上指出了吸附剂内部存在传质过程，而且在一定条件下会影响吸附与采样速率的大小[35]。众多前期研究丰富的试验结果启发和推动了对于大气被动采样技术的原理和机理的进一步深入研究。

双膜吸附假设原本是用于描述水-气两相之间的传质过程，并且假设溶质在水气两相中的浓度分布是均匀一致的。现在均匀的水相被"被动采样介质"所替代，不论是 PUF 塑料还是 XAD 树脂都是多孔的结构，都有一定的厚度，被吸附的化合物很难满足上述"溶质浓度均匀分布"的要求。近期研究的结果表明，采样速率和吸附剂的界面面积（而非之前认为的吸附剂的质量）成正比；吸附剂主要是外表层起作用。这表明化合物渗透吸附剂的扩散过程也是影响采样速率的一个因素[20,36]。

　　Zhang 等[20]设计了一组试验，统一使用圆筒型的防护罩，分别把 XAD 树脂和 PUF 塑料的圆柱形吸附介质分成里外三层同心圆柱。然后按照"多点校正"的试验方案观测预置参考化合物的逸失情况以及环境中 PCBs 的吸附情况。经过细致的理论分析和数据讨论，作者认为吸附介质一侧存在扩散阻力，而且这个阻力是和化合物在吸附介质与空气间的分配系数（K_{SA}）相关联。这个因素在表征采样速率的研究中，在预置参考化合物方法的使用中都应该给予考虑[20]。

　　Zhang 等[37]提出了"扩散吸附三过程的假设"来描述 POPs 在空气与吸附介质表面之间发生的扩散与吸附现象，对被动采样的机理进行了模型研究。作者认为从空气到吸附剂表面的整个传质过程应该顺序考虑三个过程（图 2-5）：第一，通过吸附剂外表面空气边界层的扩散过程；第二，进入吸附剂内部孔隙的扩散过程；第三，化合物在吸附剂孔隙表面的吸附和脱附过程。表征这三个过程的参数主要有 5 个：第一个过程是环境空气中的分子扩散系数 D_{Air} 和空气边界层的厚度 d_{BL}；第二个过程是孔隙空气中的分子扩散系数 D_{PA}；第三个过程是吸附速率常数 k_{sorb} 和吸附剂（S）和气相（A）之间的平衡分配系数 K_{SA}。在这 5 个参数中 D_{Air}，D_{PA} 和 K_{SA} 是相关联的。

　　作者用 k_{sorb} 和 K_{SA} 构造了化合物的二维空间图示来展现模型计算的结果。$\lg k_{sorb}$ 和 $\lg K_{SA}$ 的取值范围分别为 4~9 和 6~10；空气边界层的厚度 d_{BL} 的取值范围为 0.001~0.1 cm。彩图 1 是空气边界层厚度 d_{BL} 取值为 0.01 cm 时的采样速率（PSR）的计算结果[37]。如彩图 1 的色标所示，采样速率 PSR 的数值范围大约是 0~5 m^3/d。PSR 的等值线均具有 L 形状。L 形曲线的弯曲处连成一根从左下角到右上角的对角线（白色虚线），把彩图 1 分成左上和右下两大块。左上部分 PSR 的等值线是垂直分布的，在这个空间上下移动 PSR 基本不变，但是左右移动 PSR 变化剧烈，可见对 $\lg K_{SA}$ 的变化很敏感。右下部分 PSR 的等值线是水平分布的，在这个空间左右移动 PSR 基本不变，但是上下移动 PSR 变化剧烈，可见对 $\lg k_{sorb}$ 的变化很敏感。

　　应该注意到 K_{SA} 和 k_{sorb} 是负相关的。POP 同系物中小分子化合物一般具有较低的 K_{SA} 和较高的 k_{sorb}。在彩图 1 中一组同系物一般是沿左上至右下的方向展开，小分子 M_2 在左上，大分子 M_1 在右下；这是化合物分子大小和理化属性的表现。如果考虑温度影响的表现，同一个化合物在温度（T_2）高时在左上，温度（T_1）低时

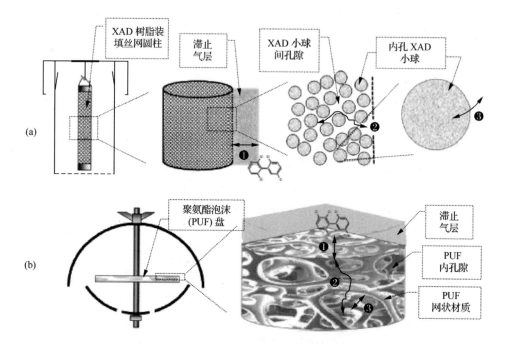

图 2-5　空气与被动采样介质之间的化合物传质过程的概念设计图示

（a）XAD 树脂被动采样器；（b）PUF 塑料被动采样器。化合物传质过程包括：①扩散通过吸附剂外表面的空气层；②扩散进入吸附剂内部孔隙；③化合物在吸附剂孔隙表面的吸附和脱附过程[37]

在右下。彩图 1 右上角 PSR 等于 5 m³/d 的区间，要求一个化合物同时具有较高的 K_{SA} 和较高的 k_{sorb}，这是不现实的。同样，彩图 1 左下角向两个方向延伸的深蓝色区域，PSR 接近零；这表明 $\lg K_{SA} \leqslant 6.5$ 的化合物基本上不被吸附；$\lg k_{sorb} \leqslant 4.2$ 的化合物也难以接近吸附剂的表面。

温度和化合物的性质以及分子大小对 PSR 的影响取决于化合物在彩图 1 的二维空间中所处的位置。在右下部分，分子变小（$M_1 \to M_2$）或温度升高（$T_1 \to T_2$）导致 PSR 增大；而在左上部分，分子变小（$M_1 \to M_2$）或温度升高（$T_1 \to T_2$）导致 PSR 减小。进一步讨论这个"相互矛盾"的表现，可见右下部分是对 $\lg k_{sorb}$ 变化敏感的区域，是吸附过程以及吸附剂孔隙扩散与渗透动力学控制的区域，分子变小或温度上升导致更多的分子进入吸附剂内部，使 PSR 上升。而在左上部分是对 $\lg K_{SA}$ 变化敏感的区域，分子变小或温度上升导致 $\lg K_{SA}$ 下降，即吸附容量下降，脱附过程加剧，使 PSR 减少。

从前期现场观测研究的结果看，对于 XAD-PAS，PSR 和扩散系数 D_{Air} 正相关，但是 PSR 的变化幅度远大于 D_{Air}；对于 PUF-PAS，有一些研究指出 PSR 和 D_{Air} 负相关，对于 PCBs 观测的结果是 PSR 随着温度下降而增大，随着氯取代数目增加而增加；但是对于 PBDEs 却又出现相反的情况，高溴取代化合物的 PSR 反而变小。考虑了空气边界层和吸附剂内部三个扩散和吸附过程的传质过程的模型研究，可以解释前期研究现场观测的 XAD-PAS 和 PUF-PAS 的实验结果。XAD-PAS 的表现和彩图 1 右下部分（较高的 K_{SA}，较低的 k_{sorb}）的情况一致，而 PUF-PAS 和彩图 1 左上部分（较高的 k_{sorb}，较低的 K_{SA}）的情况相仿。前期研究表明一种化合物的 XAD 树脂的 K_{SA} 一般大于 PUF 塑料；而 XAD 树脂小球之间以及内部的扩散与吸附也意味着 XAD 树脂的 k_{sorb} 很可能会小于 PUF 塑料。

彩图 1 已经表明 PSR 是和化合物的性质紧密联系的。原则上不能保证一个化合物的 PSR 一定也适用于另一个化合物，除非它们的性质很接近。空气边界层和吸附剂内部的三个扩散和吸附过程复合模型研究结果对预置逸失-参考化合物技术的应用也有新的启发。既然吸附剂内部构造也影响到化合物的扩散与吸附过程，被动采样更多地发生于吸附剂的外表面，形成一种不均匀的分布；而参考化合物的浸渍很难重现这样的分布；如此参考化合物的逸失过程和环境大气化合物的被动采样过程所经历的动力学阻力也会是不同的[37]。

此外，空气边界层和吸附剂内部的三个扩散和吸附过程复合模型研究结果也支持了 Chaemfa 等[35]根据现场校正的实验数据提出的"两阶段吸附"的假设。对于 k_{sorb} 较高的有机化合物确有"先快后慢"的表现，一开始在吸附剂外表面就近吸附，表现为"先快"；随后，需要扩散进入吸附剂内部，才能发生吸附，表现为"后慢"。

本章小结

2000 年以来，在《斯德哥尔摩公约》的履约监测需求的驱动下，POPs 的大气被动采样技术应运而生，迅速发展，得到广泛的应用。被动采样器（PAS）无需动力供应，可以在自然条件严酷、人迹罕至的边远地区使用，得到前所未有的宝贵数据。由于结构简单、成本低廉，PAS 在广大的区域同时放置，形成各种空间尺度的采样网络，获得了让人耳目一新、全面系统的大气环境基础性数据。PAS 技术已经可以满足不同时间分辨的技术要求，从几天到几周，到数月，到一年的采样周期都可以选择适当的采样器而顺利的实现。从 POG-PAS，到 PUF-PAS，到 XAD-PAS，它们的适用采样周期从短到长，提供了充分的选项。

PAS 不仅使 POPs 的检出成为可能，而且可以提供明确定义的定量或半定量数据。针对 PAS 工作原理的研究指出，如果吸附处于远离吸附平衡的线性吸附区间，这时 PAS 可以提供整个采样时段的大气平均浓度数据；如果吸附已经达到平衡状态，则可以提供采样终止时的即时大气浓度数据。针对 POPs 的两种被动采样技术，XAD-PAS 和 PUF-PAS 原则上是前一种情况，即"线性采样器"。

PAS 的应用需要用主动采样技术，如大流量采样器，加以校正与验证，推算出准确、可靠的采样速率（R，m^3/d）。在实际应用中，不论是 XAD-PAS，还是 PUF-PAS 都已经探索和积累了一些适用的技术方法来获取尽可能准确的采样速率。采样速率的不确定度很大程度上决定了 POPs 大气绝对浓度的数据属性，即定量的或半定量的数据。但是 POPs 的相对化学组成数据不受采样速率的影响，其分析精度与主动采样的数据处于相同的水平，是定量的数据。在具体应用中这两种数据均有其实用价值，可以提供环境研究与环境管理所需要的重要信息；同时应该兼顾 POPs 大气浓度数据和相对化学组成数据两个方面，综合地分析和讨论数据，得出相互印证和相互支持的结论。在本书后续的章节中，我们给出了一些具体应用的实例。

PAS 的工作原理采用了水-气界面的"双膜吸附假设"，并认为空气边界层的扩散过程是速率决定步骤。但是随着现场观测数据的积累，人们发现比较复杂和看似矛盾的实验现象。现在已经有模型研究提出综合考虑空气边界层扩散过程、吸附剂内部空隙扩散过程以及吸附剂微球内表面吸附与脱附过程的"三过程假设"，模型计算的结果成功地解释了一些用"双膜吸附假设"所难以解释的现象。这方面的研究正在进展中。

参 考 文 献

[1] Harner T，Bartkow M，Holoubek I，et al. Passive air sampling for persistent organic pollutants：Introductory remarks to the special issue. Environmental Pollution，2006，144（2）：361-364

[2] Wania F，Shen L，Lei Y D，et al. Development and calibration of a resin-based passive sampling system for monitoring persistent organic pollutants in the atmosphere. Environmental Science & Technology，2003，37（7）：1352-1359

[3] 张干，刘向. 大气持久性有机污染物被动采样. 化学进展，2009，21（2/3）：297-306

[4] Shoeib M，Harner T. Characterization and comparison of three passive air samplers for persis-

tent organic pollutants. Environmental Science & Technology, 2002, 36 (19): 4142-4151

[5] Esteve-Turrillas F A, Pastor A, de la Guardia M, et al. Passive sampling of atmospheric organic contaminants. In: Comprehensive Sampling and Sample Preparation. Oxford: Academic Press, 2012: 201-222

[6] Xiao H, Hung H, Harner T, et al. A flow-through sampler for semivolatile organic compounds in air. Environmental Science & Technology, 2007, 41 (1): 250-256

[7] Farrar N J, Harner T, Shoeib M, et al. Field deployment of thin film passive air samplers for persistent organic pollutants: A study in the urban atmospheric boundary layer. Environmental Science & Technology, 2005, 39 (1): 42-48

[8] Farrar N J, Harner T J, Sweetman A J, et al. Field calibration of rapidly equilibrating thin-film passive air samplers and their potential application for low-volume air sampling studies. Environmental Science & Technology, 2005, 39 (1): 261-267

[9] Whitman W G. The two film theory of gas absorption. Chemical & Metallurgical Engineering, 1923, 29: 146-150

[10] Gouin T, Wania F, Ruepert C, et al. Field testing passive air samplers for current use pesticides in a tropical environment. Environmental Science & Technology, 2008, 42 (17): 6625-6630

[11] Li Y, Zhang Q, Ji D, et al. Levels and vertical distributions of PCBs, PBDEs, and OCPs in the atmospheric boundary layer: Observation from the Beijing 325-m meteorological tower. Environmental Science & Technology, 2009, 43 (4): 1030-1035

[12] Pozo K, Harner T, Lee S C, et al. Seasonally resolved concentrations of persistent organic pollutants in the global atmosphere from the first year of the GAPS study. Environmental Science & Technology, 2009, 43 (3): 796-803

[13] Hayward S J, Lei Y D, Wania F. Sorption of a diverse set of organic chemical vapors onto XAD-2 resin: Measurement, prediction and implications for air sampling. Atmospheric Environment, 2011, 45 (2): 296-302

[14] Liu W J, Chen D Z, Liu X D, et al. Transport of semivolatile organic compounds to the Tibetan Plateau: Spatial and temporal variation in air concentrations in mountainous western Sichuan, China. Environmental Science & Technology, 2010, 44 (5): 1559-1565

[15] Shunthirasingham C, Barra R, Mendoza G, et al. Spatial variability of atmospheric semivolatile organic compounds in Chile. Atmospheric Environment, 2011, 45 (2): 303-309

[16] Tuduri L, Harner T, Hung H. Polyurethane foam (PUF) disks passive air samplers: Wind effect on sampling rates. Environmental Pollution, 2006, 144 (2): 377-383

[17] Klánová J, Èupr P, Kohoutek J, et al. Assessing the influence of meteorological parameters on the performance of polyurethane foam-based passive air samplers. Environmental Science & Technology, 2007, 42 (2): 550-555

[18] Daly G L, Lei Y D, Castillo L E, et al. Polycyclic aromatic hydrocarbons in Costa Rican air and soil: A tropical/temperate comparison. Atmospheric Environment, 2007, 41 (34): 7339-7350

[19] Schrlau J E, Geiser L, Hageman K J, et al. Comparison of lichen, conifer needles, passive air sampling devices, and snowpack as passive sampling media to measure semi-volatile organic compounds in remote atmospheres. Environmental Science & Technology, 2011, 45 (24): 10354-10361

[20] Zhang X M, Tsurukawa M, Nakano T, et al. Sampling medium side resistance to uptake of semivolatile organic compounds in passive air samplers. Environmental Science & Technology, 2011, 45 (24): 10509-10515

[21] Fuller E N, Schettler P D, Giddings J C. New method for prediction of binary gas-phase diffusion coefficients. Industrial & Engineering Chemistry, 1966, 58 (5): 18-27

[22] Bland M A, Crisp S, Houlgate P R, et al. Determination of lindane vapour in air by passive sampling. Part I. Development of the passive sampling device and measurement of the diffusion coefficient of lindane in air. Analyst, 1984, 109 (12): 1517-1521

[23] Daly G L, Lei Y D, Teixeira C, et al. Pesticides in western Canadian mountain air and soil. Environmental Science & Technology, 2007, 41 (17): 6020-6025

[24] Shen L, Wania F, Lei Y D, et al. Hexachlorocyclohexanes in the north American atmosphere. Environmental Science & Technology, 2004, 38 (4): 965-975

[25] Zheng X Y, Chen D Z, Liu X D, et al. Spatial and seasonal variations of organochlorine compounds in air on an urban-rural transect across Tianjin, China. Chemosphere, 2010, 78 (2): 92-98

[26] Jaward F M, Zhang G, Nam J J, et al. Passive air sampling of polychlorinated biphenyls, organochlorine compounds, and polybrominated diphenyl ethers across Asia. Environmental Science & Technology, 2005, 39 (22): 8638-8645

[27] Liu X, Zhang G, Li J, et al. Seasonal patterns and current sources of DDTs, chlordanes, hexachlorobenzene, and endosulfan in the atmosphere of 37 Chinese cities. Environmental Science & Technology, 2009, 43 (5): 1316-1321

[28] Wang X P, Gong P, Yao T D, et al. Passive air sampling of organochlorine pesticides, polychlorinated biphenyls, and polybrominated diphenyl ethers across the Tibetan Plateau. Environmental Science & Technology, 2010, 44 (8): 2988-2993

[29] Gouin T, Harner T, Blanchard P, et al. Passive and active air samplers as complementary methods for investigating persistent organic pollutants in the Great Lakes Basin. Environmental Science & Technology, 2005, 39 (23): 9115-9122

[30] Pozo K, Harner T, Shoeib M, et al. Passive-sampler derived air concentrations of persistent organic pollutants on a north-south transect in Chile. Environmental Science & Technology,

2004, 38 (24): 6529-6537

[31] Moeckel C, Harner T, Nizzetto L, et al. Use of depuration compounds in passive air samplers: Results from active sampling-supported field deployment, potential uses, and recommendations. Environmental Science & Technology, 2009, 43 (9): 3227-3232

[32] Gioia R, Steinnes E, Thomas G O, et al. Persistent organic pollutants in European background air: Derivation of temporal and latitudinal trends. Journal of Environmental Monitoring, 2006, 8 (7): 700-710

[33] Schuster J K, Gioia R, Harner T, et al. Assessment of sorbent impregnated PUF disks (SIPs) for long-term sampling of legacy POPs. Journal of Environmental Monitoring, 2012, 14 (1): 71-78

[34] Shunthirasingham C, Mmereki B T, Masamba W, et al. Fate of pesticides in the arid subtropics, Botswana, Southern Africa. Environmental Science & Technology, 2010, 44 (21): 8082-8088

[35] Chaemfa C, Barber J L, Gocht T, et al. Field calibration of polyurethane foam (PUF) disk passive air samplers for PCBs and OC pesticides. Environmental Pollution, 2008, 156 (3): 1290-1297

[36] Zhang X M, Wong C, Lei Y D, et al. Influence of sampler configuration on the uptake kinetics of a passive air sampler. Environmental Science & Technology, 2012, 46 (1): 397-403

[37] Zhang X M, Wania F. Modeling the uptake of semivolatile organic compounds by passive air samplers: Importance of mass transfer processes within the porous sampling media. Environmental Science & Technology, 2012, 46 (17): 9563-9570

第3章 有机氯污染物沿天津城区-农村剖面的时空变化与组成特征

本章导读

本章采用 XAD-2 被动大气采样器 (PAS) 采集大气环境样品，研究典型工业城市天津城区-农村剖面大气环境中的 POPs 传输过程。

根据其他学者的前期研究，XAD-2 被动大气采样器的采样速率采用 $2.0 \, m^3 \cdot d^{-1} \cdot PAS^{-1}$，讨论了有机氯污染物的使用历史及空间变化和季节特征。从空间变化发现塘沽和汉沽分别是 HCHs 和 DDTs 的一次排放源，市站为 PCBs 的排放源。结合空间变化和季节特征，于桥大气中 POPs 来自大气传输，是天津地区 POPs 的清洁背景点（3.2 节）。

通过两个春季样品以及前期工作的比较，可以得出 XAD-2 被动采样器可以有效地监测大气 POPs 时间和空间的变化趋势，是 POPs 监测的有力工具（3.3 节和 3.4 节）。

有机氯污染物相对化学组成具有鲜明的季节变化特征；通过聚类分析，进一步讨论了有机氯污染物的区域大气传输（3.5 节）。

我国曾是世界上有机氯农药（OCPs）的重要生产国，自 20 世纪 50 年代至 1983 年总共生产了 490 万吨六六六（HCHs）和 40 万吨滴滴涕（DDTs），分别占全世界产量的 33% 和 20%[1]。已有报道表明国内各种环境介质中有较高的 OCPs 浓度[1-3]。与 OCPs 不同，多氯联苯（PCBs）生产时期为 1965 年至 20 世纪 80 年代早期，生产量为 1 万吨，占世界产量的 0.6%。与其他国家相比，我国环境中的 PCBs 含量较低，Ren 等[4]对中国背景/农村地区土壤中的调查发现，其 PCBs 的含量约为全球背景土壤的十分之一。

近三十年来，天津作为我国发展最快的城市之一，曾是 OCPs 的主要产地，主要有两家 OCPs 生产的大型企业，即天津化工厂和天津大沽化工厂。前者位于汉沽，曾是中国最大的工业品 HCHs 生产厂家，于 1983 年停产，而 DDTs 生产仍在继续。后者位于塘沽，从 1953 年起开始生产工业品 HCHs，1986 年开始生产林丹，两者都于 2000 年年底停产；HCB 也是该厂的另一个产品，从 1958 年开始生产，2004 年停产[5-7]。此外，自 1953～1983 年，天津还曾大量施用过 HCHs 和 DDTs 用于农作物病虫害防治[6]。已有大量的研究对天津不同环境介质中的 OCPs 进行了调查，结果表明，天津的土壤、水和沉积物中 OCPs 的含量较高[2,6,8,9]。另外由于日常暴露，OCPs 通过自身的生物蓄积性进入人体，已在天津当地居民的人体组织中（如母乳，血液和脂肪等）测得了较高含量的 DDTs[2]。Wu 等[10]还发现天津大气颗粒物中含有较高的 OCPs。Liu 等[3]对中国 37 个城市大气观察时也指出天津的 OCPs 含量水平较高。Jaward 等[11]也观察到了天津 HCB 含量是东亚及东南亚区域中最高的。因此在亚洲季风影响下，天津有可能是一个亚太地区主要的 OCPs 污染源。已有研究发现在北太平洋地区至北极地区海域的大气中，距天津最近的渤海 HCHs 浓度是最高的[12]。

　　由于这类有机氯化合物（OCPs）的 K_{oa} 较低，它们主要存在于大气的气相介质中[13,14]。本章研究于 2006 年 7 月至 2008 年 6 月，在天津的城市和农村等六个站点采用 XAD-2 树脂 PAS[15]采集了气相样品，分析了其中的 OCPs 和 PCBs 浓度、空间及季节变化和相对化学组成特征，研究其区域分布、大气传输与来源。据我们所知，这是首次对天津地区大气气相中的 OCPs 进行多点位、长时期的观测，所获得的基本数据有助于我们对天津作为区域和全球大气 OCPs 排放源潜在的作用有进一步的了解。

3.1　材料与方法

3.1.1　样品采集

　　天津（116°43′～118°04′E，38°34′～40°15′N）位于华北平原，渤海湾西侧，占地面积 11 916.85 km²，是个高度城镇化和工业化的城市。六个采样点形成一个城市-农村剖面，从南到北相距 130 km，从东到西相距 68 km（表 3-1）。其中塘沽和汉沽位于渤海湾附近，作为工业站点；选择天津市环境监测站（简称市站）为城市站点，坐落在天津经济最发达的地段，人口密集；团泊洼为市郊站点，人口密度中等；位于北端的宝坻和于桥，距天津市中心最远，人口密度较低，属于农村站点。

　　我们于 2006 年 7 月至 2008 年 6 月分六个时段放置被动大气采样器。由于操作原因，第一批采样器持续采集了八个月的大气，之后五批分别持续三个月，因此在下述章节对 OCPs 的季节变化讨论集中在后四个时段。PAS 放置的采样时段见表 3-1，一般安装在离地或离屋顶 1.5 m 的高度，附近无建筑物遮挡。每个采样点放置一对 PAS，同时在每个采样时段将 1～2 个装有干净树脂的不锈钢丝筒（80 目）带至现场，装入采样筒，随即取出，带回实验室，作为现场空白，六个时段共产生 10 个现场空白。

表 3-1　天津被动大气采样器放置情况

采样点位置	采样时段	采样天数/d	采样期间平均温度/℃
塘沽 工业/市区站点 117°41′04″E， 38°59′06″N	1. 2006/07/05～2007/03/07	245	12.3
	2. 2007/03/07～2007/06/06	90	15.3
	3. 2007/06/06～2007/09/04	90	26.1
	4. 2007/09/04～2007/12/10	97	12.9
	5. 2007/12/10～2008/03/11	92	2.2
	6. 2008/03/11～2008/06/17	98	16.2
汉沽 工业/市区站点 117°49′02″E， 39°14′29″N	1. 2006/07/05～2007/03/07	245	11.1
	2. 2007/03/07～2007/06/06	90	14.7
	3. 2007/06/06～2007/09/04	90	25.5
	4. 2007/09/04～2007/12/10	97	11.6
	5. 2007/12/10～2008/03/11	92	−1.16
	6. 2008/03/11～2008/06/17	98	15.7
市站 市区站点 117°09′18″E， 39°05′50″N	1. 2006/07/05～2007/03/06	244	11.5
	2. 2007/03/06～2007/06/05	90	15.6
	3. 2007/06/05～2007/09/03	90	26.5
	4. 2007/09/03～2007/12/10	98	12.0
	5. 2007/12/10～2008/03/10	91	−0.71
	6. 2008/03/10～2008/06/16	98	16.9
团泊洼 郊区站点 117°08′51″E， 38°54′22″N	1. 2006/07/05～2007/03/06	244	11.5
	2. 2007/03/06～2007/06/05	90	15.6
	3. 2007/06/05～2007/09/03	90	26.5
	4. 2007/09/03～2007/12/11	99	12.0
	5. 2007/12/11～2008/03/10	90	−0.71
	6. 2008/03/10～2008/06/16	98	16.9

续表

采样点位置	采样时段	采样天数/d	采样期间平均温度/℃
宝坻 农村站点 117°22′12″E， 39°44′17″N	1. 2006/07/06～2007/03/07	244	10.2
	2. 2007/03/07～2007/06/06	90	14.7
	3. 2007/06/06～2007/09/04	90	25.4
	4. 2007/09/04～2007/12/11	98	10.1
	5. 2007/12/11～2008/03/11	91	−1.69
	6. 2008/03/11～2008/06/17	98	15.9
于桥 农村站点 117°25′44″E， 40°02′02″N	1. 2006/07/12～2007/03/07	238	11.0
	2. 2007/03/07～2007/06/06	90	15.8
	3. 2007/06/06～2007/09/04	90	26.6
	4. 2007/09/04～2007/12/11	98	11.9
	5. 2007/12/11～2008/03/11	91	−0.29
	6. 2008/03/11～2008/06/17	98	17.1

　　XAD-2 PAS 装置描述具体见第 2 章 2.2 节。简单来说，PAS 主要部件是填有 XAD-2 树脂的不锈钢丝网采样柱，将其装入底部开口的不锈钢外壳内进行野外被动大气采样（具体见图 2-1）。PAS 一般安在离地或屋顶 1.5 m 的高度，凭借大气中污染物自身的分子扩散运动，以恒定的速率被动地采集污染物。首先将 XAD-2 树脂（Supelco，20/60 目）装入不锈钢丝筒内。我们使用的大部分 XAD-2 树脂使用前事先用二氯甲烷索氏提取 24 h。二氯甲烷提取液经浓缩和溶剂转换为异辛烷之后，用色谱仪分析，确认得到的色谱图中没有被测物的色谱峰，XAD-2 树脂即可以投入使用。我们还使用了部分 Supelco Supepak-2 预先用离子交换树脂清洗过的 XAD-2 树脂。这些干净的 XAD-2 树脂装填于吸附剂芯管中，在采样之前一直封存于聚四氟乙烯垫圈密封的铝合金管内，采样完毕后仍旧封存于同一个管中，−18℃保存，直至分析。这些铝合金管用之前都用溶剂清洗，采样过程中使用聚乙烯手套以避免污染不锈钢丝网筒。

3.1.2　样品提取与定量

　　将从 PAS 得到的 XAD-2 树脂装入预先提取过的提取筒内，用二氯甲烷（农残级，Tedia，美国）索氏提取 24 h，提取之前加入 2,4,5,6-四氯间二甲苯和 PCB209（J&K 公司）作为回收率指示物以评价方法回收率。浓缩提取液，溶剂转换成异辛烷，氮吹至 1 mL，加入已知量的 ^{13}C 标记的 γ-HCH、HCB、p,p'-DDE、p,p'-DDT、PCB28 及 PCB52，整个过程在联合国环境署/全球环境资金

（UNEP/GEF）示范实验室超净间中进行。

采用 Finnigan MAT 900 XL GC-HRMS 分析 OCPs 和 PCBs（PCB28 和 PCB52），选择离子监测（SIM）模式，弹性石英毛细色谱柱为 VT-1（长 30 m，内径 0.32 mm，膜厚 0.25 μm）；不分流进样，1 min 后分流，载气为高纯氦气，流速 1.2 mL/min。升温程序如下：70℃保持 1 min，20℃/min 升至 150℃，再以 2℃/min 至 250℃，保持 20 min。进样口温度 210℃，离子源温度 220℃，色谱-质谱接口温度 250℃。其他参数如下：灯丝，0.55 mA，42 eV；电子倍增管，1.75 kV；质谱分辨率，10 000。进样量 1 μL，选择离子监测（SIM）模式定性，内标法定量。

实验过程中按一定样品间隔提取了 10 个现场空白和 5 个过程空白，结果显示在现场空白中有少量 HCB 检出，过程空白无干扰峰。因此所有批次的样品都用其相应的空白校正。TMX 和 PCB209 的回收率分别为 90%±13.4% 和 86%±10.8%，未对实际样品进行回收率校正。每做 10 个样品用质量控制标样监测仪器性能，p,p'-DDT 进样口分解率小于 15%，各目标化合物方法检测限（MDL）见表 3-2。

表 3-2　目标化合物方法检测限（MDL）　　　　　（单位：pg/m³）

	α-HCH	β-HCH	γ-HCH	δ-HCH	HCB	p,p'-DDE	p,p'-DDD	o,p'-DDT	p,p'-DDT	PCB28	PCB52
MDL	1	2	2	2	4	0.1	2	2	1	0.5	0.3

3.2　天津市大气有机氯污染物的浓度水平与时空变化

在之前的研究中已经指出，PAS 对 OCPs 的吸附速率主要由分子扩散运动控制，且同一地点各化合物的采样速率相当[15,16]。在最近的一次野外评估试验中，Gouin 等[16]采用 2.0 m³·d⁻¹·PAS⁻¹ 作为全年的采样速率。本次研究中，我们也采用了该速率，所得浓度与天津的前期研究类似（参见 3.4 节）[11,17]，OCPs 的季节变化也与 Liu 等前期研究相似[17]。因此，我们认为，采样速率为 2.0 m³·d⁻¹·PAS⁻¹ 是合理的，可接受的。将每个时段各采样点获得的 OCPs 的绝对量双样进行均值计算（ng/PAS），除以采样速率和相应时段采样天数的乘积，得到了 OCPs 的体积浓度（pg/m³）。所有双样得到的化合物重现性优于 24%。表 3-3 即为每个采样点各时段中 OCPs 的体积浓度。

表3-3　2006 年 7 月至 2008 年 6 月各采样时段天津各站点 OCPs 浓度

（单位：pg/m³）

OCPs	塘沽	汉沽	市站	团泊洼	宝坻	于桥
2006 年 7 月至 2007 年 3 月（夏、秋和冬）						
α-HCH	4165	401	299	516	203	95
β-HCH	389	289	36	74	19	8.8
γ-HCH	2346	186	238	307	118	61
δ-HCH	793	55	54	127	37	15
$\sum$HCHs	7693	931	627	1024	377	180
α-HCH/γ-HCH	1.78	2.15	1.26	1.68	1.72	1.56
HCB	1584	768	523	680	337	177
p,p'-DDE	45	127	58	66	39	21
p,p'-DDD	3.4	3.6	1.5	2.8	1.1	1.3
o,p'-DDT	48	182	36	35	26	13
p,p'-DDT	46	131	23	23	15	10
$\sum$DDTs	143	444	118	127	81	45
o,p'-DDT/p,p'-DDT	1.04	1.39	1.60	1.51	1.72	1.28
p,p'-DDE/p,p'-DDT	0.97	0.97	2.54	2.84	2.56	2.08
PCB28	22	20	49	58	19	8.9
PCB52	5.7	4.1	16	14	4.0	1.9
$\sum$PCBs	28	24	65	71	23	11
PCB28/PCB52	3.92	4.82	3.05	4.14	4.87	4.60
2007 年 3～6 月（春1）						
α-HCH	5401	673	469	433	173	88
β-HCH	401	390	25	40	6.4	nd
γ-HCH	1364	181	182	147	74	65
δ-HCH	393	30	21	24	nd	nd
$\sum$HCHs	7559	1274	697	643	253	154
α-HCH/γ-HCH	3.96	3.71	2.58	2.94	2.34	1.35
HCB	1918	1124	877	751	442	241
p,p'-DDE	48	601	43	54	22	14
p,p'-DDD	3.5	15	nd	nd	nd	nd

续表

OCPs	塘沽	汉沽	市站	团泊洼	宝坻	于桥
2007 年 3～6 月（春1）						
o,p'-DDT	39	654	15	19	10	5.4
p,p'-DDT	55	569	9.0	11	8.8	4.5
$\sum$DDTs	146	1839	67	84	41	24
o,p'-DDT/p,p'-DDT	0.71	1.15	1.65	1.71	1.19	1.20
p,p'-DDE/p,p'-DDT	0.86	1.06	4.71	4.99	2.53	3.08
PCB28	16	23	33	31	9.8	5.3
PCB52	4.3	5.3	9.6	8.3	2.9	1.4
$\sum$PCBs	21	28	43	39	13	6.7
PCB28/PCB52	3.78	4.36	3.50	3.76	3.40	3.76
2007 年 6～9 月（夏）						
α-HCH	4656	938	1328	1387	628	298
β-HCH	752	640	198	180	57.2	27.3
γ-HCH	2312	326	700	587	276	146
δ-HCH	573	82	189	221	70	23
$\sum$HCHs	8293	1986	2415	2375	1031	495
α-HCH/γ-HCH	2.01	2.88	1.90	2.36	2.28	2.05
HCB	1989	1413	1283	1391	716	490
p,p'-DDE	153	1847	220	211	109	67
p,p'-DDD	12	47	11	6.1	3.4	2.0
o,p'-DDT	153	2257	228	188	76	35
p,p'-DDT	171	2207	128	90	59	23
$\sum$DDTs	489	6358	587	496	247	127
o,p'-DDT/p,p'-DDT	0.89	1.02	1.78	2.08	1.29	1.52
p,p'-DDE/p,p'-DDT	0.90	0.84	1.72	2.34	1.84	2.93
PCB28	41	54	107	69	27	11
PCB52	9.5	9.5	29	17	5.7	3.0
$\sum$PCBs	50	64	137	86	33	14
PCB28/PCB52	4.32	5.70	3.64	3.99	4.73	3.79

续表

OCPs	塘沽	汉沽	市站	团泊洼	宝坻	于桥
2007 年 9~12 月（秋）						
α-HCH	2068	422	299	520	167	83.3
β-HCH	234	241	33	39	8.7	8.3
γ-HCH	1062	154	166	204	58	34
δ-HCH	234	36	31	58	14	nd
$\sum$HCHs	3598	853	530	822	247	125
α-HCH/γ-HCH	1.95	2.73	1.81	2.55	2.87	2.45
HCB	1877	1265	741	1032	435	298
p,p'-DDE	45	128	58	53	29	22
p,p'-DDD	4.6	4.6	2.3	2.3	1.6	1.1
o,p'-DDT	33	162	22	20	11	8.9
p,p'-DDT	39	145	17	21	11	9.4
$\sum$DDTs	123	440	99	96	52	41
o,p'-DDT/p,p'-DDT	0.85	1.11	1.34	0.98	0.99	0.95
p,p'-DDE/p,p'-DDT	1.15	0.88	3.45	2.58	2.56	2.36
PCB28	43	27	59	63	32	23
PCB52	10	4.1	17	19	8.2	6.3
$\sum$PCBs	53	31	76	82	40	30
PCB28/PCB52	4.14	6.53	3.37	3.28	3.86	3.72
2007 年 12 月至 2008 年 3 月（冬）						
α-HCH	583	161	99	220	35	25
β-HCH	36	26	nd	nd	nd	nd
γ-HCH	237	30	24	45	9.8	11
δ-HCH	19	nd	nd	nd	nd	nd
$\sum$HCHs	875	217	123	265	45	36
α-HCH/γ-HCH	2.46	5.40	4.12	4.88	3.57	2.33
HCB	1206	734	823	951	345	279
p,p'-DDE	12	24	8.5	11	4.8	3.4
p,p'-DDD	nd	nd	nd	nd	nd	nd
o,p'-DDT	13	17	nd	nd	nd	3.2
p,p'-DDT	19	9.9	nd	nd	nd	nd
$\sum$DDTs	43	51	8.5	11	4.8	6.6
o,p'-DDT/p,p'-DDT	0.65	1.74				

OCPs	塘沽	汉沽	市站	团泊洼	宝坻	于桥
2007 年 12 月至 2008 年 3 月（冬）						
p,p'-DDE/p,p'-DDT	0.62	2.47				
PCB28	24	13	23	44	8.7	34
PCB52	5.3	2.4	5.6	9.5	3.6	6.1
$\sum$PCBs	29	15	29	54	12	40
PCB28/PCB52	4.48	5.13	4.10	4.68	2.43	5.53
2008 年 3~6 月（春 2）						
α-HCH	6253	615	1015	1931	368	145
β-HCH	531	257	104	237	18	7.5
γ-HCH	2285	145	258	334	102	60
δ-HCH	487	30	34	101	14	nd
$\sum$HCHs	9556	1047	1411	2603	502	212
α-HCH/γ-HCH	2.74	4.24	3.94	5.79	3.60	2.42
HCB	2113	1508	1206	1229	760	477
p,p'-DDE	86	261	124	111	57	39
p,p'-DDD	3.5	7.8	1.7	1.1	0.84	0.99
o,p'-DDT	54.0	496	37	24	14	11
p,p'-DDT	71	330	31	16	7.6	7.3
$\sum$DDTs	214	1095	195	153	79	58
o,p'-DDT/p,p'-DDT	0.76	1.50	1.21	1.49	1.83	1.47
p,p'-DDE/p,p'-DDT	1.21	0.79	4.00	6.79	7.49	5.34
PCB28	46	57	73	55	27	24
PCB52	14	18	22	15	9.2	9.0
$\sum$PCBs	60	75	95	70	36	33
PCB28/PCB52	3.33	3.22	3.28	3.72	2.95	2.66

注：nd 为未检出。

3.2.1　HCHs 的浓度水平和时空变化

HCHs 有两种生产形式，一种为工业品 HCHs，主要有 α-HCH（60%~70%）、β-HCH（5%~12%）、γ-HCH（10%~12%）和 δ-HCH（6%~10%）组成；另外一种是林丹，基本上由 99% 的 γ-HCH（HCHs 中农药活性最强的异构体）构成。中国已在 1983 年停止使用工业品 HCHs，接下来的 10 年用林丹来代替工业品 HCHs，至 1992 年中国政府颁布条例限制使用林丹。天津是中国

HCHs 污染严重的城市之一[5]，土壤中的 HCHs 残留较高，土壤中挥发的 HCHs 也是当地大气中 HCHs 的另一个排放源[10,17,18]。

表 3-3 显示了通过被动大气采样器得到的 HCHs 浓度。从表中可见，沿着城区-农村剖面，每个时期大气中 ΣHCHs（α-HCH、β-HCH、γ-HCH 和 δ-HCH 总和）浓度（pg/m³）分别为：180～7690、154～7560、495～8290、125～3600、36～875 和 212～9560，空间变化较大。在所有采样时段，塘沽的 ΣHCHs（包括每一个异构体）都是最高的。如上所述，天津大沽化工厂位于塘沽，尽管它在 2000 年年底已经停止生产 HCHs，但是在 6 年后本次研究开展之时，其周边的 HCHs 残留量仍旧相当显著，导致了塘沽大气 HCHs 的高值。其他研究也观察到 HCHs 在塘沽的沉积物、水、土壤和气溶胶中的含量较高[10,17,19-21]。

除了 2007 年 3～6 月采样时段，其他时段中团泊洼大气中 HCHs 的含量仅次于塘沽。从 1970 年至 1990 年天津曾大量使用过 HCHs 用于病虫害防治[17-19]，团泊洼是 20 世纪 70 年代天津农业施用 HCHs 较多的一个地区[19]，虽然 HCHs 的农业施用已停止了十几年，但团泊洼区域土壤中 HCHs 的含量仍旧较高[18,19]，因此这些残留在土壤中的 HCHs 排放到大气，导致团泊洼大气中 HCHs 的升高。其他站点的 HCHs 浓度低了 1～2 个数量级，特别是于桥，由于离塘沽和团泊洼最远，大气中 HCHs 的浓度最低（表 3-3 和图 3-1）。

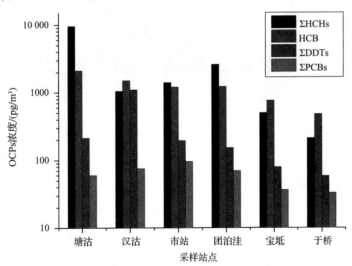

图 3-1 天津春季 OCPs 浓度空间变化（2008 年 3～6 月）

一般说来，天津大气中的 HCHs 以 α-HCH 和 γ-HCH 为主。然而有意思的是，汉沽大气中 β-HCH 的浓度异常高（表 3-3），与其他站点相比，其占 ΣHCHs 的百分比（12.1％～32.2％）是最高的（图 3-2）。如前所述，二十多年前位于汉沽的天津化工厂是中国最大的工业品 HCHs 生产厂家。自 1983 年停止生产工业品 HCHs 后，汉沽大气中其他 HCHs 异构体含量下降较快，而 β-HCH 仍旧很稳定。究其原因，主要是由于 β-HCH 的氯原子都在其赤道面上，结构具有良好的对称性，使其成为 HCHs 中物化性质最强、最难降解的异构体[22]，一般停留在排放源附近，而 α-HCH 和 γ-HCH 较易长距离传输[23]。Carlson 等[24] 发现大湖地区干湿沉降样品和气相样品中 β-HCH 的浓度随时间而增加，而 α-HCH 和 γ-HCH 并非如此。因此可以推断，尽管 β-HCH 蒸气压较低，但其也会随着时间成为排放源附近大气中的主要异构体。以上结果表明工业站点及农药施用历史残留仍是天津地区大气中 HCHs 的主要排放源。

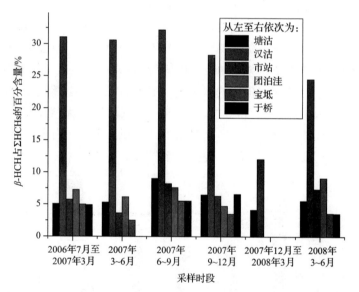

图 3-2　天津各采样点各自采样时段 β-HCH 占 ΣHCHs 的百分含量

已经有研究表明 α-HCH/γ-HCH 比值的大小及变化受到工业品 HCHs（比值为 3.6~15)[25] 和林丹（比值<0.1)[22] 使用的双重影响，同时也与它们的持久性和物化性质有关。本次研究中每个时段 α-HCH/γ-HCH 比值的空间变化相当均一，分别为 1.26~2.15（2006 年 7 月至 2007 年 3 月）、1.35~3.96（2007 年 3~6 月）、1.90~2.88（2007 年 6~9 月）、1.81~2.87（2007 年 9~12 月）、2.33~5.40（2007 年 12 月至 2008 年 3 月）和 2.42~5.79（2008 年 3~6 月）（表 3-3），这些值大部分处于工业品 HCHs 和林丹的比值之间。2004 年的一项调查指出，海河平原（包括天津）地区最近无 HCHs 的输入[17]，因此这些变化幅度较少的比值说明天津大气中的 HCHs 来自相似的贡献者，最有可能就是工业品 HCHs 和林丹的复合污染。另外 α-HCH/γ-HCH 的比值还显示出随时间增长的趋势（图 3-3）。与

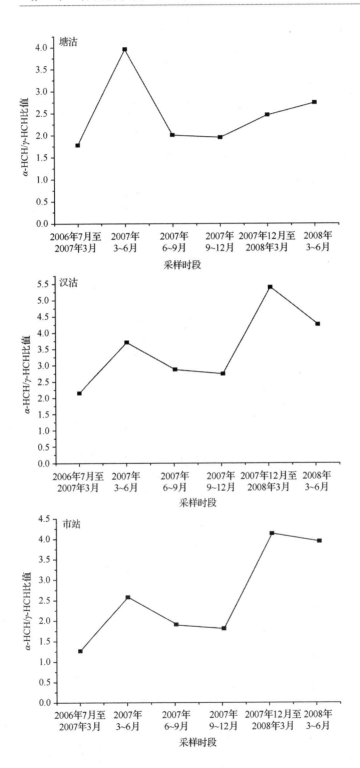

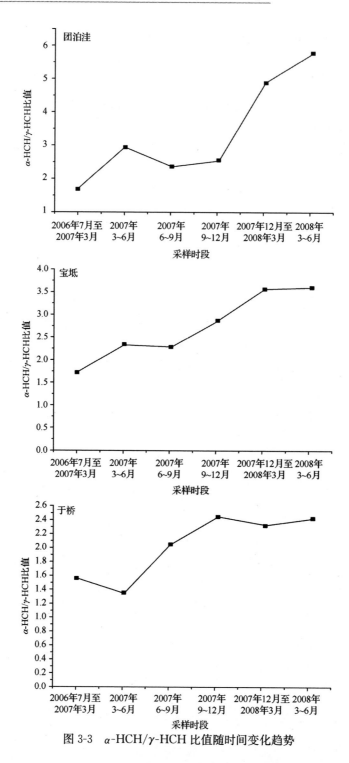

图 3-3 α-HCH/γ-HCH 比值随时间变化趋势

γ-HCH 相比，α-HCH 的 K_{oa} 较低[26]，不易与大气中的羟基自由基发生降解反应[27]，说明其在大气中的半衰期较长，而且 γ-HCH 可以通过光致异构化转化成 α-HCH[28]，因此在光化学反应过程中 α-HCH/γ-HCH 比值逐渐升高。Ding 等[12] 对北太平洋及临近北极地区的大气中研究发现，在长距离传输中，由于 α-HCH 和 γ-HCH 不同的物化性质，α-HCH/γ-HCH 比值随纬度的增加而升高。

　　大气中的 HCHs 的季节变化比较明显（图 3-4），其浓度基本上随着大气温度

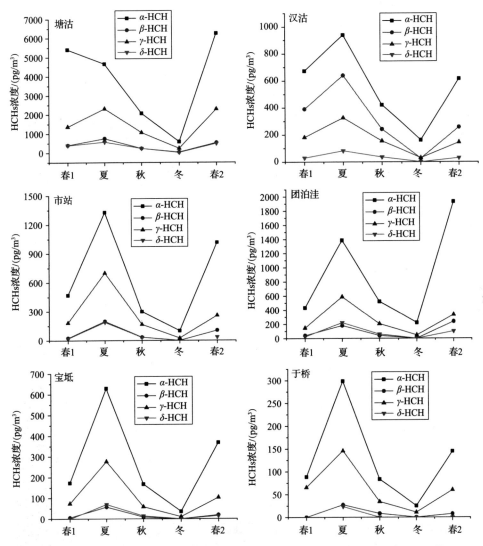

图 3-4　天津地区各站点大气中 HCHs 浓度的季节变化（春 1：2007 年 3～6 月；春 2：2008 年 3～6 月）

的上升而增加，最大值出现在夏季，随着温度的下降其浓度约为夏季的 $1/30\sim$ $1/6$，最小值出现在冬季。然而，在塘沽和团泊洼，其春季的 α-HCH 浓度稍高于夏季，可能与这两个点位 HCHs 的大气浓度最高有关。

3.2.2 HCB 的浓度水平和时空变化

中国于 1958 年开始生产 HCB。1983 年后，HCB 的产量迅速下降。1988 年后，全国仅有一家企业，即天津大沽化工厂继续生产 HCB，至 2004 年完全停产，这个时段内，六氯苯累积生产量约 8 万 t，其中 98.8% 作为中间体生产控制血吸虫的五氯酚和五氯酚钠，其余部分主要用于生产烟花礼炮类产品[7]。

天津大气中各个采样时段 HCB 的浓度分别为 $177\sim1580$ pg/m^3，$241\sim$ 1920 pg/m^3，$490\sim1990$ pg/m^3，$298\sim1880$ pg/m^3，$279\sim1210$ pg/m^3 及 $477\sim$ 2110 pg/m^3（表 3-3）。所有采样时段的 HCB 显示了很好的工业-农村递减趋势，进一步说明工业地区，尤其是塘沽是天津大气中 HCB 的排放源（表 3-3 和图 3-1）。环境中的 HCB 有众多排放源。中国禁止 HCB 作为农药直接使用，因此其不可能来自农药施用[7]。但是在氯化生产和燃料燃烧过程中 HCB 可作为副产物排放到大气中，同时土壤和水体中残留的 HCB 可二次排放，影响大气中 HCB 的浓度[29]。塘沽和汉沽是天津主要的工业区，其中的两大化工厂以氯碱工业为主，在氯碱工业大量生产的过程中，产生了一些不必要的 HCB。另一方面，由于塘沽曾经生产过 HCB，其表面介质二次排放的 HCB 有可能较高[29]，使得塘沽大气中 HCB 的浓度较汉沽高。HCB 沿各站点变化相对较少（约 $4\sim9$ 倍），而其他 OCPs 呈数量级的变化，这主要是因为其 K_{oa} 较低，在大气中的分布比较均匀[26,29]。

图 3-5 显示了 HCB 的季节变化。总体来说，大气中 HCB 的最高浓度出现春季和夏季，且水平相当，最低浓度一般出现在冬季。温度较高时，HCB 在环境中的平衡向大气方向偏移，温度较低时向土壤和其他表面介质偏移，这就造成了 HCB 以上的季节变化。

值得指出的是，冬季市站的 HCB 浓度略高于秋季。市站位于天津人口最密集的区域，冬季民用供暖的燃烧活动大幅度增加，导致了 HCB 浓度的增加。在工业站点，即塘沽和汉沽的 HCB 的季节变化与其他站点稍有不同，HCB 浓度在秋季略低，冬季急剧下降（图 3-5）。尽管 HCB 的季节变化主要是受温度相关的二次挥发的控制，但它也受氯碱工业生产排放的影响。2007 年氯碱产品的市场行情除了 9 月份和 10 月份，其他时间整体处于低迷状态[30]，因此间接影响了 2007 年秋季（$9\sim12$ 月）大气中 HCB 的浓度。

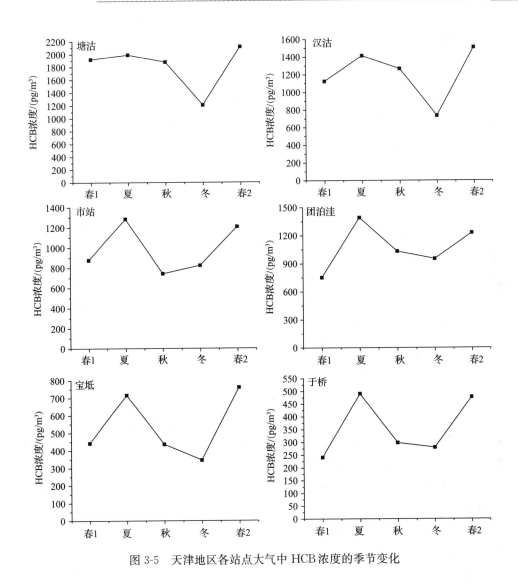

图 3-5　天津地区各站点大气中 HCB 浓度的季节变化

3.2.3　DDTs 的浓度水平和时空变化

1983 年中国停止大量生产及在农业上使用 DDTs[7]。自那之后，工业品 DDTs 生产量每年大体维持在几千吨。从 20 世纪 50 年代到 2004 年，中国大约生产了 464 000 t 工业品 DDTs，这其中的 73% 以上用于生产三氯杀螨醇的中间体，大概有 4% 作为活性添加剂用于船舶防污漆，剩余的 23% 以病媒防治用途出口[7]。

天津六个时段 $\sum$DDTs（p,p'-DDE，p,p'-DDD，o,p'-DDT 和 p,p'-DDT 的总和）大气浓度分别为 45～444 pg/m³，24～1840 pg/m³，127～6360 pg/m³，41～

440 pg/m³，4.8～51 pg/m³ 和 58～1100 pg/m³（表 3-3）。DDTs 是天津另一种大量使用的农药，自从限制它们在农业上的使用之后，土壤、水体及沉积物中的 DDTs 残留呈数量级下降[8,17]。然而，工业品 DDTs 在采样当时仍旧在汉沽生产，这势必会增加当地环境中 DDTs 的负荷。本次研究发现大气中汉沽的 DDTs 浓度最高，接下来依次是另一个工业站点（塘沽）、市区站点和郊区站点（市站和团泊洼）以及两个农村站点（宝坻和于桥）（表 3-3 和图 3-1）。

p, p'-DDE/p, p'-DDT 和 o, p'-DDT/p, p'-DDT 比值已广泛用作 DDTs 的来源历史的判断[3,13,14,31-33]。p, p'-DDT 是工业品 DDTs 的主要成分（≥70.0%），因此 p, p'-DDE/p, p'-DDT 的比值大于 1 时说明环境中的 DDTs 来源已久，反之就有新的输入。而 o, p'-DDT/p, p'-DDT 可作为三氯杀螨醇使用的指标。三氯杀螨醇是一种缺乏有效组织体系的杀螨剂，广泛应用于农业生产。它含有大量的 DDTs 类杂质，o, p'-DDT 是主要成分，其 o, p'-DDT/p, p'-DDT 约等于 7[31]。但是工业品 DDTs 含有 15%～20%的 o, p'-DDT 和 80%～85%的 p, p'-DDT，o, p'-DDT/p, p'-DDT 的比值约为 0.2[32]，所以环境中高的 o, p'-DDT/p, p'-DDT 比值可以表明三氯杀螨醇的输入[31]。

本次研究中，汉沽和塘沽的 p, p'-DDE/p, p'-DDT 比值是六个站点最低的，提示有新的 DDTs 输入（表 3-3）。汉沽 p, p'-DDE/p, p'-DDT 的低值显然是 DDTs 的生产造成的。而塘沽，则是因为它靠近天津渔业中心，大量渔船停泊于此。为了防止海洋生物（如藤壶，软体动物和藻类等）附着于船体上，一些含有 DDTs 的船舶防污漆会定期使用，成为了 DDTs 的潜在排放源。这些 DDTs 一旦在环境中释放，就会降低塘沽大气中 p, p'-DDE/p, p'-DDT 的比值，提高 DDTs 的浓度。另外，大量工业品 DDTs 通过塘沽的天津港出口到海外，也可引起 p, p'-DDE/p, p'-DDT 的低值及对大气中 DDTs 贡献[34]。其他四个采样点 p, p'-DDE/p, p'-DDT 的比值都远大于 1，表明天津无 DDTs 农业施用，这与前期的土壤研究比较一致[17,18]。大气中 o, p'-DDT/p, p'-DDT 的比值较高。天津周边有大量的农田，尽管该地区三氯杀螨醇使用不多[10,31]，但也可提高 o, p'-DDT/p, p'-DDT 的比值。

不同的 DDTs 化合物在环境中具有不同的挥发性，能使这些化合物产生分馏效应，改变 DDTs 之间的比值。如文献［3］中所述，若环境中的 DDTs 只来自工业品 DDTs 和三氯杀螨醇类 DDTs，那么排放到空气中的工业品 DDTs 和三氯杀螨醇类 DDTs 的贡献可通过 o, p'-DDT 和 p, p'-DDT 两者的过冷液相蒸气压（p_L^o）计算获得，计算式如下：

$$R_{大气(o,p'\text{-}DDT/p,p'\text{-}DDT)} = (R_{S1(o,p'\text{-}DDT/p,p'\text{-}DDT)} \times x + R_{S2(o,p'\text{-}DDT/p,p'\text{-}DDT)} \times y)$$
$$\times p_{L(o,p'\text{-}DDT/p,p'\text{-}DDT)}^{0}$$
$$x + y = 1 \tag{3-1}$$

式中，$R_{大气(o,p'\text{-}DDT/p,p'\text{-}DDT)}$ 是指大气中 $o,p'\text{-}DDT/p,p'\text{-}DDT$ 的比值，$R_{S1(o,p'\text{-}DDT/p,p'\text{-}DDT)}$ 和 $R_{S2(o,p'\text{-}DDT/p,p'\text{-}DDT)}$ 分别指排放源 1——工业品 DDTs 和排放源 2——三氯杀螨醇中 $o,p'\text{-}DDT/p,p'\text{-}DDT$ 的比值；x 和 y 即为这两个排放源的贡献；$o,p'\text{-}DDT$ 和 $p,p'\text{-}DDT$ 的 p_L^0 选自文献 [26]（分别为 $10^{-2.75}$ 和 $10^{-3.31}$）。如表 3-4 所示，天津大气中 DDTs 来源主要由 72%～93% 工业品 DDTs 和 7%～28% 的三氯杀螨醇类 DDTs 组成，与天津 DDTs 的生产和使用组成吻合得较好。有意思的是，塘沽工业品 DDTs 所占比例总是高于汉沽，进一步确认了塘沽工业品 DDTs 的源较汉沽多，即含 DDTs 类船舶防污漆。

表 3-4　不同采样时段中天津大气工业品 DDTs 和三氯杀螨醇类 DDTs 的贡献（%）

	塘沽	汉沽	市站	团泊洼	宝坻	于桥
2006 年 7 月至 2007 年 3 月（夏、秋和冬）						
工业品 DDTs	87.6	82.5	79.5	80.7	77.7	84.1
三氯杀螨醇	12.4	17.5	20.5	19.3	22.3	15.9
2007 年 3～6 月（春）						
工业品 DDTs	92.5	86.0	78.7	77.8	85.4	85.2
三氯杀螨醇	7.5	14.0	21.3	22.2	14.6	14.8
2007 年 6～9 月（夏）						
工业品 DDTs	89.8	87.9	76.8	72.3	83.9	80.5
三氯杀螨醇	10.2	12.1	23.2	27.7	16.1	19.5
2007 年 9～12 月（秋）						
工业品 DDTs	90.5	86.6	83.3	88.5	88.3	89.0
三氯杀螨醇	9.5	13.4	16.7	11.5	11.7	11.0
2007 年 12 月至 2008 年 3 月（冬）						
工业品 DDTs	93.3		77.4			
三氯杀螨醇	6.7		22.6			
2008 年 3～6 月（春）						
工业品 DDTs	91.7	80.9	85.2	81.0	76.0	81.4
三氯杀螨醇	8.3	19.1	14.8	19.0	24.0	18.6

　　天津大气中 DDTs 浓度的季节变化较为明显，都是夏季高、冬季低（图 3-6）。DDTs 夏季的高值部分与当地表面介质排放 DDTs 残留有关；春末及夏季三氯杀

螨醇的使用也是另外一个原因；另一方面在每年的 6 月 16 日至 9 月 1 日渤海、黄海休渔期时，用来维护渔船的含 DDTs 类船舶防污漆的使用也是夏季的一个排放源[35]。

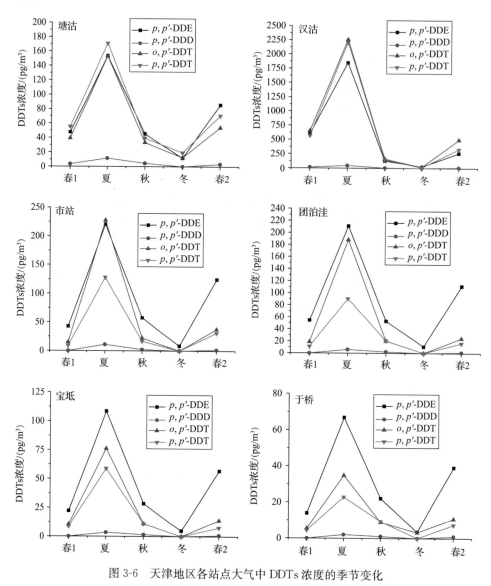

图 3-6　天津地区各站点大气中 DDTs 浓度的季节变化

3.2.4　两个指示性 PCBs 同类物的浓度水平与时空变化

在中国生产的 PCBs 中，约有 9000 t 是以三氯联苯为主的产品（即 1 号

PCB），1000 t 是以五氯联苯为主的产品（即 2 号 PCB）。1 号 PCB 主要用作电力设备的浸渍剂，2 号 PCB 用作油漆添加剂[4,7]。若将这两类工业品 PCBs 按产量比，即 9：1 混合，则其同系物组成由三氯联苯为主，其次为四氯联苯[4]。虽然全球 PCBs 商业品的同系物组成也是以三氯联苯和四氯联苯为主，但中国的三氯联苯与四氯联苯百分含量的比值（40.4%/31.1%）高于全球的比值（25.2%/24.7%）[4]。

根据其他研究者对全国范围内大气、土壤、沉积物、水体和生物体中 PCBs 的调查，天津周边环境中 PCBs 的含量处于国内中等水平[4,36,37]。大气中 PCBs 主要来自当地环境的挥发及大气传输。与其他有机氯污染物相比，天津 PCBs 的浓度相当低。表 3-3 显示了天津大气中 $\sum$PCBs（三氯联苯，PCB28 与四氯联苯，PCB52 总和）的含量，六个采样时段的浓度范围（pg/m³）分别为：11~71，6.7~43，14~137，30~82，12~54 和 33~95，最高浓度出现在市区站点（市站）和郊区站点（团泊洼）（表 3-3 和图 3-1）。三十多年前天津曾使用过含 PCBs 的电力电容器，市站位于天津经济最发达的地区，使用上述电力设备占其中的大部分，这就造成了市区 PCBs 含量较高。团泊洼离市区较近，因此其大气中 PCBs 浓度受市区影响较大，由此可以证明市区是 PCBs 的一个潜在源[36,38]。其他站点离市区较远，受其影响逐渐减少，PCBs 含量相对较低。然而天津范围内大气中 PCB28/PCB52 的比值分布相当均匀，在 4 左右（表 3-3）。最近的一项研究表明中国大气中 PCBs 同系物以三氯联苯为主，其次为四氯联苯，分布比较均一，而且与中国工业品 PCBs 的同系物组成类似[36]，因此天津大气中的 PCBs 也可能来自这些工业品 PCBs。

天津地区各站点大气中 PCBs 的季节变化各具特色（图 3-7）。冬季浓度基本上都处于最低值，这归因于冬季温度较低，抑制了地表中 PCBs 的二次挥发。市站和汉沽的季节变化相对较为明显，与 HCHs、HCB 和 DDTs 相似，提示这两个站点大气中 PCBs 与受温度驱使的挥发有关，因此我们使用克劳修斯-克拉珀龙方程（简称克-克方程）判断 PCBs 是来自当地排放还是长距离传输。方程式如下：

$$\ln P = m/T + b = (-\Delta H/R)(1/T) + b \tag{3-2}$$

式中，P 代表 SVOC 的分压（Pa），通过理想气体方程式获得；m 代表斜率；T 代表采样期间的平均气温（K）。斜率 m 负的绝对值较大时，即意味着 P 与温度依赖性较好，SVOC 来自当地环境介质的挥发，而斜率 m 负的绝对值较小或为正值时，则是指 SVOC 来自大气的长距离传输。已经有若干的前期研究应用克-克方程来判断 SVOC 的来源[13,39-41]。

天津 PCBs 的克-克方程计算结果见表 3-5。结果表明，市站 PCB28 和 PCB52

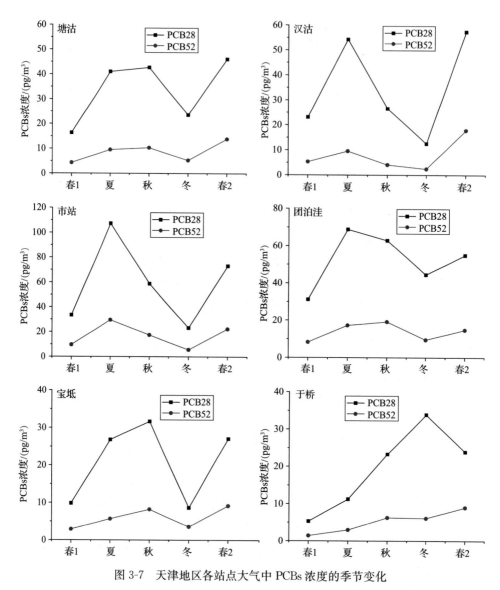

图 3-7　天津地区各站点大气中 PCBs 浓度的季节变化

斜率较高，显著性水平 $p < 0.05$，指示了市站的当地源排放，即地表介质的二次源排放。汉沽 PCB28 （$p < 0.05$）和 PCB52 （$p < 0.10$）的斜率也较高，说明该地也有可能存在 PCBs 的排放源。克-克方程的结果显示天津 PCBs 季节变化主要受大气传输影响，尤其是 PCBs 浓度较低的农村地区，如于桥。此外 HCHs、HCB 和 DDTs 也用克-克方程进行了计算（表 3-6），与预料的一样，天津 OCPs 主要受当地排放影响。

表 3-5　天津 PCBs 克-克方程结果

	PCB28			PCB52		
	m	r	p	m	r	p
塘沽	-2001	-0.464	0.354	-2291	-0.499	0.314
汉沽	-5067	-0.872	0.0235	-5190	-0.757	0.0811
市站	-4653	-0.88	0.0209	-5020	-0.872	0.0235
团泊洼	-1199	-0.434	0.388	-1720	-0.539	0.269
宝坻	-3237	-0.616	0.193	-1701	-0.389	0.446
于桥	2975	0.462	0.356	1480	0.219	0.677

注：m 为斜率，r 为相关系数，p 为显著性水平。

表 3-6　天津 OCPs 克-克方程结果

	塘沽			汉沽			市站		
	m	r	p	m	r	p	m	r	p
α-HCH	-7511	-0.835	0.0387	-5872	-0.979	$6.38\mathrm{E}{-4}$	-8556	-0.960	0.0024
·β-HCH	-10185	-0.940	0.00522	-10000	-0.942	0.00497	-10876	-0.862	0.06
γ-HCH	-7676	-0.860	0.0279	-7374	-0.941	0.00512	-10082	-0.968	0.00152
δ-HCH	-11317	-0.831	0.0404	-4154	-0.631	0.254			
HCB	-2029	-0.893	0.0164	-2517	-0.808	0.0516	-1935	-0.606	0.203
p,p'-DDE	-8494	-0.983	$4.48\mathrm{E}{-04}$	-13666	-0.963	0.00199	-9972	-0.955	0.00295
p,p'-DDD	-7460	-0.908	0.0333	-14526	-0.946	0.0149			
o,p'-DDT	-7982	-0.973	0.00106	-15560	-0.986	$2.97\mathrm{E}{-04}$	-12673	-0.847	0.0703
p,p'-DDT	-7170	-0.977	$7.71\mathrm{E}{-04}$	-17052	-0.987	$2.54\mathrm{E}{-04}$	-11675	-0.824	0.0864
	团泊洼			宝坻			于桥		
	m	r	p	m	r	p	m	r	p
α-HCH	-6286	-0.829	0.0413	-8864	-0.967	0.00163	-7640	-0.980	$6.11\mathrm{E}{-4}$
β-HCH	-7801	-0.647	0.238	-8806	-0.753	0.142	-8030	-0.961	0.00222
γ-HCH	-7654	-0.913	0.0110	-9831	-0.944	0.00464	-8030	-0.961	0.00222
δ-HCH									
HCB	-1447	-0.540	0.269	-2807	0.814	0.0486	-2300	-0.600	0.208
p,p'-DDE	-9193	-0.972	0.00114	-9300	-0.938	0.00569	-9041	-0.934	0.00643
p,p'-DDD									
o,p'-DDT	-11679	-0.851	0.0678	-8555	-0.746	0.147	-6651	-0.857	0.0292
p,p'-DDT	-8745	-0.761	0.135	-8424	-0.742	0.151	-5155	-0.623	0.262

注：斜体字表示 $p>0.05$，说明大气浓度和温度之间的相关性未达到显著性水平。

3.3　两个春季样品的比较

从图 3-4～图 3-7 中我们可以发现，2008 年春季（春 2）OCPs 浓度基本上高于 2007 年春季（春 1），说明 PAS 可以提供 OCPs 浓度的年度差异信息。两个春季 OCPs 浓度比值（2008 年/2007 年）见表 3-7。比较各采样点间的比值，发现 HCB 变化最小，表明 HCB 较易均匀分布。对每个采样点，HCHs、DDTs 和 PCBs 比值如所预计的，显示出各自的相似性。

表 3-7　天津 2008 年春季 OCPs 浓度与 2007 年春季 OCPs 浓度比值（2008 年/2007 年）

	塘沽	汉沽	市站	团泊洼	宝坻	于桥
α-HCH	1.16	0.91	2.16	4.46	2.13	1.64
β-HCH	1.33	0.66	4.10	6.01	2.83	
γ-HCH	1.68	0.80	1.42	2.27	1.39	0.91
δ-HCH	1.24	0.99	1.68	4.24		
HCB	1.10	1.34	1.38	1.64	1.72	1.98
p,p'-DDE	1.80	0.43	2.92	2.05	2.56	2.82
p,p'-DDD	1.02	0.52				
o,p'-DDT	1.38	0.76	2.52	1.31	1.33	1.98
p,p'-DDT	1.28	0.58	3.44	1.50	0.87	1.63
PCB28	2.82	2.48	2.18	1.76	2.75	4.52
PCB52	3.21	3.36	2.33	1.78	3.17	6.38

为了进一步评估各组化合物内部之间的相似性及组间化合物可能的差异，对两个春季大气 OCPs 浓度比值做了相关性分析（表 3-8）。发现 HCHs 和 DDTs 各组化合物内部相关性较高，分别为 0.78～0.99 和 0.64～0.92；两个指示性 PCBs 的相关性最高，为 0.99。另一方面，由于各类化合物的排放源、传输行为及物化性质不同，相互之间未显示良好的相关性。总之，XAD-2 被动采样器在作为监测大气 POPs 的工具方面显示出其有力的一面。

表 3-8　两个春季大气 OCPs 浓度比值之间的相关性

	α-HCH	β-HCH	γ-HCH	δ-HCH	HCB	p,p'-DDE	o,p'-DDT	p,p'-DDT	PCB28	PCB52
α-HCH	1									
β-HCH	0.95	1								
γ-HCH	0.80	0.78	1							
δ-HCH	0.99	0.90	0.85	1						

续表

	α-HCH	β-HCH	γ-HCH	δ-HCH	HCB	p,p'-DDE	o,p'-DDT	p,p'-DDT	PCB28	PCB52
HCB	0.33	0.60	−0.16	0.84	1					
p,p'-DDE	0.32	0.61	0.21	0.34	0.50	1				
o,p'-DDT	0.10	0.45	0.019	0.029	0.21	0.84	1			
p,p'-DDT	0.21	0.49	0.18	0.083	−0.058	0.64	0.92	1		
PCB28	−0.49	−0.83	−0.61	−0.87	0.54	0.29	0.22	−0.14	1	
PCB52	−0.50	−0.96	−0.68	−0.89	0.55	0.18	0.15	−0.18	0.99	1

注：由于 p,p'-DDD 数据较少，未对其做相关分析。

3.4　与前期工作的比较

如表 3-9 所示，我们将天津各个季节大气中 OCPs 的浓度与前期工作做了比较[3,11]。对市站来说，尽管用的 PAS 有所不同，然而相应的季节中两次观察的 HCHs 浓度偏差大部分小于 3 倍。HCB 浓度两者相互吻合得很好。至于 DDTs，本次研究得到的浓度普遍低于 Liu 等[3] 的工作。对塘沽来说，本次研究的秋季大气中 DDTs 和 PCBs 的浓度与 Jaward 等[11] 观察到的结果比较一致。然而，两者的 HCB 相差较大。Jaward 等使用的是 PUF-PAS，这种采样器采样容量较少，而且天津塘沽大气中 HCB 浓度较高，其在采样期间有可能突破了 PUF-PAS 的采样

表 3-9　本次研究 OCPs 浓度与他人工作的比较

			α-HCH	β-HCH	γ-HCH	HCB	p,p'-DDE	o,p'-DDT	p,p'-DDT	PCB28+31	PCB52
	本次研究	2007 年春	469	25	182	877	43	15	9.0	33.5	9.6
		2008 年春	1015	104	258	1206	124	37	31	73	22
	文献[3]	2005 年春	491	322	450	604	101	109	78		
	本次研究	2007 年夏	1328	198	700	1283	220	228	128	107	30
市站	文献[3]	2005 年夏	575	368	1463	1353	228	424	122		
	本次研究	2007 年秋	299	33	166	741	58	22	17	59	17
	文献[3]	2005 年秋	144	136	1040	951	63	46	46		
	本次研究	2007 年冬	99.0	nd	24.0	823	8.517	nd	nd	23	5.6
	文献[3]	2005 年冬	224	392	163	748	44	55	58		
塘沽	本次研究	2007 年秋				1877	45	33	39	43	10
	文献[11]	2005 年秋				462	108	46	38	100	29

注：文献［3］和文献［11］的采样站点分别靠近市站和塘沽，两者均采用 PUF-PAS 采集大气样品。文献［3］中 HCHs、DDTs 和 HCB 各自的浓度分别用采样速率 $3.5\,m^3/d$、$3.5\,m^3/d$ 和 $2.8\,m^3/d$ 计算。文献［11］中 HCB、DDTs 和 PCBs 的浓度用采样速率 $3.5\,m^3/d$ 计算。

容量，从而低估了塘沽大气中 HCB 的浓度。与中国其他城市比较，天津大气中
OCPs 浓度，尤其是工业站点的浓度总体较高[3,11]。以上结果显示 PAS 半定量地
监测大气中 POPs 的时空变化是有效和可靠的。

3.5　大气中有机氯污染物的相对组成的聚类分析

在 3.2 节的讨论中，我们可以看出天津地区有机氯污染物大气浓度点位差异
较大，如高浓度都出现在工业/市区站点，最低点为于桥。点位之间是否存在
"排放源-受体点"的关系，则需要深入研究其相对组成特征。尽管大气被动采样
器采样速率的系统偏差使大气体积浓度的计算有较大的不确定度[16]，但将所得数
据表达为相对化学组成时，即可消除采样速率的影响，得到准确、可靠的相对组
成特征。在本节中，我们选择了 5 个季节时段的数据，将所获得的 11 种有机氯污
染物加和做归一化计算，得到每个化合物的相对组成质量分数。对于 6 个点位 5
个季节时段的数据，共获得 30 组相对组成质量分数数据，其统计结果见表 3-10。
根据均值判断，HCB 和 HCHs 占有较大份额；HCHs 以 α-HCH 为主。值得注意
的是，各个化合物的重量分数均有较大变化范围，最大的是 o,p'-DDT 和 p,p'-
DDT，相对标准偏差高达 163％和 182％；最小的是 HCB，为 41％。引起有机氯
污染物相对组成变化的因素很多，例如，点位的空间差异、温度的季节性变化、
源排放的分布等。因此，我们通过聚类分析对以上 30 组数据进行分类，讨论各
点位及季节之间的组成特征的相似性及差异，阐明其中的潜在影响因素，以期于
揭示区域内化合物的大气传输[42]。

表 3-10　有机氯污染物的相对组成质量分数统计结果

化合物	最小值	最大值	均值	标准偏差	相对标准偏差/％
α-HCH	0.069	0.560	0.255	0.125	49
β-HCH	0.000	0.093	0.031	0.027	85
γ-HCH	0.024	0.214	0.095	0.053	56
δ-HCH	0.000	0.053	0.017	0.017	99
HCB	0.144	0.848	0.477	0.196	41
p,p'-DDE	0.005	0.188	0.040	0.039	98
p,p'-DDD	0.000	0.005			
o,p'-DDT	0.000	0.230	0.032	0.052	163
p,p'-DDT	0.000	0.225	0.026	0.047	182
PCB28	0.002	0.094	0.021	0.018	87
PCB52	0.000	0.017	0.006	0.004	76

聚类分析采用法国 Addinsoft 公司的 XLSTAT 软件，选用了分层聚类（agglomerative hierarchical clustering，AHC）方法，在众多的具体算法中选择了欧几里得距离和 Ward 方法；这种方法可反复计算样品之间的相似程度，以逐步和渐进的方式实现分层聚类；用树形图直观表达聚类结果和过程，方便最终确定一个具有物理意义的适当的分组数目。

对于天津地区 6 个点位 5 个季节时段的数据，得到有机氯污染物的 30 组相对组成质量分数数据样本，并根据点位的名称和季节命名 [塘沽，T；汉沽，H；市站，S；团泊洼，W；宝坻，B；于桥，Y；春季，s（2007 年春季：s1；2008 年春季：s2）；夏季，u；秋季，a；冬季，w]，得到 4 个分组，见图 3-8，从左到右分别是 DDTs 分组、HCHs 分组、冬季分组和春秋季分组。4 个分组的均值见表 3-11。

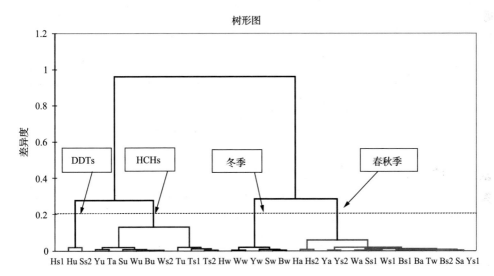

图 3-8 天津地区有机氯污染物相对组成质量分数 30 组数据聚类分析树形图

表 3-11 聚类分析所得 4 个分组的均值*

分组	HCHs	春秋季	DDTs	冬季
α-HCH	**0.390**	0.223	0.127	0.117
β-HCH	0.043	0.025	**0.078**	0.005
γ-HCH	**0.146**	0.090	0.038	0.029
δ-HCH	**0.036**	0.010	0.008	0.000
HCB	0.301	0.537	0.204	**0.784**
p,p'-DDE	0.032	0.037	**0.165**	0.012

续表

分组	HCHs	春秋季	DDTs	冬季
p,p'-DDD	0.001	0.001	**0.004**	0.000
o,p'-DDT	0.021	0.025	**0.192**	0.005
p,p'-DDT	0.015	0.020	**0.179**	0.002
PCB28	0.012	0.024	0.005	**0.037**
PCB52	0.003	0.007	0.001	**0.008**

* 分组 1，2，3，4 的样品数目分别为 10，13，2，5；4 个分组之间比较而言的最大值用粗体标示。

"DDTs 分组"仅有汉沽的 2 个样本（Hu，2007 年夏季；Hs1，2007 年春季），DDTs 浓度高，组分突出，高达 0.54，源排放特征明显。这反映了位于汉沽的 DDTs 生产厂的排放贡献和影响。另一方面，其他 3 个季节的汉沽样品没有归入这一分组，也反映了有机氯污染物组成的季节差异明显。还应该指出 β-HCH 在这个分组出现高值，显示了工业品 HCHs 生产的历史影响[43]。

"HCHs 分组"有 10 个样本，HCHs 浓度高，组分突出；冬季以外的 4 个塘沽样品集中在这个分组，具有源排放的特征[43]；除汉沽以外的 5 个点位的夏季样品集中在这个分组，具有季节特征，反映了 HCHs 的挥发性和大气传输的能力所导致的大范围的大气有机氯污染物相对组成的相似性，即区域性的特征。

"冬季分组"有 5 个样本，全部为冬季样品，有机氯污染物总体浓度低；挥发性强的组分如 HCB 和低氯取代的 PCBs 化合物组成突出。这同样反映了季节变化的重要影响以及相对组成的相似性导致的整个区域的一致性。唯一例外的塘沽冬季样本 Tw，主要是由于该点位为典型的 HCHs 排放源点位，在冬季仍然有高于其他点位的 HCHs 组成，所以归入了"春秋季分组"。

"春秋季分组"有 13 个样本，占总数的 43%，以秋季和春季样本为主，唯一例外是塘沽冬季样本 Tw。春秋季样本的浓度居中，组成比较均匀，在表 3-11 中没有最大值。6 个秋季样本有 5 个在这一分组；唯一例外是塘沽的 Ta，原因和上述 Tw 类似，由于是排放源点位，HCHs 的组成含量较高，Ta 和其他点位的夏季样本更相似，归入"HCHs 分组"（见图 3-8）。

综上所述，污染物的源排放特征主要体现在"DDTs"和"HCHs"这两个分组；而季节变化与区域性传输与分布的特征主要体现在"冬季，春秋季，HCHs"这三个分组。

本章小结

1. 塘沽工业站点大气的 HCHs 和 HCB 浓度较高，这是由于当地生产过这两类化合物。另一个工业站点汉沽在采样当时还在生产 DDTs，导致了汉沽大气中 DDTs 浓度的高值。市区站点市站和郊区站点团泊洼大气的 PCBs 浓度较高，显示了 PCBs 的城市源，曾经 PCBs 电力电容器的使用导致了上述现象。随着与排放源距离的增加，OCPs 浓度逐步下降，农村背景点最低。从整体上说，天津大气中 OCPs 的浓度与前期研究比较一致。

2. OCPs 的季节变化较为明显。HCHs 和 HCB 在春夏季浓度较高，冬季较低，这主要是受表面介质挥发的影响。DDTs 浓度夏高冬低的现象既受表面介质挥发影响，也与季节性使用三氯杀螨醇和含 DDTs 类船舶防污漆有关。各站点大气中的 PCBs 由于受当地源和区域性大气传输不同来源的贡献，季节变化各具特色。

3. 天津地区环境大气中以气相存在的有机氯污染物的归一化组成即相对质量分数具有鲜明的季节变化特征。不同功能区的大气样品主要按照季节聚类，而不是按照功能区划聚类，表现出有机氯污染比较强的区域性特征，即同一区域各点位的相对组成的相似性突出，体现了有机氯污染物大气传输的能力和影响。作为主要的排放源区，塘沽的 HCHs 和汉沽 DDTs 的大气浓度较高的情况在化学组成上，在聚类结果中，均得到客观的反映。

4. 由于有机氯污染物化学组成具有明显的季节变化，在不同研究地区之间比较有机氯污染物相对化学组成时应该强调时段和季节的一致性。

5. 大气典型有机氯污染物的相对化学组成是大气有机氯污染的重要特征。本章根据相对组成数据的分析和前期工作基于有机氯污染物绝对浓度数据的讨论，在排放源的识别、点位差异、季节变化等诸多方面均得到一致的结果，这说明虽然采样速率估算有可能引入一定的系统偏差，被动采样技术提供的绝对浓度数据用于天津地区有机氯污染的表征和评估是可行的、可信的。

参 考 文 献

[1] Fu J M, Mai B X, Sheng G Y, et al. Persistent organic pollutants in environment of the Pearl River Delta, China: An overview. Chemosphere, 2003, 52: 1411-1422

[2] Wang Y R, Zhang M, Wang Q, et al. Exposure of mother-child and postpartum woman-infant pairs to DDT and its metabolites in Tianjin, China. Science of the Total Environment, 2008, 396: 34-41

[3] Liu X, Zhang G, Li J, et al. Seasonal patterns and current sources of DDTs, chlordanes, hexachlorobenzene, and endosulfan in the atmosphere of 37 Chinese cities. Environmental Science & Technology, 2009, 43 (5): 1316-1321

[4] Ren N Q, Que M X, Li Y F, et al. Polychlorinated biphenyls in Chinese surface soils. Environmental Science & Technology, 2007, 41: 3871-3876

[5] Cao H Y, Tao S, Xu F L, et al. Multimedia fate model for hexachlorocyclohexane in Tianjin, China. Environmental Science & Technology, 2004, 38 (7): 2126-2132

[6] Tao S, Xu F L, Wang X J, et al. Organochlorine pesticides in agricultural soil and vegetables from Tianjin, China. Environmental Science & Technology, 2005, 39 (8): 2494-2499

[7] The People's Republic of China: National implementation plan for the Stockholm Convention on persistent organic pollutants. In: government Cc ed; 2007

[8] Tao S, Li B G, He X C, et al. Spatial and temporal variations and possible sources of dichlorodiphenyltrichloroethane (DDT) and its metabolites in rivers in Tianjin, China. Chemosphere, 2007, 68 (1): 10-16

[9] Lü J X, Wang Y W, Zhang Q H, et al. Contamination trends of polybrominated diphenyl ethers, organochlorine pesticides and heavy metals in sediments from Dagu Drainage River estuary, Tianjin. Chinese Science Bulletin, 2007, 52 (10): 1320-1326

[10] Wu S P, Tao S, Zhang Z H, et al. Distribution of particle-phase hydrocarbons, PAHs and OCPs in Tianjin, China. Atmospheric Environment, 2005, 39 (38): 7420-7432

[11] Jaward F M, Zhang G, Nam J J, et al. Passive air sampling of polychlorinated biphenyls, organochlorine compounds, and polybrominated diphenyl ethers across Asia. Environmental Science & Technology, 2005, 39 (22): 8638-8645

[12] Ding X, Wang X M, Xie Z Q, et al. Atmospheric hexachlorocyclohexanes in the North Pacific Ocean and the adjacent Arctic region: Spatial patterns, chiral signatures, and sea-air exchanges. Environmental Science & Technology, 2007, 41 (15): 5204-5209

[13] Li J, Zhang G, Guo L L, et al. Organochlorine pesticides in the atmosphere of Guangzhou and Hong Kong: Regional sources and long-range atmospheric transport. Atmospheric Environment, 2007, 41 (18): 3889-3903

[14] Yang Y Y, Li D L, Mu D. Levels, seasonal variations and sources of organochlorine pesticides in ambient air of Guangzhou, China. Atmospheric Environment, 2008, 42 (4): 677-687

[15] Wania F, Shen L, Lei Y D, et al. Development and calibration of a resin-based passive sampling system for monitoring persistent organic pollutants in the atmosphere. Environmental Science & Technology, 2003, 37 (7): 1352-1359

[16] Gouin T, Wania F, Ruepert C, et al. Field testing passive air samplers for current use pesticides in a tropical environment. Environmental Science & Technology, 2008, 42 (17):

6625-6630

[17] Tao S, Liu W X, Li Y, et al. Organochlorine pesticides contaminated surface soil as reemission source in the Haihe Plain, China. Environmental Science & Technology, 2008, 42 (22): 8395-8400

[18] Wang X J, Piao X Y, Chen J, et al. Organochlorine pesticides in soil profiles from Tianjin, China. Chemosphere, 2006, 64 (9): 1514-1520

[19] Gong Z M, Xu F L, Dawson R, et al. Residues of hexachlorocyclohexane isomers and their distribution characteristics in soils in the Tianjin area, China. Archives of Environmental Contamination and Toxicology, 2004, 46 (4): 432-437

[20] Wang T, Zhang Z L, Huang J, et al. Occurrence of dissolve polychlorinated biphenyls and organic chlorinated pesticides in the surface water of Haihe River and Bohai Bay, China. Environmental Science, 2007, 28 (4): 730-735

[21] 王泰, 黄俊, 余刚. 海河与渤海湾沉积物中 PCBs 和 OCPs 的分布特征. 清华大学学报（自然科学版）, 2008, 48 (9): 82-85

[22] Willett K L, Ulrich E M, Hites R A. Differential toxicity and environmental fates of hexachlorocyclohexane isomers. Environmental Science & Technology, 1998, 32 (15): 2197-2207

[23] Li Y F, Macdonald R W, Jantunen L M M, et al. The transport of β-hexachlorocyclohexane to the western Arctic Ocean: A contrast to α-HCH. Science of the Total Environment, 2002, 291 (1): 229-246

[24] Carlson D L, Basu I, Hites R A. Annual variations of pesticide concentrations in great lakes precipitation. Environmental Science & Technology, 2004, 38 (20): 5290-5296

[25] Wang X P, Yao T D, Cong Z Y, et al. Gradient distribution of persistent organic contaminants along northern slope of central-Himalayas, China. Science of the Total Environment, 2006, 372 (1): 193-202

[26] Shoeib M, Harner T. Using measured octanol-air partition coefficients to explain environmental partitioning of organochlorine pesticides. Environmental Toxicology and Chemistry, 2002, 21 (5): 984-990

[27] Brubaker Jr W W, Hites R A. OH reaction kinetics of gas-phase α- and γ-hexachlorocyclohexane and hexachlorobenzene. Environmental Science & Technology, 1998, 32: 766-769

[28] Malaiyandi M, Shah S M. Evidence of photoisomerization of hexachlorocyclohexane isomers in the ecosphere. Journal of Environmental Science and Health, 1984, 19 (8): 887-910

[29] Barber J L, Sweetman A J, van Wijk D, et al. Hexachlorobenzene in the global environment: Emissions, levels, distribution, trends and processes. Science of the Total Environment, 2005, 349 (1-3): 1-44

[30] 产能过剩, 国内液氯市场面临价格考验. 中国化工七日讯. http://www.qrx.cn/news-

View. aspx? ID＝82706. In；2007

[31] Qiu X，Zhu T，Yao B，et al. Contribution of dicofol to the current DDT pollution in China. Environmental Science & Technology，2005，39（12）：4385-4390

[32] Harner T，Shoeib M，Diamond M，et al. Using passive air samplers to assess urban-rural trends for persistent organic pollutants. 1. Polychlorinated biphenyls and organochlorine pesticides. Environmental Science & Technology，2004，38（17）：4474-4483

[33] Wang J，Guo L L，Li J，et al. Passive air sampling of DDT，chlordane and HCB in the Pearl River Delta，South China：Implications to regional sources. Journal of Environmental Monitoring，2007，9：582-588

[34] Wang G，Lu Y L，Wang T Y，et al. Factors influencing the spatial distribution of organochlorine pesticides in soils surrounding chemical industrial parks. Journal of Environmental Quality，2009，38：180-187

[35] 黄渤海海域进入 2008 年伏季休渔期. 中国广播网. http://news. sina. com. cn/c/2008-06-16/133114025143s. shtml. In；2008

[36] Zhang Z，Liu L Y，Li Y F，et al. Analysis of polychlorinated biphenyls in concurrently sampled Chinese air and surface soil. Environmental Science & Technology，2008，42（17）：6514-6518

[37] Xing Y，Lu Y L，Dawson R W，et al. A spatial temporal assessment of pollution from PCBs in China. Chemosphere，2005，60：731-739

[38] Motelay-Massei A，Harner T，Shoeib M，et al. Using passive air samplers to assess urban-rural trends for persistent organic pollutants and polycyclic aromatic hydrocarbons. 2. Seasonal trends for PAHs，PCBs，and organochlorine pesticides. Environmental Science & Technology，2005，39（15）：5763-5773

[39] Shen L，Wania F，Lei Y D，et al. Hexachlorocyclohexanes in the north American atmosphere. Environmental Science & Technology，2004，38（4）：965-975

[40] Yeo H G，Choi M，Sunwoo Y. Seasonal variations in atmospheric concentrations of organochlorine pesticides in urban and rural areas of Korea. Atmospheric Environment，2004，38（28）：4779-4788

[41] Wania F，Haugen J E，Lei Y D，et al. Temperature dependence of atmospheric concentrations of semivolatile organic compounds. Environmental Science & Technology，1998，32（8）：1013-1021

[42] 刘咸德，陈大舟，郑晓燕，等. 天津地区大气典型有机氯污染物的被动采样和化学组成特征. 质谱学报，2011，32（2）：65-70

[43] Zheng X Y，Chen D Z，Liu X D，et al. Spatial and seasonal variations of organochlorine compounds in air on an urban-rural transect across Tianjin，China. Chemosphere，2010，78（2）：92-98

第4章　有机氯污染物长距离大气传输及森林过滤效应：长岛地区

本章导读

　　本章采用被动大气采样器（如 XAD-PAS）采集大气环境样品，选择区域受体地区长岛研究 POPs 污染状况和大气传输过程。

　　XAD-2 被动大气采样器的采样速率在 $2.0\ \mathrm{m^3 \cdot d^{-1} \cdot PAS^{-1}}$ 的基础上，用 HCB 浓度反推各个大气被动采样器的采样速率，以消除湍流效应的影响（4.1 节）。

　　通过研究背景点大气中有机氯污染物（OCPs）的空间变化、组成特征、森林过滤效应和季节变化，探讨长岛 POPs 的长距离传输贡献与当地排放（4.2~4.5 节）。

　　相关性分析和聚类分析的结果证明了各个采样时段天津和长岛两地的 OCPs 组成之间有很强的一致性，大气样品主要按照季节聚类，而不是按照功能区划聚类，表现出有机氯污染比较强的区域性特征，显示了长岛区域受体的地理特征（4.6 节）。

　　从全球角度讲，OCPs 的潜在排放源主要位于热带和亚热带的发展中国家。中国备受关注，这主要是因为其：①地域广阔、人口众多；②强大的农业基础及快速的经济发展；③对 OCPs 的限制条令比一些发达国家相对晚些；④OCPs 曾大量使用[1,2]；⑤一些 OCPs 的生产和在用（如 DDTs、氯丹等）[3,4]。另外，中国是 HCHs 第一大使用国和 DDTs 的第五大使用国[4]，大气、土壤、水体中存在的 OCPs 浓度仍然较高[1,4]。因此，在亚洲季风的影响下，中国有可能成为一个排放源，通过大气污染他国环境，已经有越来越多的报道指明中国是其国家大气中 OCPs 的来源[5-8]。相对 OCPs，中国的 PCBs 生产量较少，仅占全球产量的 1%，约为 1 万 t，主要用于电力设备的绝缘油和油漆添加剂[9]。然而由于目前有些地区随意拆解含 PCBs 的电子垃圾，导致了 PCBs 的泄漏和污染[10-12]。已经有研究指出，尽管中国 PCBs 生产量较少，但到 20 世纪 90 年代末，约有 2 万 t 的 PCBs

污染了中国的环境[13]。

长岛位于亚洲季风的下风向，冬季季风时，来自欧亚大陆的气流途经长岛后，进入北太平洋地区，而夏季季风又将长岛南部和东部的气流带至长岛，大气中的POPs能很好地反映东亚地区对它的影响[14]，是理想的区域大气受体点。另一方面，长岛建有国家级森林公园，植被覆盖率达55%。森林作为一个重要的环境介质，能够大量吸附大气中的POPs，将它们滞留在其富含有机质的土壤中[15,16]，并可作为大气和土壤之间POPs交换的中间介质，影响POPs的全球循环过程[17,18]。途径长岛的气流经过森林的吸附和过滤，其中的POPs预计将有一部分被森林储存。

第3章的研究结果表明天津大气中OCPs浓度较高，有可能作为一个排放源影响东亚地区的大气。因此在本次调查中，我们选取山东长岛作为区域受体，布置两个林外站点、两个林内站点，用XAD-2PAS，与天津同步采集气相中的POPs，研究其中OCPs的浓度和森林对它的过滤和吸附作用。通过与天津大气中OCPs的比对，明确中国陆地环境中的POPs对长岛的影响，揭示中国在POPs跨太平洋传输中的地位。

4.1　材料与方法

4.1.1　样品采集

长岛（120°35′～120°57′E，37°53′～38°24′N）位于胶辽半岛之间，黄渤海交汇处，由32个岛屿组成，占据渤海海峡的三分之二（121 km）。总人口4万左右，以渔业和旅游业为主，基本没有工业排放，被环境保护部（现为生态环境部）列为气溶胶、温室气体和灰霾等污染物的国家空气背景监测站[19,20]。它位于中国东北地区的南方，山东和江苏省的北方，京津地区和河北的东方，朝鲜半岛的西方。因其独特的地理位置，随着风向的变化，它是不同来源地区气流的受体点位。本次研究在长岛地区选取了长岛县大气环境自动监测站和气象局为林外站点，临近大海，选取博物馆和某部队驻扎地为林内站点，位于长岛腹地，放置了以XAD-2树脂为吸附介质的被动采样器采集大气样品（采样点分布见图4-1）。采样点南北相距约12 km，东西相距约8 km。

我们于2006年7月至2008年6月分成六个时段放置大气被动采样器，与天津同步采集大气样品。如表4-1所示，第一批样品持续采集了八个月的大气，之后五批分别持续三个月。如第3章，对OCPs的季节变化讨论集中在后四个时段。

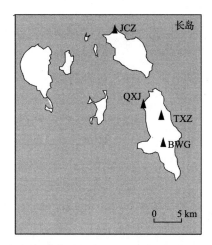

图 4-1　长岛研究区域及采样点分布图（JCZ：监测站，QXJ：气象局，

TXZ：通信站，BWG：博物馆）

每个采样点放置一对 PAS，同时在每个采样时段将 1～2 个装有干净树脂的不锈钢丝网采样柱带至现场，装入采样筒，随即取出，带回实验室，作为现场空白，六个时段共产生 10 个现场空白。

表 4-1　长岛大气被动采样器放置情况

采样点位置/属性	采样时段	采样天数/d
监测站（JCZ） 林外站点	1. 2006/07/11～2007/02/25	229
	2. 2007/02/25～2007/06/08	103
	3. 2007/06/08～2007/09/07	91
	4. 2007/09/07～2007/12/06	90
	5. 2007/12/06～2008/03/07	92
	6. 2008/03/07～2008/06/19	104
气象局（QXJ） 林外站点	1. 2006/07/11～2007/02/25	229
	2. 2007/02/25～2007/06/08	103
	3. 2007/06/08～2007/09/07	91
	4. 2007/09/07～2007/12/06	90
	5. 2007/12/06～2008/03/07	92
	6. 2008/03/07～2008/06/19	104
通信站（TXZ） 林内站点	1. 2006/07/17～2007/02/25	223
	2. 2007/02/25～2007/06/08	103
	3. 2007/06/08～2007/09/07	91
	4. 2007/09/07～2007/12/06	90
	5. 2007/12/06～2008/03/07	92
	6. 2008/03/07～2008/06/19	104

采样点位置/属性	采样时段	采样天数/d
博物馆（BWG） 林内站点	1. 2006/07/11～2007/02/25	229
	2. 2007/02/25～2007/06/08	103
	3. 2007/06/08～2007/09/07	91
	4. 2007/09/07～2007/12/06	90
	5. 2007/12/06～2008/03/07	92
	6. 2008/03/07～2008/06/19	104

4.1.2　样品提取与定量

同第 3 章 3.1.2 节，此处省略。

4.1.3　大气浓度的计算

长岛年均温度与天津类似，也在 13℃左右，因此也可将 PAS 的采样速率定为 $2.0 \ m^3 \cdot d^{-1} \cdot PAS^{-1}$[21,22]。然而气象局站点由于采样条件有限，采样器挂在三层楼房屋顶平台上，紧邻平台的边缘；监测站站点的采样器也挂在屋顶上，下方为屋顶斜坡。同时两者都位于海边，风力较大，不规则的下垫面使得两个采样点位应该存在湍流情况，导致 PAS 采样速率稍有偏大。若仍旧采用 $2.0 \ m^3 \cdot d^{-1} \cdot PAS^{-1}$，会使所得的化合物大气浓度偏高。前期研究表明[23]，HCB 挥发性较强，在大气中分布比较均匀。考虑到长岛属于区域背景点，基本没有工业活动。因此我们假设 HCB 在长岛大气中是分布均匀的，通过 HCB 获得的浓度反推各采样时期 PAS 的采样速率，可以消除湍流效应[24]。

首先，我们选择无湍流干扰的林内站点，用 $2.0 \ m^3 \cdot d^{-1} \cdot PAS^{-1}$ 计算相应采样时段 HCB 的大气浓度，将其浓度平均，将此均值应用于其他站点，认为长岛大气浓度都与林内站点一致。再通过各采样器获得的 HCB 的含量（pg/PAS）除以各采样时段天数（d）与 HCB 浓度均值（pg/m^3），得到各个 PAS 的采样速率（$m^3 \cdot d^{-1} \cdot PAS^{-1}$）。最后以此计算大气中 OCPs 的浓度。表 4-2 为所获得的各个时期的 PAS 的采样速率。从表中可见，林外采样点 PAS 的采样速率均高于林内站点，在一定程度上说明湍流影响了林外站点 PAS 的采样速率。

通过表 4-2 的采样速率计算得到各采样时期 OCPs 的体积浓度，表 4-3 所示浓度为各采样点的平行样的均值。

表 4-2 通过 HCB 反推得到的各时段采样速率

（单位：$m^3 \cdot d^{-1} \cdot PAS^{-1}$）

站点 采样时段	JCZ-1	JCZ-2	QXJ-1	QXJ-2	TXZ-1	TXZ-2	BWG-1	BWG-2
1	3.64	3.95	3.76	3.98	2.29	1.90	1.97	1.72
2	4.11	3.69	5.82	4.08	2.08	1.91	2.48	1.41
3	4.70	7.06	4.70	3.42	2.30	2.23	1.83	1.51
4	4.01	4.08	3.26	3.49	2.25	2.17	1.36	2.10
5	3.79	2.59	3.70	4.40	2.29	2.03	1.69	1.88
6	3.78	4.02	4.02	3.87	2.19	2.03	1.55	2.11

表 4-3 2006 年 7 月至 2008 年 6 月各采样时段天津各站点 OCPs 浓度

（单位：pg/m^3）

OCPs	监测站	气象局	通信站	博物馆	最大值/最小值比值
2006 年 7 月至 2007 年 3 月（夏、秋和冬，平均温度：12.9℃）					
α-HCH	109	102	81	87	1.34
β-HCH	13	18	9.6	9.2	1.96
γ-HCH	68	64	52	51	1.33
δ-HCH	11	9.4	5.3	4.6	2.46
ΣHCHs	201	193	147	152	1.37
α-HCH/γ-HCH	1.60	1.60	1.57	1.69	
HCB	174	174	174	174	
p,p'-DDE	42	68	45	27	2.48
p,p'-DDD	2.7	15	4.4	1.4	10.30
o,p'-DDT	29	82	42	20	4.01
p,p'-DDT	31	155	57	21	7.23
ΣDDTs	105	319	148	70	4.52
o,p'-DDT/p,p'-DDT	0.92	0.53	0.73	0.95	
p,p'-DDE/p,p'-DDT	1.36	0.44	0.79	1.27	
PCB28	3.5	6.0	3.1	4.0	1.96
PCB52	1.2	1.9	1.7	1.2	1.58
ΣPCBs	4.7	7.8	4.7	5.2	1.66
PCB28/PCB52	2.81	3.20	1.81	3.36	

续表

OCPs	监测站	气象局	通信站	博物馆	最大值/最小值比值
		2007 年 2～6 月（春，平均温度：11.7℃）			
α-HCH	67	61	55	53	1.27
β-HCH	8.4	6.6	7.5	5.7	1.49
γ-HCH	45	34	30	28	1.61
δ-HCH	4.3	1.9	3.0	nd	
$\sum$HCHs	125	103	95	86	1.45
α-HCH/γ-HCH	1.49	1.79	1.81	1.87	
HCB	155	155	155	155	
p,p'-DDE	41	47	41	25	1.88
p,p'-DDD	1.9	9.0	4.9	1.0	8.71
o,p'-DDT	22	68	46	17	4.13
p,p'-DDT	23	140	73	22	6.39
$\sum$DDTs	87	265	165	65	4.10
o,p'-DDT/p,p'-DDT	0.95	0.49	0.63	0.77	
p,p'-DDE/p,p'-DDT	1.77	0.34	0.56	1.16	
PCB28	3.4	3.5	3.1	2.7	1.28
PCB52	1.6	1.3	1.7	1.4	1.34
$\sum$PCBs	5.0	4.7	4.8	4.1	1.22
PCB28/PCB52	2.12	2.80	1.86	1.93	
		2007 年 6～9 月（夏，平均温度：23.3℃）			
α-HCH	252	175	188	195	1.44
β-HCH	41	39	33	28	1.50
γ-HCH	108	84	107	71	1.53
δ-HCH	35	18	15	5.2	6.59
$\sum$HCHs	436	316	344	299	1.46
α-HCH/γ-HCH	2.30	2.14	1.76	2.75	
HCB	214	214	214	214	
p,p'-DDE	93	145	113	60	2.40
p,p'-DDD	8.7	43	21	6.0	7.24
o,p'-DDT	79	309	144	69	4.48
p,p'-DDT	90	614	239	97	6.81
$\sum$DDTs	271	1111	517	233	4.78

续表

OCPs	监测站	气象局	通信站	博物馆	最大值/最小值比值
2007 年 6～9 月（夏，平均温度：23.3℃）					
o,p'-DDT/p,p'-DDT	0.88	0.50	0.60	0.71	
p,p'-DDE/p,p'-DDT	1.01	0.25	0.47	0.60	
PCB28	3.9	6.1	5.0	4.4	1.56
PCB52	1.2	1.7	3.5	1.8	3.03
$\sum$PCBs	5.1	7.9	8.5	6.2	1.68
PCB28/PCB52	3.58	3.43	1.41	2.47	
2007 年 9～12 月（秋，平均温度：14.3℃）					
α-HCH	101	92	78	87	1.30
β-HCH	10	12	7.1	6.8	1.80
γ-HCH	36	33	29	31	1.25
δ-HCH	4.7	5.0	nd	nd	
$\sum$HCHs	152	142	114	125	1.33
α-HCH/γ-HCH	2.82	2.83	2.71	2.91	
HCB	193	193	193	193	
p,p'-DDE	27	53	30	20	2.61
p,p'-DDD	3.9	13	7.6	2.7	4.98
o,p'-DDT	22	65	41	24	2.93
p,p'-DDT	30	112	71	38	3.72
$\sum$DDTs	83	244	149	85	2.94
o,p'-DDT/p,p'-DDT	0.73	0.58	0.58	0.64	
p,p'-DDE/p,p'-DDT	0.88	0.47	0.43	0.53	
PCB28	3.7	4.2	3.8	7.2	1.94
PCB52	1.1	1.4	0.66	2.0	3.10
$\sum$PCBs	4.8	5.5	4.4	9.2	2.08
PCB28/PCB52	3.42	3.04	5.76	3.86	
2007 年 12 月至 2008 年 3 月（冬，平均温度：0.766℃）					
α-HCH	23	20	21	24	1.20
β-HCH	nd	nd	nd	nd	
γ-HCH	7.61	6.2	6.6	6.8	1.23
δ-HCH	nd	nd	nd	nd	
$\sum$HCHs	30	26	28	31	1.18
α-HCH/γ-HCH	3.07	3.16	3.17	3.45	
HCB	215	215	215	215	

续表

OCPs	监测站	气象局	通信站	博物馆	最大值/最小值比值
2007 年 12 月至 2008 年 3 月（冬，平均温度：0.766℃）					
p,p'-DDE	11	18	17	7.8	2.36
p,p'-DDD	0.77	14	2.3	0.77	17.54
o,p'-DDT	5.2	21	15	8.2	4.04
p,p'-DDT	4.8	50	20	14	10.33
ΣDDTs	22	103	54	30	4.74
o,p'-DDT/p,p'-DDT	1.08	0.42	0.73	0.61	
p,p'-DDE/p,p'-DDT	2.28	0.37	0.82	0.61	
PCB28	24	21	33	38	1.80
PCB52	5.6	4.7	7.9	5.8	1.66
ΣPCBs	30	26	41	44	1.70
PCB28/PCB52	4.30	4.51	4.23	6.39	
2008 年 3～6 月（春，平均温度：13.6℃）					
α-HCH	130	82	80	101	1.62
β-HCH	12	8.2	6.7	3.5	3.34
γ-HCH	43	26	25	28	1.73
δ-HCH	6.2	5.7	nd	2.6	
ΣHCHs	191	122	112	136	1.71
α-HCH/γ-HCH	3.03	3.13	3.25	3.62	
HCB	359	359	359	359	
p,p'-DDE	58	68	68	46	1.48
p,p'-DDD	3.3	11	12	3.1	3.90
o,p'-DDT	37	91	133	42	3.61
p,p'-DDT	35	156	200	47	5.72
ΣDDTs	133	326	413	138	3.10
o,p'-DDT/p,p'-DDT	1.05	0.59	0.66	0.90	
p,p'-DDE/p,p'-DDT	1.66	0.44	0.34	0.93	
PCB28	18	17	24	28	1.63
PCB52	6.1	5.3	8.8	10.0	1.88
ΣPCBs	25	22	33	38	1.69
PCB28/PCB52	3.03	3.21	2.70	2.73	

注：nd 为未检出。

4.2　有机氯污染物的浓度水平和空间变化

由表 4-3 可见，各个时期 ΣHCHs（α-HCH、β-HCH、γ-HCH 和 δ-HCH 总和）的浓度（pg/m³）分别为 147～201、95～125、299～436、114～152、26～31 和 112～191；ΣDDTs（p,p'-DDE、p,p'-DDD、o,p'-DDT 和 p,p'-DDT 总和）浓度（pg/m³）分别为 70～319、65～265、233～1112、83～244、22～103 和 133～413；ΣPCBs（三氯联苯 PCB28 与四氯联苯 PCB52 总和）的浓度（pg/m³）分别为 4.7～7.8、4.1～5.0、5.1～8.5、4.4～9.2、26～44 和 22～38。各个化合物空间变化幅度总体不及天津，这与采样布点范围较小有关。HCHs 和 PCBs 的最高浓度和最低浓度变化基本上都在 1～3 倍范围之间，而 DDTs 的变化幅度相对较大（2～17 倍），在以气象局和通信站的浓度最高。因此可以推断 HCHs 和 PCBs 在长岛分布比较均匀，气象局和通信站附近存在 DDTs 点源污染。图 4-2 直观地显示了上述空间变化情况。

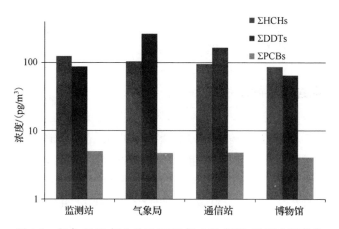

图 4-2　长岛 2007 年 2 月至 2007 年 6 月 OCPs 浓度空间变化

有意思的是，从西北至东南方向（监测站—博物馆），HCHs 和 PCBs 浓度明显下降，表明了长岛处于华北区域的下风向，大气受到天津等工业城市的影响；而 DDTs 浓度在气象局和通信站上升，提示有局地污染。

与天津地区大气浓度比较得知，长岛地区大气中 HCHs 浓度比天津工业站点、市区站点和郊区站点低了 1～2 个数量级，而与其农村站点相当，指示长岛大气 HCHs 污染较轻。HCB 比天津工业站点、市区站点和郊区站点低了 1 个数量级，而与其农村站点相当，比北半球 HCB 大气背景浓度（56 pg/m³）[23]高，表明中国 HCB 污染较重，有可能成为全球一个重要的 HCB 排放源[4]。PCBs 整体都比天津低，也低于国内大气 PCB28＋PCB52 的平均浓度水平[25]。以上均可表明长岛基本是受体地区，和天津的源区不同。但是长岛的 DDTs 类污染物例外，与天津工业区采样点的水平接近，进一步表明长岛具有 DDTs 污染源。2002～2004 年环渤海软体动物体内 OCPs 的浓度调查中，蓬莱 DDTs 浓度较高，因此怀疑该地区有 DDTs 排放[26]。在第 3 章中我们指出，为防止海洋生物（如藤壶，软体动物和藻类等）附着于船体上，一些含有 DDTs 的船舶防污漆会定期使用，成为了 DDTs 的潜在排放源，这些结果已经在前期研究中得到证实[4,27]。渔业是长岛的一个支柱产业，可能会使用含 DDTs 类船舶防污漆。气象局附近沿海有长岛县三家主要的修造船厂，使用一定量的防污漆，部分含 DDTs 类防污漆使用使大气中的 DDTs 含量升高，进而也污染了与之较近的通信站，使这两者浓度高于其他两个站点。遍布长岛的渔港也是一个贡献源。

4.3　有机氯污染物的相对组成及来源初析

在 POPs 大气传输和区域分布的研究中，大气中化合物的相对组成能够为污染源的判断提供重要信息[28-30]。图 4-3 表示了六个采样时段大气中 HCHs 的百分含量组成。从图中可以看出，同时期各站点大气中 HCHs 的百分含量组成分布比较均匀，主要成分为 α-HCH 和 γ-HCH，说明长岛大气 HCHs 的来源比较一致。长岛以渔业和旅游业为主，当地农药使用较少，HCHs 的使用早在 1983 年全面停止。从 2002～2004 年环渤海软体动物体内 HCHs 的浓度调查显示，在所有采样点中，与长岛相距 7 km 的蓬莱浓度较低，因此推断该地区环境受 HCHs 污染影响相对较小[26]。α-HCH/γ-HCH 的比值可以判断环境中的 HCHs 是来自长距离传输还是一次排放。表 4-3 中显示，各时段 α-HCH/γ-HCH 比值分别为 1.62±0.05、1.74±0.17、2.24±0.41、2.82±0.08、3.21±0.16 及 3.26±0.26，比值在工业品 HCHs（3.6～15[31]）和林丹（<0.1[32]）之间，与渤海及以北太平洋地区大气中的 α-HCH/γ-HCH 比值（2.0±1.64）接近[29]，揭示长岛大气中的 HCHs 主要来自大气长距离传输。此外，我们还发现与天津类似，长岛各采样点 α-HCH/γ-HCH 比值随着时间的推移而增加（图 4-4），但趋势比天津明显（参见第 3 章图 3-3）。证明在长距离传输中，随着时间推移，α-HCH 较长的大气半衰期、γ-HCH 光解成 α-HCH 的可能性以及 γ-HCH 的禁用都可导致两者比值升高。

　　PCB28 和 PCB52 在多氯联苯 7 个指示性化合物中是两个最易挥发的同类物，能很好地代表大气中 PCBs 的存在状态，长岛 PCB28/PCB52 的比值均一，

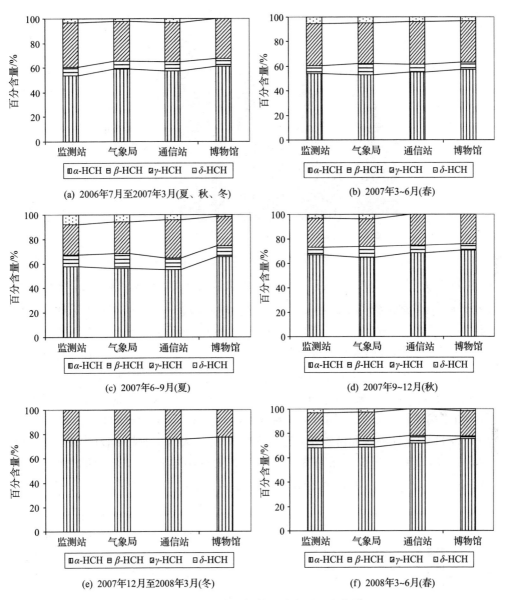

(a) 2006年7月至2007年3月(夏、秋、冬)

(b) 2007年3~6月(春)

(c) 2007年6~9月(夏)

(d) 2007年9~12月(秋)

(e) 2007年12月至2008年3月(冬)

(f) 2008年3~6月(春)

图 4-3　HCHs 各异构体百分含量组成分析

PCB28/PCB52 的比值远大于欧洲（1.14）[33] 和大湖地区（0.76）[34]，但与天津大气较为接近（见第 3 章表 3-3），这表示长岛大气 PCBs 来源主要为国产工业品 PCBs。结合其浓度的空间分布，以及长岛经济结构，可以证明长岛大气中 PCBs 也来自大气长距离传输，当地无 PCBs 排放源。

图 4-5 为六个采样时段大气中 DDTs 的百分含量组成。与 HCHs 不同，同时

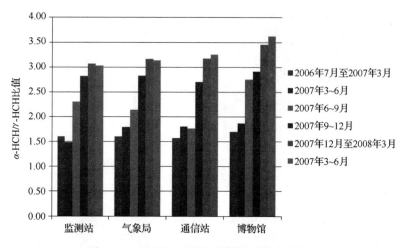

图 4-4 α-HCH/γ-HCH 比值随时间变化趋势

期各站点大气中 DDTs 的百分含量组成分布有较大差异，监测站和博物馆 p,p'-DDE 百分含量较气象站和通信站的高，而后两者的 p,p'-DDT 含量较前者的高，o,p'-DDT 四者相当。如第 3 章所述，p,p'-DDE/p,p'-DDT 和 o,p'-DDT/p,p'-DDT 的比值可用来判断环境中 DDTs 的来源。表 4-3 列出了各时期各站点 p,p'-DDE/p,p'-DDT 和 o,p'-DDT/p,p'-DDT 的比值，从中可以得出，长岛地区存在 DDTs 的新鲜输入源，主要为含 DDTs 类船舶防污漆的使用。气象局和通信站由于离船厂较近，受 DDTs 影响较大，p,p'-DDE/p,p'-DDT 和 o,p'-DDT/p,p'-DDT 小于监测站和博物馆（表 4-3）。对长岛大气工业品 DDTs 和三氯杀螨醇类 DDTs 贡献的计算结果可知（表 4-4），大气中工业品 DDTs 的贡献比天津高，这应该与当地含 DDTs 的船舶防污漆的使用有关。

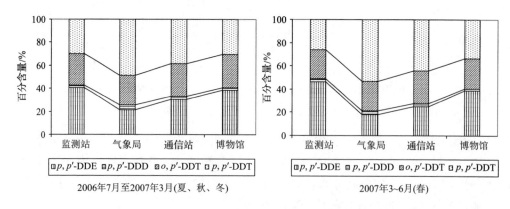

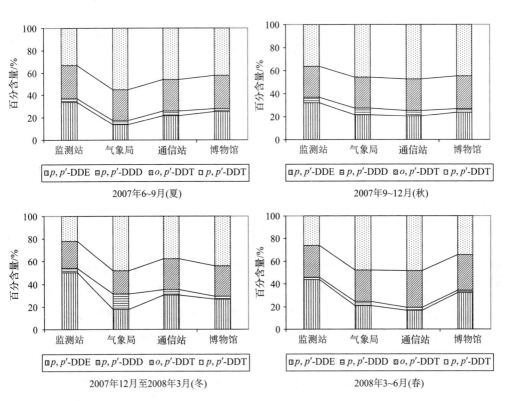

图 4-5 DDTs 各异构体百分含量组成分析

表 4-4 大气中工业品 DDTs 和三氯杀螨醇类 DDTs 的贡献 （%）

	监测站	气象局	通信站	博物馆
2006 年 7 月至 2007 年 3 月（夏、秋和冬）				
工业品 DDTs	89.4	95.2	92.2	88.9
三氯杀螨醇	10.6	4.8	7.8	11.1
2007 年 3~6 月（春）				
工业品 DDTs	88.9	95.8	93.7	91.6
三氯杀螨醇	11.1	4.2	6.3	8.4
2007 年 6~9 月（夏）				
工业品 DDTs	90.0	95.6	94.1	92.5
三氯杀螨醇	10.0	4.4	5.9	7.5
2007 年 9~12 月（秋）				
工业品 DDTs	92.1	94.4	94.5	93.5
三氯杀螨醇	7.9	5.6	5.5	6.5

续表

	监测站	气象局	通信站	博物馆
	2007 年 12 月至 2008 年 3 月（冬）			
工业品 DDTs	87.0	96.7	92.1	94.0
三氯杀螨醇	13.0	3.3	7.9	6.0
	2008 年 3～6 月（春）			
工业品 DDTs	87.4	94.3	93.2	89.7
三氯杀螨醇	12.6	5.7	6.8	10.3

4.4　有机氯污染物的森林过滤效应

尽管长岛大气 OCPs 浓度空间变化不大，但我们发现没有当地污染源的 HCHs 和 PCBs，林外样品的浓度基本上大于林内样品（表 4-3，图 4-2）。长岛的国家级森林公园，主要由常绿针叶林组成，植被覆盖率极高。模型研究指出，森林对 lg K_{oa} 值在 9 左右的化合物具有较好的过滤作用，而对挥发性较强（lg K_{oa}＞11）或极性较大（lg K_{ow}＜4）的化合物作用较小[16]。此次测定污染物的 lg K_{oa} 范围在 7～11 之间，lg K_{ow} 为 4～7，符合上述要求。此外，森林主要是对气相中的污染物进行过滤[16]，而大气中的 OCPs 和低氯代 PCBs 主要存在气相中[35-37]。因此来自各方向的气流经过长岛时，气相中的 OCPs 被森林吸附，导致了林内大气 OCPs 浓度降低。而林外样品紧邻大海，直接接收各方向传输过来的大气，因此浓度比林内样品高。对于 DDTs，因为有显著的点源污染，掩盖了森林过滤效应对它的作用。

为了进一步验证森林对 OCPs 的过滤作用，我们考察了 HCHs 和 PCBs 的林外站点浓度与林内站点比值，并与其相应的 lg K_{oa} 值进行回归分析，其中 HCHs 的 lg K_{oa} 值选自文献［38］，PCBs 的选自文献［39］，各个采样时期 OCPs 的 lg K_{oa} 均用相应时期的平均气温做校正。表 4-5 总结了各个采样时期林外/林内比值与 lg K_{oa} 的回归参数。由表可见，各个采样时期林外/林内比值与 lg K_{oa} 回归斜率为正，这表明在一定范围内，lg K_{oa} 越大，越容易被植被吸附，导致林内大气 OCPs 浓度降低较快。从各时段来看，冬季植被稀疏，森林对化合物的过滤作用降低，导致了林外/林内比值与 lg K_{oa} 的斜率为负；而夏季为植被茂盛期，所得的斜率基本上也是所有时段中最大的，有力地证实了森林的过滤效应。Jaward 等[5]对意大利山区大气研究也发现，化合物的 lg K_{oa} 越大，其林外样品大气浓度与林内样品浓度的比值就越大；植被覆盖率越高，林外/林内比值与 lg K_{oa} 的斜率就越大，与本次

结果非常相似，说明了森林对 POPs 的过滤效应。图 4-6 显示了 2006 年 7 月至 2007 年
2 月（夏、秋、冬）和 2008 年 3～6 月（春）气象局与博物馆 OCPs 值之比与 lg K_{oa} 之
间的相关性，它们具有显著水平。博物馆为 4 个站点中大气浓度最低点，植被覆
盖茂密，森林过滤效应显著。我们可以推断，森林覆盖率越高，积累的林内林外
大气浓度数据越多，则可以获得更多具有代表性的具有森林过滤效应的数据。

表 4-5　各采样时期林外/林内 OCPs 值之比与 lg K_{oa} 的回归参数

	监测站/通信站 OCPs 值之比			监测站/博物馆 OCPs 值之比			气象局/通信站 OCPs 值之比			气象局/博物馆 OCPs 值之比		
	斜率	截距	R^2	斜率	截距	R^2	斜率	截距	R^2	斜率	截距	R^2
2006 年 7 月至 2007 年 3 月（夏、秋和冬）	0.331	−1.574	0.222	0.570	−3.617	0.42	0.304	−1.145	0.266	**0.566**	**−3.396**	**0.956**
2007 年 3～6 月（春）	*−0.007*	1.284	5.545E−4	0.057	0.852	0.04	*−0.270*	3.332	0.655	*−0.050*	1.588	0.048
2007 年 6～9 月（夏）	0.562	−3.497	0.224	2.360	−17.49	0.34	0.189	−0.604	0.129	1.130	−7.815	0.422
2007 年 9～12 月（秋）	0.187	−0.293	0.195	0.251	−1.188	0.11	0.501	−2.862	0.432	0.539	−3.602	0.421
2007 年 12 月至 2008 年 3 月（冬）	*−0.479*	5.225	0.664	*−0.102*	1.831	0.049	*−0.411*	4.476	0.775	*−0.088*	1.574	0.049
2008 年 3～6 月（春）	0.080	0.618	0.007	1.273	−9.523	0.57	0.132	−0.214	0.088	**1.123**	**−8.607**	**0.744**

注：数字加粗表示显著正相关，斜体代表负相关。

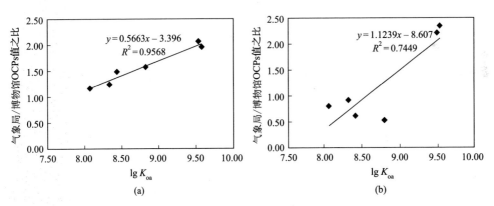

图 4-6　2006 年 7 月至 2007 年 2 月（夏、秋、冬）(a) 和 2008 年 3～6 月（春）
(b) 气象局与博物馆 OCPs 值之比与 lg K_{oa} 相关性

4.5　有机氯污染物季节情况

图 4-7～图 4-10 是长岛地区各站点大气中 OCPs 浓度的季节变化。从图中可
以看出，HCHs 和 DDTs 显示出了很好的温度依赖性，夏季最高，冬季最低，说明

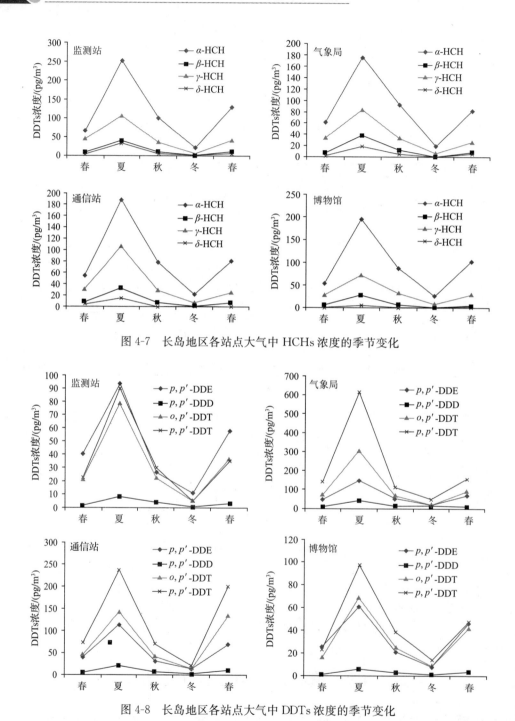

图 4-7　长岛地区各站点大气中 HCHs 浓度的季节变化

图 4-8　长岛地区各站点大气中 DDTs 浓度的季节变化

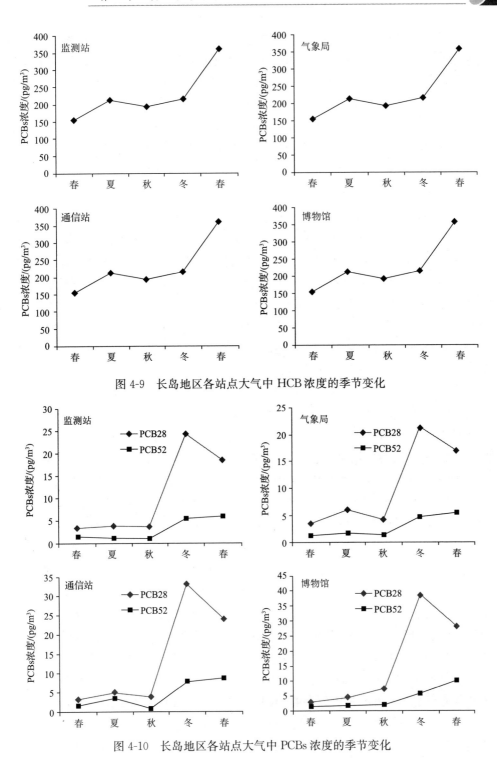

图 4-9　长岛地区各站点大气中 HCB 浓度的季节变化

图 4-10　长岛地区各站点大气中 PCBs 浓度的季节变化

它们的变化主要是受温度控制。中国曾在 1953～1983 年很多地区大量施用过广谱杀虫剂 HCHs 和 DDTs[40]。土壤中残留的 HCHs 和 DDTs 随着温度升高挥发到大气中去，随着温度下降挥发速率降低，大气中部分 HCHs 和 DDTs 又冷凝到表面介质中去，而这使大气中 HCHs 和 DDTs 的浓度显示出了明显的夏高冬低的季节变化。长岛位于农业发达地区华北平原的下风向，紧邻山东半岛，上述的大气变化势必在长岛大气中得到反映。同时也不排除长岛本地少量的 HCHs 和 DDTs 的历史残留影响，而且在每年夏季休渔期，用来维护渔船的含 DDTs 类船舶防污漆的使用也是造成夏季 DDTs 升高的原因之一。

HCB 和 PCBs 的季节变化与上述两个化合物的变化不同。HCB 从夏季至春季逐步升高，而 PCBs 也略显逐步升高的趋势。环境中的 HCB 来源较多，中国禁止将 HCB 作为农药直接施用，主要是用其作为中间体生产五氯酚和五氯酚钠，而氯化生产和燃料燃烧过程中会产生 HCB 副产物[9]。PCBs 在中国生产较少，仅占全球的 1%，主要用于电力设备中，但这些产品已在 20 世纪 80 年代初禁用[9]，环境中 PCBs 的含量较低[35,41]，而氯化生产和燃料燃烧过程中也会产生 PCBs 副产物[9]。长岛作为不同源区的受体地区，大气中的 HCB 和 PCBs 受这些不规则排放源的影响，季节变化规律不明显。

在上述季节变化中，我们发现长岛大气中各类有机氯污染物的季节变化各具特色，即随温度变化表现不同。克-克方程能很好地表达大气浓度与温度的依赖程度，并结合实际情况，判断污染物来源。将各时段的 OCPs 浓度运用克-克方程（$\ln P = m/T + b$）进行计算，结果见表 4-6，发现 HCHs 的斜率最高，其次为 DDTs，接下来为 HCB 和 PCBs。通常来说斜率越大，大气污染物浓度受到当地源排放影响越大；斜率越小或者与温度无依赖性，即为长距离传输。但是上述指出长岛大气中 HCHs 主要来自长距离传输，而克-克方程的斜率指明受到当地源排放，两者矛盾。如前所述，长岛被农业发达的华北平原和山东半岛包围，处于下风向。大气途经上述地区，带来浓度较高的污染物，并在长岛当地表面介质富集，成为二次源影响当地大气[42]；DDTs 不但受到长距离传输的影响，当地排放也是一个主要因素。而 HCB 和 PCBs 斜率依次降低，甚至出现正值，这个结果指示 HCB 和 PCBs 主要来自大气长距离传输。HCB 是一种挥发性较强的化合物，容易在大气中分布均匀。长岛无显著的污染排放源，国内未将 HCB 当作农药使用过，因此尽管长岛处于 HCB 生产地天津的下风向，与天津的隔海相望也使得 HCB 在长距离传输充分混匀，在长岛大气中的 HCB 主要来自大气长距离传输。PCBs 国内使用较少，长岛大气中 PCBs 浓度的克-克方程的斜率更能很好地体现出 PCBs 主要来自大气传输。而且我们推断长岛大气中的 HCB 和 PCBs 应该属于大气平流传输，而非气团传输而致[42]。

表 4-6　长岛大气克-克方程结果

	监测站					气象局			
	n	m	b	r	p	n	m	b	r	p
α-HCH	6	−9133	11.0	−0.979	<0.0005	6	−8333	7.96	−0.976	<0.001
β-HCH	5	−11286	16.3	−0.965	<0.01	5	−11303	16.3	−0.872	0.0537
γ-HCH	6	−9808	12.5	−0.942	<0.005	6	−9634	11.7	−0.918	<0.01
δ-HCH	5	−14136	25.7	−0.888	<0.05	5	−12348	19.2	−0.796	0.108
HCB	6	−437	−18.6	−0.132	0.803	6	−437	−18.6	−0.132	0.803
p,p'-DDE	6	−7877	5.59	−0.925	<0.01	6	−7712	5.418	−0.982	<0.0005
p,p'-DDD	6	−9191	7.58	−0.984	<0.0005	6	−4051	−8.73	−0.635	0.175
o,p'-DDT	6	−10096	12.8	−0.976	<0.001	6	−9724	12.7	−0.975	<0.0001
p,p'-DDT	6	−10924	15.8	−0.993	<0.0001	6	−8884	10.4	−0.946	<0.01
PCB28	6	6221	−45.3	0.613	0.196	6	4212	−38.1	0.509	0.302
PCB52	6	5320	−43.4	0.601	0.207	6	3228	−36.0	0.464	0.354
	通信站					博物馆			
	n	m	b	r	p	n	m	b	r	p
α-HCH	6	−8217	7.49	−0.992	<0.0001	6	−8032	6.93	−0.975	<0.001
β-HCH	5	−11719	17.5	−0.945	<0.05	5	−12410	19.6	−0.868	0.0565
γ-HCH	6	−10092	13.2	−0.951	<0.005	6	−8759	8.52	−0.943	<0.005
δ-HCH										
HCB	6	−437	−18.6	−0.132	0.803	6	−437	−18.6	−0.132	0.803
p,p'-DDE	6	−7016	2.73	−0.912	<0.05	6	−7674	4.51	−0.922	<0.01
p,p'-DDD	6	−8349	5.52	−0.913	<0.05	6	−7874	2.62	−0.885	<0.05
o,p'-DDT	6	−8474	7.92	−0.867	<0.05	6	−8047	5.63	−0.935	<0.01
p,p'-DDT	6	−9212	10.9	−0.889	<0.05	6	−7387	3.61	−0.909	<0.05
PCB28	6	6533	−46.3	0.548	0.260	6	7074	−48.0	0.581	0.226
PCB52	6	3239	−35.9	0.288	0.580	6	3618	−37.2	0.378	0.461

注：n 为样品数，m 为斜率，b 为截距，r 为相关系数，p 为显著性。

　　如天津，我们也将长岛 2008 年和 2007 年两个春季浓度做了一下比较，同样也发现长岛 2008 年春季大气中 OCPs 浓度普遍高于 2007 年春季（表 4-7）。长岛与天津相距约 400 km，而季节变化如此相似。鉴于长岛的区域受体点的地理位置，可以推断长岛与天津的区域相似性。因此在 4.6 节中我们将集中讨论包括长岛及天津在内的华北区域大气中 POPs 的相互关系。

表 4-7　长岛 2008 年春季 OCPs 浓度与 2007 年春季 OCPs 浓度比值

	监测站	气象局	通信站	博物馆
α-HCH	1.93	1.35	1.47	1.93
β-HCH	1.39	1.24	0.89	0.62
γ-HCH	0.95	0.77	0.82	1.02
δ-HCH	1.45	3.03		
HCB	2.32	2.32	2.32	2.32
p,p'-DDE	1.43	1.45	1.65	1.83
p,p'-DDD	1.70	1.23	2.51	3.04
o,p'-DDT	1.69	1.34	2.90	2.54
p,p'-DDT	1.53	1.11	2.75	2.14
PCB28	5.47	4.93	7.68	10.24
PCB52	3.78	4.26	5.24	7.33

4.6　长岛-天津有机氯污染物相对化学组成的比较

4.6.1　长岛地区大气中有机氯污染物的组成特征

在 3.5 节中得知，PAS 所得大气体积浓度有较大不确定性，但相对组成是准确的。如第 3 章，我们将长岛各时段大气中 11 个 OCPs 加和归一化，得到每个化合物的质量分数，对于 4 个点位 5 个季节时段的数据，得到有机氯污染物的 20 组质量分数数据，其统计结果见表 4-8。根据均值判断，HCB、HCHs 和 DDTs 均占有较大份额；HCHs 以 α-HCH 为主，DDTs 以 p,p'-DDT 为主。值得注意的是，各个化合物的质量分数均有较大变化范围。引起这些变化的因素很多，例如，点位的空间差异、温度的季节性变化、源排放的分布等。以下将通过对长岛和天津两地的相关性分析和聚类分析阐述这些因素的影响。

表 4-8　长岛地区大气中有机氯污染物质量分数的统计结果

化合物	最大值	最小值	均值	标准偏差	相对标准偏差
α-HCH	0.271	0.052	0.149	0.064	0.43
β-HCH	0.045	0.000	0.016	0.012	0.78
γ-HCH	0.122	0.017	0.062	0.033	0.53
δ-HCH	0.037	0.000	0.006	0.009	1.38
HCB	0.730	0.135	0.429	0.158	0.37
p,p'-DDE	0.109	0.025	0.074	0.023	0.32

续表

化合物	最大值	最小值	均值	标准偏差	相对标准偏差
p, p'-DDD	0.038	0.002	0.012	0.009	0.75
o, p'-DDT	0.183	0.017	0.083	0.043	0.52
p, p'-DDT	0.365	0.016	0.133	0.089	0.66
PCB28	0.122	0.004	0.028	0.034	1.22
PCB52	0.023	0.001	0.007	0.007	0.92

4.6.2 长岛-天津有机氯污染物相对化学组成相关性分析

长岛和天津大气中 OCPs 污染来源有可能不同，但考虑到长岛位于天津地区的下风向，前者势必受到后者排放的污染物的影响。因此对两地相对化学组成进行了相关性分析，以明确天津大气中 POPs 对长岛的影响，从而推断中国大气中的 POPs 对整个东亚地区大气中 POPs 的贡献。表 4-9 列出了天津-长岛各站点组分百分比之间的相关性。从中可以看出，两个春季时段的相关性情况类似，天津地区市区站点（市站）、郊区站点（团泊洼）和农村站点（宝坻和于桥）的 OCPs 组成特征相互之间显著性相关；两个工业站点塘沽和汉沽的相关性较差，即它们之间 OCPs 组成特征有较大差异，塘沽以 HCHs 和 HCB 为主，汉沽以 DDTs 为主（参见第 3 章），两地不同的产业结构造成了两者不同的 OCPs 组成特征；此外塘沽和两个农村站点的差异性也较大，而汉沽却是显著相关，说明春季天津地区大气中的 OCPs 主要受汉沽影响。长岛地区 OCPs 组成特征都显著性相关，说明各站点 OCPs 污染源相似。两地之间的相关系数显示，塘沽与长岛的相关性较差，而天津其他站点与长岛的相关性整体上较相似。

与春季不同的是，夏季天津地区汉沽与其余点位的相关性都较差，而剩余站点之间相关性较强，揭示夏季天津大气中的 OCPs 受塘沽的控制。长岛气象局与监测站和博物馆较差，这主要与气象局大气中 DDTs 浓度高，附近有 DDTs 污染源有关。两地之间的相关性表明，监测站和博物馆与天津的 5 个站点（汉沽除外）显著相关；存在相同排放源的站点，如气象局和汉沽相关性较好，与其余关系均较差；通信站由于受到稀释和森林过滤作用，DDTs 相对含量降低，使之与天津的其他站点组成特征显著相关，但相关系数一般；而与塘沽排放源不同，两者的相关性势必较差。

秋季和冬季天津和长岛各自的相关性和两地之间的相关性都比春夏季好，冬季是所有季节中最好的。而 2006 年 7 月至 2007 年 3 月涵盖了夏秋冬三个季节，时间较长，天津主要是两个工业站点相关性较差，长岛相关性较好。两地之间的相关性表明，只有塘沽与长岛相关性较差。

　　结合两地的离地 500 m 高空的塘沽 72 小时正向风迹图和长岛 72 小时反向风迹图［根据美国国家海洋与大气管理局（NOAA）的 HYSPLIT 模型软件所做］，可以观察到秋冬季的强相关性与欧亚大陆盛行西北季风有关，来自天津地区的气流影响了长岛地区。而夏季以东南季风为主，华北地区（包括天津）和长岛之间的气流相互影响是通过迂回实现的，两地之间除了有点源污染的相关性较差之外，其余的相关性均较好。春季和采样第一时段（2006 年 7 月至 2007 年 3 月）两地之间的气流有一定的影响，除去有点源污染站点的相关性较差之外，其余相关性也较显著。而且我们还发现长岛 HCHs 质量浓度主要沿主导风向的西北—东南方向下降。除了长岛植被对半挥发性有机污染物的吸附和过滤作用，这种"顺风递减"的特征表明 HCHs 化合物主要来源不在长岛本地，而在其上风方向，即天津地区。因此我们推断长岛主要受到环渤海区域 OCPs 排放的影响，是一个典型的区域受体。

表 4-9　天津-长岛各站点相对化学组成之间的相关性

	市站	团泊洼	宝坻	于桥	塘沽	汉沽	监测站	气象局	博物馆	通信站
2006 年 7 月至 2007 年 3 月（夏、秋和冬）										
市站	1									
团泊洼	0.984	1								
宝坻	0.994	0.987	1							
于桥	0.994	0.976	0.998	1						
塘沽	0.702	0.796	0.698	0.659	1					
汉沽	0.900	0.885	0.919	0.925	0.539	1				
监测站	0.972	0.957	0.981	0.983	0.675	0.928	1			
气象局	0.646	0.607	0.671	0.688	0.346	0.724	0.778	1		
博物馆	0.976	0.948	0.985	0.992	0.602	0.942	0.990	0.759	1	
通信站	0.907	0.864	0.923	0.936	0.496	0.917	0.967	0.884	0.971	1
2007 年 3～6 月（春）										
	市站	团泊洼	宝坻	于桥	塘沽	汉沽	监测站	气象局	博物馆	通信站
市站	1									
团泊洼	0.999	1								
宝坻	0.991	0.986	1							
于桥	0.984	0.976	0.994	1						
塘沽	0.666	0.687	0.561	0.548	1					
汉沽	0.721	0.734	0.734	0.708	0.424	1				
监测站	0.963	0.960	0.973	0.976	0.547	0.824	1			
气象局	0.629	0.625	0.664	0.654	0.254	0.850	0.743	1		
博物馆	0.963	0.958	0.985	0.980	0.484	0.812	0.989	0.760	1	
通信站	0.837	0.833	0.871	0.862	0.372	0.903	0.922	0.937	0.935	1

续表

| 2007 年 6～9 月（夏） | | | | | | | | | |
市站	团泊洼	宝坻	于桥	塘沽	汉沽	监测站	气象局	博物馆	通信站
市站	1								
团泊洼	0.996	1							
宝坻	0.990	0.995	1						
于桥	0.946	0.958	0.979	1					
塘沽	0.903	0.883	0.844	0.724	1				
汉沽	0.160	0.158	0.189	0.206	−0.015	1			
监测站	0.945	0.942	0.940	0.885	0.849	0.438	1		
气象局	0.133	0.124	0.159	0.154	0.029	0.845	0.394	1	
博物馆	0.907	0.911	0.926	0.904	0.744	0.511	0.973	0.503	1
通信站	0.616	0.605	0.635	0.618	0.464	0.796	0.806	0.851	0.868	1

| 2007 年 9～12 月（秋） | | | | | | | | | |
市站	团泊洼	宝坻	于桥	塘沽	汉沽	监测站	气象局	博物馆	通信站
市站	1								
团泊洼	0.994	1							
宝坻	0.996	0.991	1						
于桥	0.988	0.972	0.994	1					
塘沽	0.848	0.888	0.820	0.759	1				
汉沽	0.966	0.955	0.973	0.978	0.761	1			
监测站	0.977	0.983	0.979	0.963	0.863	0.967	1		
气象局	0.808	0.805	0.824	0.826	0.641	0.864	0.895	1	
博物馆	0.974	0.974	0.980	0.971	0.822	0.973	0.995	0.915	1
通信站	0.913	0.907	0.925	0.927	0.726	0.945	0.961	0.976	0.978	1

| 2007 年 12 月至 2008 年 3 月（冬） | | | | | | | | | |
市站	团泊洼	宝坻	于桥	塘沽	汉沽	监测站	气象局	博物馆	通信站
市站	1								
团泊洼	0.994	1							
宝坻	1.000	0.992	1						
于桥	0.995	0.986	0.995	1					
塘沽	0.932	0.963	0.925	0.910	1				
汉沽	0.995	0.998	0.993	0.983	0.958	1			
监测站	0.997	0.988	0.997	0.999	0.914	0.987	1		
气象局	0.970	0.954	0.972	0.969	0.864	0.957	0.975	1	
博物馆	0.987	0.979	0.988	0.997	0.898	0.975	0.996	0.977	1
通信站	0.987	0.975	0.988	0.994	0.889	0.975	0.996	0.986	0.998	1

续表

2008 年 3～6 月（春）										
	市站	团泊洼	宝坻	于桥	塘沽	汉沽	监测站	气象局	博物馆	通信站
市站	1									
团泊洼	**0.936**	1								
宝坻	**0.960**	**0.801**	1							
于桥	**0.897**	0.684	**0.984**	1						
塘沽	0.789	**0.938**	*0.593*	*0.450*	1					
汉沽	**0.854**	0.668	**0.925**	**0.932**	*0.426*	1				
监测站	**0.903**	0.700	**0.982**	**0.992**	*0.463*	**0.961**	1			
气象局	0.717	*0.480*	**0.839**	**0.880**	*0.228*	**0.939**	0.914	1		
博物馆	**0.861**	0.636	**0.963**	**0.987**	*0.382*	**0.961**	**0.994**	**0.940**	1	
通信站	0.639	*0.410*	0.761	**0.806**	*0.169*	**0.905**	0.850	**0.989**	0.885	1

注：加粗为相关性好且显著（$p < 0.05$）；斜体代表相关性较差且不显著；未加任何标记表示相关性一般但显著。灰色填充的表示长岛和天津两地 OCPs 百分组成的相关性。

4.6.3 长岛-天津有机氯污染物相对化学组成聚类分析

以上的相关性分析可以提供各个采样时段长岛-天津两地相对组成的关联性，并间接反映数据的相似性，但不能直观反映两地组成特征的相似性，聚类分析恰好能弥补以上的不足。在本节中，聚类分析仍旧采用法国 Addinsoft 公司的 XL-STAT 软件，对长岛 4 个采样点及天津 6 个站点 5 个季节时段进行了聚类分析，方法原理见 3.5 节。大气样品根据点位的名称和季节命名，监测站，CJ；气象局，CQ；通信站，CT；博物馆，CB（其中 C 代表长岛，其余字母为中文拼音首字母）；春季，s（2007 年春季：s1；2008 年春季：s2）；夏季，u；秋季，a；冬季，w。天津命名见第 3.5 节。我们首先对长岛的 20 个大气样品进行聚类分析，然后对天津、长岛两地的 50 个样品进行聚类分析。

对长岛地区的聚类分析得到 5 个分组，见图 4-11，从左到右分别是"春秋-QT"、"HCHs"、"DDTs"、"春秋-BJ"和"冬季"。5 个分组的均值见表 4-10。

表 4-10　长岛地区大气中有机氯污染物相对化学组成聚类分析所得 5 个分组的均值[*]

分组	春秋-BJ	HCHs	冬季	DDTs	春秋-QT
α-HCH	0.190	**0.265**	0.067	0.133	0.129
β-HCH	0.017	**0.041**	0.000	0.022	0.014
γ-HCH	0.079	**0.106**	0.021	0.072	0.050
δ-HCH	0.006	**0.022**	0.000	0.010	0.004

续表

分组	春秋-BJ	HCHs	冬季	DDTs	春秋-QT
HCB	0.480	0.258	**0.655**	0.210	0.389
p,p'-DDE	0.074	0.089	0.040	**0.095**	0.082
p,p'-DDD	0.006	0.009	0.012	**0.020**	0.015
o,p'-DDT	0.056	0.090	0.036	**0.148**	0.113
p,p'-DDT	0.068	0.115	0.063	**0.283**	0.185
PCB28	0.019	0.005	**0.089**	0.005	0.014
PCB52	0.007	0.002	**0.018**	0.002	0.005

* 春秋-BJ、HCHs、冬季、DDTs、春秋-QT 这 5 个分组的样品数目分别为 6、2、4、3、5；5 个分组之间比较得到的最大值用粗体显示。

注："春秋-BJ"中 B 表示博物馆，J 表示监测站；"春秋-QT"中 Q 表示气象局，T 表示通信站。

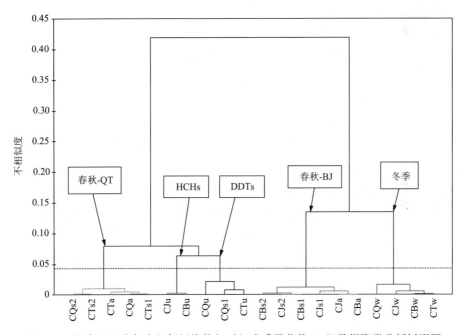

图 4-11 长岛地区大气有机氯污染物相对组成质量分数 20 组数据聚类分析树形图

"HCHs"和"DDTs"分组主要由夏季样品组成，有机氯污染物浓度高；其中监测站和博物馆的夏季样品 HCHs 含量高，组成了"HCHs"分组；气象局和通信站的夏季样品 DDTs 含量高，形成"DDTs"分组，由于局地源 DDTs 排放突出，气象局春季样品（CQs1）也归入了"DDTs"分组。

"春秋-QT"分组在树形图（图 4-11）中与"HCHs"和"DDTs"分组相邻，由气象局和通信站的 5 个春季和秋季样品构成。可见其化学组成（见表 4-11）和点位属性均与"DDTs"分组很相似。这三个分组在树形图（图 4-11）中汇成一枝。

表 4-11　天津-长岛区域大气中有机氯污染物质量分数聚类 4 个分组的平均值

分组	HCHs	春秋季	DDTs	冬季
α-HCH	**0.390**	0.215	0.153	0.095
β-HCH	**0.043**	0.020	0.034	0.003
γ-HCH	**0.146**	0.089	0.061	0.025
δ-HCH	**0.036**	0.009	0.009	0.000
HCB	0.301	0.525	0.300	**0.727**
p,p'-DDE	0.032	0.048	**0.098**	0.025
p,p'-DDD	0.001	0.002	**0.013**	0.005
o,p'-DDT	0.021	0.030	**0.131**	0.019
p,p'-DDT	0.015	0.032	**0.189**	0.029
PCB28	0.012	0.023	0.009	**0.060**
PCB52	0.003	0.007	0.003	**0.013**

注：分组"HCHs"、"春秋季"、"DDTs"、"冬季"的样品数目分别为 10、18、13、9；4 个分组之间比较得到的最大值用粗体标示。

　　"冬季"分组有 4 个样本，分别为 4 个点位的冬季样品，有机氯污染物总体浓度低；挥发性强的组分如 HCB 和低氯取代的 PCBs 化合物组成突出。这反映了季节变化的重要影响以及区域性的化学组成相似而使 4 个点位聚为一组。"春秋-BJ"分组在图 4-11 中与"冬季"分组为邻，汇成一枝。"春秋-BJ"分组由监测站和博物馆的 6 个春季和秋季样品构成。

　　综上所述，由于气象局附近的渔船码头船舶防污漆使用所引起的 DDTs 局地污染和排放的影响，长岛的 4 个点位的有机氯污染物化学组成分成了 2 组，气象局和邻近的通信站为一组，距离较远的监测站和博物馆为一组。长岛是受体区域，4 个点位南北相距 12 km，东西跨越 8 km，覆盖的区域较小，当地的人为源排放较少，各点位之间有机氯污染物化学组成相似是很自然的；然而聚类分析揭示了长岛样品和点位之间的差异，反映了 DDTs 污染源局地排放、季节温度等因素的重要影响。

　　长岛和天津的大气被动样品采集是同步实施的，这为我们比较相距约 400 km 的 2 个地区的有机氯污染物的化学组成创造了条件。长岛和天津共 10 个点位 5 个季节时段的样品，得到有机氯污染物的 50 组质量分数的数据样本。得到 4 个分组，见图 4-12，从左到右分别是"春秋季"、"冬季"、"DDTs"、"HCHs"分组。4 个分组的均值见表 4-11。

　　"HCHs"分组有 10 个样品，HCHs 组分突出，含量高，全部为天津样品；

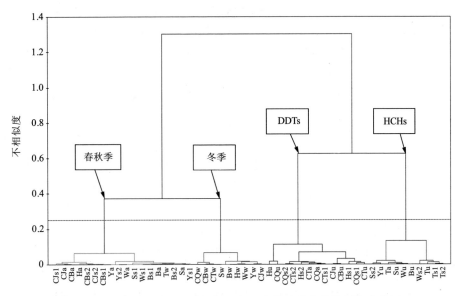

图 4-12　天津-长岛区域 50 组有机氯污染物质量分数数据聚类分析

冬季以外的 4 个塘沽样品集中在这个分组，具有排放源区的特征。位于塘沽的大沽化工厂曾经是我国 HCHs 的重要生产厂家，至 2000 年底停止生产。本研究所有采样时段，塘沽点位的 HCHs 浓度均比其他点位高，客观地反映了 HCHs 生产的历史事实[28]。汉沽以外的 5 个点位的夏季样品集中在这个分组，具有季节特征；夏季 HCHs 的挥发性和大气传输的能力强，导致天津地区大气有机氯污染物浓度高，相对组成相似，即区域性的特征。

"DDTs"分组有 13 个样品，共同的特征是 DDTs 含量高，其中天津样品 3 个均为汉沽工业区的样品。长岛样品 10 个，包括气象局的 4 个夏春秋季样品，通信站的 4 个夏春秋季样品，以及监测站和博物馆的夏季样品。这个分组具有明显的 DDTs 源排放的特征，反映了天津汉沽的 DDTs 生产厂的排放贡献和长岛气象局附近港口含 DDTs 类船舶防污漆使用的影响[4,35]。

"冬季"分组有 9 个样品，全部是天津、长岛两地的冬季样品，有机氯污染物总体浓度低；挥发性强的组分如 HCB 和低氯取代的 PCBs 化合物组成突出。这同样反映了季节变化的重要影响以及相对组成在天津-长岛的大尺度范围内的相似和一致。唯一例外是塘沽冬季样本 Tw，作为典型的 HCHs 排放源点位，尽管在冬季仍然有高于其他点位的 HCHs 组成，所以归入了"春秋季"分组，这是合理和可以解释的。

"春秋季"分组有 18 个样品，17 个为春秋季样品，包括天津的所有 6 个站点的 11 个样品（其中远郊区的宝坻和于桥各有 2 个春季和 1 个秋季样品），长岛的 6 个样品（监测站和博物馆各有 2 个春季和 1 个秋季样品）。春秋季样品的浓度居中，组成比较均匀，在表 4-12 中没有最大值。值得特别注意的是，天津北部的远郊区点位和长岛的 2 个较清洁的点位，相距约 400 km 之遥，却有如此的相似性，只能归因于有效的区域性大气扩散和长距离传输。从源区到受体区域的大气扩散和传输过程中，由于稀释、扩散效应，有机氯污染物的浓度会逐步降低；由于降解、沉降和吸附等环境过程，有机氯污染物的化学组成也会有变化；但是应该保留和体现一定程度的化学组成的相似性。被动采样技术和聚类分析方法给出的结果是符合预期的。"春秋季"分组的 18 个样品进而分为 2 个小组（图 4-12），是天津和长岛样品基本上在更高的相似性水平上各自形成的小组。这表明基于被动采样技术的相对化学组成数据质量很好，可以准确地反映样品之间的细微差异。

天津和长岛样品的聚类分析得到的"HCHs"、"DDTs"分组汇成一枝，侧重反映了源排放突出的情况；而"春秋季"、"冬季"分组汇成一枝，集中反映了区域性相似的情况。研究结果表明天津、长岛整体上同属于环渤海的区域，天津和长岛之间具有一种"源区-受体"的关系。天津的农药和化工生产的历史背景会影响多大区域，持续多久时期，这仍然是一个值得关注的问题。

本章小结

1. 长岛的空间幅度不大。相对来说，HCHs 和 PCBs 的浓度及组成在长岛分布比较均匀。气象局和通信站附近存在 DDTs 点源污染，其附近的船厂是主要贡献源，另外遍布长岛的渔港也是，长岛大气受工业品 DDTs 相对比例较天津大。与天津浓度比较时发现，长岛地区 HCHs 和 HCB 浓度与天津的农村背景地区相当，PCBs 浓度低于天津，说明长岛 OCPs 浓度整体较低。而 DDTs 浓度与天津相当，主要是由含 DDTs 类船舶防污漆的使用引起的。

2. 林外浓度整体大于林内浓度，森林对大气中的 OCPs 有过滤作用，OCPs 的 $\lg K_{oa}$ 越大，越容易被植被吸附，导致林内大气 OCPs 浓度较低。

3. 季节变化的结果显示，HCHs 和 DDTs 比较明显，都是夏高冬低，具有很好的温度依赖性。克-克方程的斜率负值较大，反映了 HCHs 在整个环渤海区域季节分明的浓度变化；而 DDTs 主要是受夏季含 DDTs 类船舶防污漆的使用的影响。HCB 和 PCBs 的季节变化特征不明显。

4. 天津-长岛两地的 OCPs 组成特征比较相似，除了存在点源污染的站点，如塘沽、汉沽、气象局与其他站点间的组成特征相关性较差之外，两地组成特征还是相关性较强。各个采样时段天津和长岛两地的 OCPs 组成之间有很强的相似性（相关性），特别是冬秋季节。

5. 聚类分析的结果也显示天津-长岛区域的大气样品主要按照季节聚类，而不是按照功能区划聚类，表现出有机氯污染比较强的区域性特征。相距约400 km，天津北部的远郊区点位和长岛的清洁的点位之间的化学组成相似性，应归因于有效的区域性大气扩散和长距离传输。

6. 有机氯污染物的相对化学组成是大气有机氯污染的重要特征，可以作为一种"指纹"和"探针"技术，研究有机氯污染物的大气传输和区域分布。本研究所揭示的区域性大气扩散和长距离传输现象，并不局限于有机氯污染物，对于其他气相污染物甚至大气颗粒物也具有一定的参考意义。

7. 从浓度水平、组成特征、季节变化、相关和聚类分析的研究结果得出，长岛大气 POPs 主要受到环渤海区域排放的影响，是一个典型的区域受体。以上的结果均反映本次研究采样的 XAD-PAS 体积浓度换算方法的合理性，被动采样技术可作为有效的 POPs 履约工具大范围地在国内推广。

参 考 文 献

[1] Fu J M, Mai B X, Sheng G Y, et al. Persistent organic pollutants in environment of the Pearl River Delta, China: An overview. Chemosphere, 2003, 52: 1411-1422

[2] Li Y F, Cai D J, Singh A. Technical hexachlorocyclohexane use trends in China and their impact on the environment. Archives of Environmental Contamination and Toxicology, 1998, 35: 688-697

[3] Qiu X, Zhu T, Yao B, et al. Contribution of dicofol to the current DDT pollution in China. Environmental Science & Technology, 2005, 39 (12): 4385-4390

[4] Liu X, Zhang G, Li J, et al. Seasonal patterns and current sources of DDTs, chlordanes, hexachlorobenzene, and endosulfan in the atmosphere of 37 Chinese cities. Environmental Science & Technology, 2009, 43 (5): 1316-1321

[5] Genualdi S A, Simonich S L M, Primbs T K, et al. Enantiomeric signatures of organochlorine pesticides in Asian, trans-Pacific, and Western US air masses. Environmental Science & Technology, 2009, 43 (8): 2806-2811

[6] Shen L, Wania F, Lei Y D, et al. Hexachlorocyclohexanes in the north American atmosphere. Environmental Science & Technology, 2004, 38 (4): 965-975

[7] Harner T, Shoeib M, Kozma M, et al. Hexachlorocyclohexanes and endosulfans in urban,

rural, and high altitude air samples in the Fraser Valley, British Columbia: Evidence for trans-Pacific transport. Environmental Science & Technology, 2005, 39 (3): 724-731

[8] Jaward F M, Zhang G, Nam J J, et al. Passive air sampling of polychlorinated biphenyls, organochlorine compounds, and polybrominated diphenyl ethers across Asia. Environmental Science & Technology, 2005, 39 (22): 8638-8645

[9] The People's Republic of China: National implementation plan for the Stockholm Convention on persistent organic pollutants. In: government Cc ed; 2007

[10] 储少刚, 童逸平. 多氯联苯在典型污染地区环境中的分布及其环境行为. 环境科学学报, 1995, 15 (4): 423-432

[11] Wang D L, Cai Z W, Jiang G B, et al. Determination of polybrominated diphenyl ethers in soil and sediment from an electronic waste recycling facility. Chemosphere, 2005, 60: 810-816

[12] 李英明, 江桂斌, 王亚韡, 等. 电子垃圾拆解地大气中二噁英、多氯联苯、多溴联苯醚的污染水平及相分配规律研究. 科学通报, 2008, 53 (2): 165-171

[13] Inter-organization programme for the sound management of chemicals (IOMC), Proceedings of the UNEP workshop on training and management of dioxins/furans and PCBs, http://www.chem.unep.ch/pops/POPs_Inc/proceedings/korea/Korea_2000.pdf. In. Seoul, Republic of Korea: UNEP Chemicals, International Environment House; 2000

[14] Feng J L, Guo Z G, Chan C K, et al. Properties of organic matter in $PM_{2.5}$ at Changdao Island, China—A rural site in the transport path of the Asian continental outflow. Atmospheric Environment, 2007, 41: 1924-1935

[15] Meijer S N, Ockenden W A, Sweetman A, et al. Global distribution and budget of PCBs and HCB in background surface soils: Implications or sources and environmental processes. Environmental Science & Technology, 2003, 37 (4): 667-672

[16] Wania F, Mclachlan M S. Estimating the influence of forests on the overall fate of semivolatile organic compounds using a multimedia fate model. Environmental Science & Technology, 2001, 35: 582-590

[17] Barber J L, Thomas G O, Kerstiens G, et al. Current issues and uncertainties in the measurement and modelling of air-vegetation exchange and within-plant processing of POPs. Environmental Pollution, 2003, 128 (1-2): 99-138

[18] Wegmann F, Scheringer M, Moller M, et al. Influence of vegetation on the environmental partitioning of DDT in two global multimedia models. Environmental Science & Technology, 2004, 38: 1505-1512

[19] 中华人民共和国环境保护部. 2008 年中央财政主要污染物减排专项资金环境监测项目. In: 2008

[20] 中华人民共和国环境保护部. 2010 年全国环境监测工作要点. http://www.mep.gov.cn/

gkml/hbb/bgt/201001/t20100121_184736. htm ed, 2010

[21] Gouin T, Wania F, Ruepert C, et al. Field testing passive air samplers for current use pesticides in a tropical environment. Environmental Science & Technology, 2008, 42 (17): 6625-6630

[22] Wania F, Shen L, Lei Y D, et al. Development and calibration of a resin-based passive sampling system for monitoring persistent organic pollutants in the atmosphere. Environmental Science & Technology, 2003, 37 (7): 1352-1359

[23] Barber J L, Sweetman A J, van Wijk D, et al. Hexachlorobenzene in the global environment: Emissions, levels, distribution, trends and processes. Science of the Total Environment, 2005, 349 (1-3): 1-44

[24] Liu W J, Chen D Z, Liu X D, et al. Transport of semivolatile organic compounds to the Tibetan Plateau: Spatial and temporal variation in air concentrations in mountainous western Sichuan, China. Environmental Science & Technology, 2010, 44 (5): 1559-1565

[25] Zhang Z, Liu L Y, Li Y F, et al. Analysis of polychlorinated biphenyls in concurrently sampled Chinese air and surface soil. Environmental Science & Technology, 2008, 42 (17): 6514-6518

[26] Wang Y W, Yang R Q, Jiang G B. Investigation of organochlorine pesticides (OCPs) in mollusks collected from coastal sites along the Chinese Bohai Sea from 2002 to 2004. Environmental Pollution, 2007, 146 (1): 100-106

[27] Wang J, Guo L L, Li J, et al. Passive air sampling of DDT, chlordane and HCB in the Pearl River Delta, South China: Implications to regional sources. Journal of Environmental Monitoring, 2007, 9: 582-588

[28] Zheng X Y, Chen D Z, Liu X D, et al. Spatial and seasonal variations of organochlorine compounds in air on an urban-rural transect across Tianjin, China. Chemosphere, 2010, 78 (2): 92-98

[29] Ding X, Wang X M, Xie Z Q, et al. Atmospheric hexachlorocyclohexanes in the North Pacific Ocean and the adjacent Arctic region: Spatial patterns, chiral signatures, and sea-air exchanges. Environmental Science & Technology, 2007, 41 (15): 5204-5209

[30] 杨文, 赵全升, 陈大舟, 等. 大气中痕量持久性有机污染物年均值的测定. 环境监测管理与技术, 2008, 20 (6): 16-21

[31] Wang X P, Yao T D, Cong Z Y, et al. Gradient distribution of persistent organic contaminants along northern slope of central-Himalayas, China. Science of the Total Environment, 2006, 372 (1): 193-202

[32] Willett K L, Ulrich E M, Hites R A. Differential toxicity and environmental fates of hexachlorocyclohexane isomers. Environmental Science & Technology, 1998, 32 (15): 2197-2207

[33] Jaward F M, Farrar N J, Harner T, et al. Passive air sampling of PCBs, PBDEs, and organochlorine compounds across Europe. Environmental Science & Technology, 2004, 38 (1): 34-41

[34] Sun P, Ilora, Basu, et al. Temporal and spatial trends of atmospheric polychlorinated biphenyl concentrations near the Great Lakes. Environmental Science & Technology, 2007, 41 (4): 1131-1136

[35] Ren N Q, Que M X, Li Y F, et al. Polychlorinated biphenyls in Chinese surface soils. Environmental Science & Technology, 2007, 41: 3871-3876

[36] Yang Y Y, Li D L, Mu D. Levels, seasonal variations and sources of organochlorine pesticides in ambient air of Guangzhou, China. Atmospheric Environment, 2008, 42 (4): 677-687

[37] Li Y M, Jiang G B, Wang Y W. Concentrations and gas-particle partitioning of PCDD/Fs, PCBs and PBDEs in the ambient air of an E-waste dismantling area, Southeast China. Chinese Science Bulletin 2008, 53 (4): 521-528

[38] Shoeib M, Harner T. Using measured octanol-air partition coefficients to explain environmental partitioning of organochlorine pesticides. Environmental Toxicology and Chemistry, 2002, 21 (5): 984-990

[39] Li N, Wania F, Lei Y D, et al. A comprehensive and critical compilation, evaluation, and selection of physical-chemical property data for selected polychlorinated biphenyls. Journal of Physical and Chemical Reference Data, 2003, 32 (4): 1545-1590

[40] Tao S, Xu F L, Wang X J, et al. Organochlorine pesticides in agricultural soil and vegetables from Tianjin, China. Environmental Science & Technology, 2005, 39 (8): 2494-2499

[41] Xing Y, Lu Y L, Dawson R W, et al. A spatial temporal assessment of pollution from PCBs in China. Chemosphere, 2005, 60: 731-739

[42] Wania F, Haugen J E, Lei Y D, et al. Temperature dependence of atmospheric concentrations of semivolatile organic compounds. Environmental Science & Technology, 1998, 32 (8): 1013-1021

第5章　持久性有机污染物大气传输：
成都平原-川西山区

本章导读

　　本章和前两章相似，基于大气被动采样样品直接研究大气传输过程，研究区域选在由成都平原和四川西部山区的卧龙自然保护区构成的平原向山区过渡的典型区域。

　　研究发现卧龙自然保护区的大气 HCB 浓度相当稳定，很少变化，提出用 HCB 浓度推算大气被动采样期采样速率的技术方法（5.1节）。

　　讨论了持久性有机污染物大气浓度水平及其沿海拔梯度的分布和季节变化（5.2～5.5节）。

　　讲述了卧龙山区持久性有机污染物的局地污染现象的观测（5.3节）。

　　讨论了大气传输过程对于卧龙山区持久性有机污染物的贡献（5.4节，5.5节）。

　　运用持久性有机氯污染物组成探针研究区域性大气传输（5.5节）。

　　半挥发性有机化合物（SVOC），包括有机氯污染物（OCPs）和多氯联苯（PCBs）均有能力经历长距离大气传输；结果是在全球范围广泛的检出。特别是长距离传输过程把这些化合物送往高纬度与高海拔地区，造成边远地区生态系统的负面影响。不少前期研究关注山区的 SVOC[1-3]。环境介质中 SVOC 浓度和组成的短期变化可最直接地反映在大气中。但是大气浓度的测量在高海拔地区困难得多，一般局限于有电力供应的点位[4,5]。近年开发的被动大气采样器（PAS）技术[6]使得那些没有电力供应、日常维护很困难的边远山区的研究工作成为可能。

　　青藏高原的东缘海拔梯度陡峭，邻近人口密集、迅速工业化的地区，特别易受空气污染的影响[7]。四川西部山区的卧龙自然保护区，对沿巴郎山迎风坡采集的土壤样品 SVOC 浓度的诠释，确认了山区冷捕集效应存在的可能性[8]。本研究沿巴郎山迎风坡采集大气样品，大气被动采样器连续放置了五个周期，每个周期是 6 个月，覆盖了 2005 年 10 月到 2008 年 4 月这两年半的时期。大气样品中的几种 OCPs 和 PCBs 用气相色谱-高分辨质谱（GC-HRMS）测定。为了研究大气长距离传输和土-气交换过程，我们研究了 SVOC 大气浓度沿海拔梯度的分布和季节性的变化，还同成都平原的成都市的大气浓度做了比较，以及与相同地点的土壤浓度做了比较分析。

5.1　大气被动采样器采样速率的确定

5.1.1　研究区域与大气被动采样

卧龙自然保护区属于四川省阿坝藏族和羌族自治州汶川县境内，位于成都平原和青藏高原之间的过渡地带（图 5-1）。气候和地表植被沿山坡变化很大，温度随海拔上升而下降，有些山峰的积雪终年不化，风速和阳光辐射也剧烈变化。2000 m 以下是以阔叶林为主，2000～2600 m 是阔叶针叶混合林，2600～3600 m 是以针叶林为主，3600～4000 m 是高山灌木和草甸，4000 m 以上只有高山草甸。

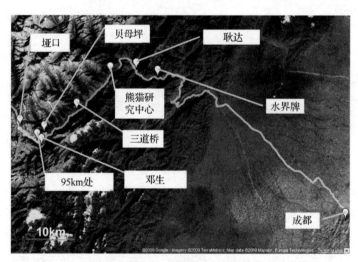

图 5-1　图示卧龙自然保护区所在的四川西部山区和成都平原，
还标识成都市以及沿 303 省道放置大气被动采样器的 8 个点位[29]

303 省道穿过卧龙自然保护区，沿巴郎山的迎风坡而上，抵达巴郎山垭口（4485 m）。2005 年 10 月至 2008 年 4 月，沿 303 省道的 7 个地点，放置了大气被动采样器，选用类型为第 2 章中提到过的 XAD-PAS，XAD-2 树脂清洗及采样过程中的注意事项见 3.1.1 节。每个样品的采集时间持续 6 个月，连续 5 批次的采样。这样就有了 3 个冬半年和 2 个夏半年的样品，共 50 个。7 个采样点位一般均

放置平行双样，唯一例外是巴郎山垭口。水界牌点位仅存在一年，因为 303 省道
拓宽工程施工而损毁；继而添加高海拔垭口点位，使卧龙自然保护区采样点位数
维持 7 个。在每个采样时间段将 2 个装有干净 XAD-2 树脂的芯管带到现场，装入
采样筒，随即取出，作为现场空白带回实验室。如此，共产生 10 个现场空白
样品。

从 2007 年 4 月至 2008 年 4 月，又添加放置一对 PAS 在成都市的武侯祠-洗
面桥，海拔 507 m，从而获得 2 对为期 6 个月的样品。成都市人口 1100 万人，位
于卧龙自然保护区东面的成都平原，两地相距约 80～150 km。表 5-1 给出了采样
点位的地理坐标和海拔高度以及植被覆盖的情况。卧龙自然保护区的海拔最低与
最高的两个采样点位之间的距离约 80 km。大多数点位距离山谷中的溪流不远，
但是邓生以上的高海拔点位沿迎风坡放置，远离了溪流。每个 PAS 样品的采样时
间均为 182 天。

表 5-1　卧龙自然保护区以及成都市大气采样点位的海拔高度、地理坐标、植被覆盖情况

采样点位	海拔高度/m	东经	北纬	植被
垭口	4485	102°53.74′	30°54.69′	高山草甸
95 km 处	3619	102°57.37′	30°52.40′	高山草甸
贝母坪	3377	102°58.91′	30°53.80′	高山灌木-草甸
邓生	2828	102°58.34′	30°51.48′	低温针叶林
三道桥	2190	103°05.99′	30°57.81′	针叶落叶混合林
中国保护大熊猫研究中心（熊猫研究中心）	1847	103°13.15′	31°04.41′	落叶阔叶混合林
耿达	1439	103°18.72′	31°05.08′	常绿阔叶林
水界牌	1242	103°23.39′	31°03.72′	常绿阔叶林
成都	507	104°02.93′	30°38.63′	常绿阔叶林

大气被动采样器（PAS）的结构和组成部件在前面的章节中已经介绍，这里
不再重复。成都-卧龙区域研究中，PAS 一般放置高度为地面以上 1.5 m，或建筑
物顶以上 1.5 m。大气中的污染物是通过扩散效应进入采样器，进而被 XAD 树脂
所吸附吸收。吸收的污染物的量除以采样体积即可转化为大气体积浓度；而采样
体积可以通过采样时段的天数与每天采集的空气体积，即采样速率 R（单位：
m^3/d）相乘得到。

5.1.2 样品处理与色谱分析

参见 3.1.2 节。

5.1.3 质量控制

溶剂空白实验：模拟样品处理索氏提取、蒸发、转溶、氮吹的全过程，其检测结果显示 11 种目标被测物均未检出（ND）。现场空白实验，在采样点模拟安装后即取回，与同批次样品共同保存处理。检测下限为现场空白多次测量的平均值与 3 倍标准偏差的加和。当现场空白中未检出时，检测下限采用该物质低浓度溶液多次测量的 3 倍标准偏差。本研究被测物的检出下限处于 0.05 pg/m³ 和 2 pg/m³ 之间。

基质加标实验：取 20 g 干净采样介质，加入混合标样，模拟样品处理全过程。6 个基质加标样品实验中 8 个化合物回收率数据变化范围为 74%±10%。大气被动采样器样品的替代内标化合物 2,4,5,6-四氯间二甲苯（TMX）的回收率范围为 64%±7%，PCB209 的回收率均值为 94%±6%。p,p'-DDT 进样口分解率小于 10%，符合低于 15% 的要求。

5.1.4 空域的计算

空域图是一种基于大量气象数据统计计算得到的反向风迹的概率密度地图。选取卧龙自然保护区 95 km 处采样点位为基点。采用加拿大气象中心轨迹模型，计算到达该点位上空 50 m、100 m、200 m 高度的前 5 天的反向风迹，以 6 小时为间隔，统计计算 5 个月，分别是 2005 年 11 月至来年 4 月（冬半年），2006 年 5～9 月（夏半年），得到 2 个半年期的空域图（图 5-2）。如图所示成都平原是处于气团轨迹最密集的区域。途径成都平原的东风在全年盛行。至于气团更远的来源区域则存在季节差异。在夏半年气团来自广阔的沿海地区，从海南、广东、广西到黄河与长江中下游的山东、江苏、河南、安徽、湖北，以及华北的陕西、甘肃、青海、内蒙古；在冬半年气团来自黄河与长江中下游地区，以及南边的云南，西边的青藏高原，西北的陕西、甘肃、新疆。

5.1.5 计算目标化合物的大气体积浓度

PAS 采集的目标化合物的量（单位：ng/PAS）如表 5-2 所示。可见 HCB 的量是最高的；α-HCH，γ-HCH，o,p'-DDT 的量居中；PCB28，PCB52，p,p'-DDE，p,p'-DDT 的量最低。使用 PAS 技术的前期研究中均采用一个固定的采用速率

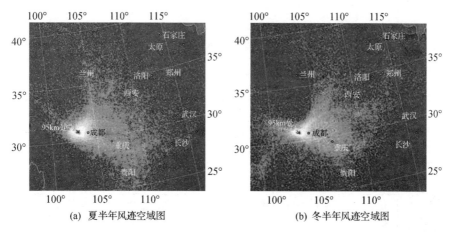

(a) 夏半年风迹空域图　　　　　(b) 冬半年风迹空域图

图 5-2　基于反向风迹计算的卧龙自然保护区"95 km 处"采样点位的大气空域图

(a) 对应于 2006 年 5～9 月的"夏半年"；(b) 对应于 2005 年 11 月至 2006 年 3 月的"冬半年"。

颜色强烈的区域表明是抵达"95 km 处"的气团轨迹最有可能密集通过的区域[29]

R 来把 PAS 采集的目标化合物的量转化为大气体积浓度；也就是假设温度、风速、大气压等因素对于采样动力学的影响可以忽略不计[9]。有一些研究致力于探讨这些因素的影响，试图量化温度与压力对分子扩散的效应[10]。近期的一项研究指出环境因素对于采样动力学的影响可能比以前设想的要强[11]。仔细查看表 5-2 的数据，可以发现耿达点位的 PAS 总是比其他点位采集更多的目标化合物。而且这一现象对于所有目标化合物的增加程度都一致，并且在夏半年与冬半年均如此；这就无法用当地的源排放来解释了。反过来，这倒表明了耿达点位的采样动力学速率高于其他点位。这和耿达点位的特定的地形地貌所导致的风多风大的具体情况是吻合的。

表 5-2　放置于卧龙与成都的 PAS 采集目标化合物的量[29]

（单位：ng/PAS）

	采样期 1[a]		采样期 2		采样期 3		采样期 4		采样期 5	
	α-HCH									
垭口	[b]				6.10		11.05		6.19	
95 km 处	5.20	4.10	12.19	13.03	3.60	3.27	8.89	8.36	5.41	4.67
贝母坪	4.50	4.70	10.34	11.05	2.30	3.41	7.60	8.00	3.83	3.71
邓生	4.90	6.00	10.50	12.88	4.02	3.14	8.04	6.84	4.42	4.19
三道桥	5.70	4.70		6.80	4.02	2.19	12.73	13.08	3.94	2.88
熊猫研究中心	5.90	5.50	10.08	10.43	5.20	5.52	7.31	6.69	6.02	5.02
耿达	13.5	10.7		19.18	7.42	6.23	15.83	15.96	7.34	9.24

	采样期 1[a]		采样期 2		采样期 3		采样期 4		采样期 5	
α-HCH										
水界牌	6.90	5.10		9.95						
成都							22.83	21.93	13.90	13.07
γ-HCH										
垭口					2.04		2.99		3.00	
95 km 处	1.10	0.70	3.78	3.14	1.01	0.94	2.10	2.29	3.11	1.91
贝母坪	1.20	1.30	3.21	2.25	0.75	1.03	1.94	1.90	1.68	1.53
邓生	1.10	0.80	2.64	4.30	1.01	1.04	1.78	2.23	1.60	2.20
三道桥	1.20	4.80		1.66	0.44	3.01	4.15	4.17	1.26	1.28
熊猫研究中心	1.10	1.10	2.66	2.41	1.51	1.46	1.64	1.74	1.72	2.74
耿达	2.00	3.10		4.37	2.05	2.43	4.45	4.49	3.37	2.29
水界牌	1.30	1.50		2.51						
成都							19.57	18.70	9.37	8.43
β-HCH										
垭口					ND[c]		0.39		0.90	
95 km 处	ND	ND	ND	ND	ND	ND	0.36	0.61	0.68	0.70
贝母坪	ND	ND	0.61	ND	ND	ND	0.21	0.21	1.41	1.13
邓生	ND	ND	0.54	0.70	ND	ND	0.41	0.37	0.43	0.66
三道桥	ND	ND		1.91	ND	ND	4.81	4.21	1.53	0.88
熊猫研究中心	ND	ND	1.57	1.88	5.34	4.98	5.18	6.04	1.14	1.43
耿达	ND	ND		0.96	ND	ND	1.43	1.38	1.21	1.40
水界牌	ND	ND		1.17						
成都							3.79	3.81	2.34	2.05
δ-HCH										
垭口					ND		ND		1.06	
95 km 处	ND	ND	ND	0.13	ND	ND	ND	ND	1.50	ND
贝母坪	ND	ND	1.37	ND	ND	ND	ND	ND	ND	0.61
邓生	ND	ND	0.19	1.76	ND	ND	ND	ND	0.34	1.10
三道桥	ND	ND		ND	ND	ND	0.56	0.41	0.15	ND
熊猫研究中心	ND	ND	0.78	0.25	ND	ND	ND	ND	ND	1.00
耿达	ND	ND		0.51	ND	ND	ND	ND	0.89	ND
水界牌	ND	ND		0.26						
成都							0.94	0.77	0.67	1.10

续表

	采样期 1[a]		采样期 2		采样期 3		采样期 4		采样期 5	
				p,p'-DDT						
垭口					0.28		0.41		0.30	
95 km 处	0.08	ND	0.91	0.47	0.16	0.10	0.10	0.11	0.08	0.09
贝母坪	0.10	ND	1.45	0.48	0.07	0.06	0.18	0.12	0.10	0.44
邓生	0.14	ND	0.50	1.07	0.12	0.09	0.06	0.19	0.04	0.06
三道桥	0.48	ND		0.32	ND	0.10	0.07	0.05	0.07	0.09
熊猫研究中心	0.43	0.05	2.45	9.56	0.08	0.21	0.18	0.18	0.18	0.15
耿达	0.18	ND		1.03	0.08	0.08	0.47	0.48	0.50	0.57
水界牌	ND	0.19		2.15						
成都							6.06	5.41	1.18	0.77
				p,p'-DDE						
垭口					0.33		0.48		0.45	
95 km 处	ND	ND	1.79	1.12	0.17	0.04	0.35	0.34	0.46	0.13
贝母坪	ND	ND	1.50	0.88	0.08	0.07	0.39	0.40	0.05	0.25
邓生	0.02	ND	1.30	1.97	0.10	0.08	0.28	0.38	0.16	0.35
三道桥	0.29	ND		1.20	0.07	0.36	0.44	0.61	0.08	0.20
熊猫研究中心	0.39	0.37	2.17	3.49	0.35	0.61	0.99	1.09	0.47	0.91
耿达	0.94	1.04		3.00	0.81	0.91	2.52	2.43	1.74	1.37
水界牌	0.27	0.50		1.61						
成都							16.56	13.32	5.68	4.29
				p,p'-DDD						
垭口					ND		ND		0.03	
95 km 处	ND	ND	ND	ND	ND	ND	ND	ND	0.03	0.01
贝母坪	ND	ND	1.06	ND	ND	ND	ND	ND	0.01	0.02
邓生	ND	ND	0.29	0.80	ND	ND	ND	ND	ND	0.02
三道桥	ND	ND		0.05	ND	ND	ND	ND	ND	0.01
熊猫研究中心	ND	ND	0.38	1.90	ND	0.05	ND	ND	ND	ND
耿达	ND	ND	0.19	ND	0.04		ND	ND	0.10	ND
水界牌	ND	ND		0.47						
成都							0.51	0.45	0.14	0.11
				o,p'-DDT						
垭口					0.74		1.90		0.93	
95 km 处	1.02	0.02	3.87	3.65	0.24	0.10	1.22	1.11	0.19	0.13
贝母坪	0.56	0.22	4.75	3.87	0.16	0.25	1.18	1.06	0.08	0.19
邓生	0.59	0.29	4.32	7.95	0.20	0.22	0.91	1.00	0.13	0.18
三道桥	0.78	0.01		2.38	0.11	0.35	0.51	0.78	0.11	0.16
熊猫研究中心	0.74	0.79	4.34	8.29	0.13	0.48	0.81	0.81	0.33	0.48

续表

	采样期 1[a]		采样期 2		采样期 3		采样期 4		采样期 5	
					o,p'-DDT					
耿达	1.71	2.70		7.95	ND	0.27	2.42	2.32	0.78	0.91
水界牌	1.04	1.25		5.53						
成都							20.35	18.29	3.65	2.06
					PCB28					
垭口					0.07		0.23		1.63	
95 km 处	0.18	0.12	1.01	1.11	0.07	0.03	0.15	0.14	2.37	0.15
贝母坪	0.18	0.14	1.39	0.46	0.07	0.05	0.13	0.13	0.07	0.61
邓生	0.34	0.24	0.39	0.85	0.07	0.08	0.10	0.12	0.47	1.52
三道桥	0.20	0.15		0.33	0.04	0.11	ND	ND	0.07	0.12
熊猫研究中心	0.26	0.26	0.75	1.18	0.20	0.19	0.45	0.51	0.29	2.21
耿达	0.59	0.63		0.50	0.26	0.30	0.40	0.42	2.46	0.65
水界牌	0.36	0.42		0.47						
成都							4.91	4.76	4.34	5.12
					PCB52					
垭口					0.10		0.09		0.57	
95 km 处	0.09	0.09	0.58	0.45	0.05	0.03	0.04	0.04	0.80	0.07
贝母坪	0.10	0.07	0.59	0.19	0.03	0.05	0.04	0.03	0.05	0.34
邓生	0.12	0.07	0.22	0.75	0.05	0.05	0.03	0.06	0.20	0.50
三道桥	0.11	0.07		0.17	0.05	0.10	ND	ND	0.05	0.06
熊猫研究中心	0.11	0.12	0.63	0.74	0.10	0.09	0.10	0.12	0.13	0.70
耿达	0.21	0.24		0.26	0.16	0.16	0.16	0.15	0.85	0.25
水界牌	0.16	0.17		0.40						
成都							1.45	1.45	1.24	1.29
					HCB					
垭口					23.3		29.7		36.3	
95 km 处	17.1	15.1	24.0	24.9	20.1	17.9	27.8	25.5	39.1	30.9
贝母坪	16.2	17.6	23.1	21.9	11.1	19.8	22.4	25.0	26.9	28.9
邓生	22.4	19.9	22.9	25.4	18.2	21.7	20.1	24.3	38.6	35.7
三道桥	17.7	13.5		14.4	12.1	18.7	29.5	27.5	27.2	33.9
熊猫研究中心	28.2	30.0	23.0	24.3	33.0	33.3	42.9	44.1	46.7	54.7
耿达	39.1	42.5		34.3	36.2	46.7	42.7	43.0	78.8	69.1
水界牌	25.0	29.1		20.1						
成都							108.0	110.0	167.0	159.0

a. 采样期 1: 2005/2006 冬半年, 2005 年 10 月至 2006 年 4 月; 采样期 2: 2006 夏半年, 2006 年 4～10 月; 采样期 3: 2006/2007 冬半年, 2006 年 10 月至 2007 年 4 月; 采样期 4: 2007 夏半年, 2007 年 4～10 月; 采样期 5: 2007/2008 冬半年, 2007 年 10 月至 2008 年 4 月;

b. 空格表明这个点位在这一采样期没有放置被动采样器;

c. ND 表明未检出。

　　和其他目标化合物相比较，HCB 在卧龙各个点位采集的量相当的恒定，几乎不随海拔高度和季节而变化（参见表 5-2 和图 5-3）。卧龙地区的 64 个 PAS 的 HCB 的变异系数（coefficient of variation）是 43%；如果耿达点位的 PAS 不参加计算的话，该数值将进一步减小到 34%。HCB 对于光氧化剂的反应具有很高的耐受性[12]；而且由于它的高挥发性，也不易被干沉降、湿沉降所清除。结果是它具有特别长的、超过一年时间的大气寿命；这反映到大气浓度方面，就是在时间和空间方面都相当的稳定均一，甚至于在半球尺度上表现出来[13-15]。当然这不包括 HCB 的排放源区域，如天津。

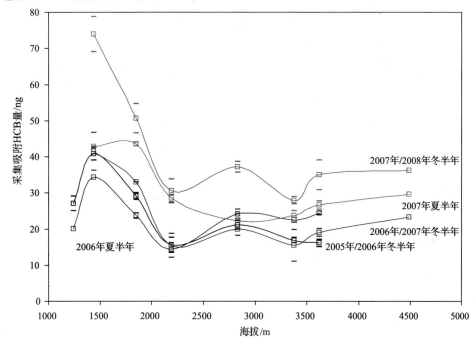

图 5-3　2005 年 10 月至 2008 年 4 月间，沿卧龙自然保护区巴郎山迎风坡海拔梯度，连续 5 个半年期的大气被动采样样品中采集的 HCB 的量。图中短横和方框分别表示 PAS 平行样的量值与平均值。将均值相连的连线仅仅为了方便目视评估[29]

　　基于以上的讨论，我们认为利用 HCB 反推卧龙地区每一个 PAS 的特定采样速率成为可能。依据文献 [15]，我们设定卧龙自然保护区有一个全年的 HCB 平均浓度为 56 pg/m³，这是北半球清洁背景地区的代表性数值。这个设定值和有关中国西部地区的前期研究的数据也是一致的，例如青海省的瓦里关，2005 年春季为 38 pg/m³[16]；四川省的贡嘎山为 43 pg/m³[17]。中国东北地区的 HCB 浓度水平会高很多，和卧龙地区没有可比性[17]。用每个 PAS 所采集的 HCB 的量除以这个浓度（56 pg/m³）以及采样的天数（182 天），我们即可得到每个 PAS 特有的采样速率 R（表 5-3）。其他目标化合物大气体积浓度亦可方便算得（参见表 5-4、表 5-5、表 5-6）。采取这样的技术方法，我们间接地考虑和处理了各种环境因素（温度、压力、风速、紊流）对于采用速率 R 的影响。我们可以更有信心地比较一种污染物在不同季节或不同海拔高度的点位的浓度水平。我们设定的 HCB 平均浓度的具体数值会影响采用速率 R 的具体数据，进而也会影响其他目标化合物计算所得的大气体积浓度的具体数值，但是不会影响这些数值的相对大小，不会影响其空间分布和季节差异。

表 5-3　PAS 特定采样速率 R[a]　　　　　　　　（单位：m³/d）

采样点位	冬半年 2005 年/2006 年	夏半年 2006 年	冬半年 2006 年/2007 年	夏半年 2007 年	冬半年 2007 年/2008 年	汇总
垭口			2.30	2.91	3.50	
95 km 处 1	1.47	2.47	1.78	2.50	2.98	
95 km 处 2	1.66	2.38	1.99	2.72	3.77	
贝母坪-1	1.71	2.18	1.95	2.45	2.79	
贝母坪-2	1.57	2.31	1.10	2.20	2.60	
邓生-1	1.92	2.55	2.13	2.38	3.45	
邓生-2	2.16	2.30	1.79	1.98	3.73	
三道桥-1	1.30	1.45	1.83	2.70	3.27	
三道桥-2	1.71		1.18	2.89	2.62	
熊猫研究中心-1	2.85	2.45	3.25	4.33	5.28	
熊猫研究中心-2	2.68	2.32	3.22	4.21	4.50	
耿达-1	4.08	3.46	4.53	4.24	6.67	
耿达-2	3.75		3.51	4.22	7.61	
水界牌-1	2.81	2.03				
水界牌-2	2.41					
均值[b]	2.29±0.85	2.35±0.48	2.35±0.99	3.06±0.87	4.06±1.57	2.83±1.21
相对标准偏差	37%	20%	42%	28%	39%	43%
均值[c]	2.02±0.55	2.24±0.32	2.07±0.74	2.84±0.76	3.78±1.47	2.53±0.85
相对标准偏差	27%	14%	36%	27%	39%	34%

　a. 从表 5-2 所列 HCB 量计算且假设 HCB 大气浓度为 56 pg/m³；
　b. 计算时包括耿达点位的数据；
　c. 计算时不包括耿达点位的数据。

　　PAS 的特定采样速率的均值是（2.83±1.21）m³/d。如果那些耿达点位的明显偏高的数据不计算在内的话，平均采样速率是（2.53±0.85）m³/d。这个数值和前期研究的数值是很有可比性的[11]。应该强调的是，这一技术方法假设所有的目标化合物和 HCB 的采样速率是一样的，这和实际情况可能有出入[11]。这些采样速率 R 的数值本质上是近似的。当比较和解释不同化合物的浓度水平的异同时，必须牢记这些数据是有不确定度的。

　　汇总出 56 pg/m³ 平均浓度的研究工作是极地周边区域的采样点位，均接近海平面[15]。理论上是假设空气中 HCB 的混合比是恒定的，不随海拔高度而改变；但是对于实际体积浓度就不是如此了；如果大气压降低，实际体积浓度也会变小。用区域性平均 HCB 浓度反推采样速率以及其他化合物体积浓度的方法算出的是标准大气压条件下的体积浓度。这是有利于将卧龙山区的浓度与文献中其他浓度数据（pg/m³）比较的。应该注意表 5-3 列出的也是标准大气压条件下的采样速率，因为所有的计算都是假设 HCB 浓度是 56 pg/m³。高海拔点位的实际采样速率应该有不同程度的略微升高。

　　放置在成都市的 4 个 PAS 样品所采集的 HCB 的均值是 134 ng/PAS，明显高于卧龙山区的均值 26 ng/PAS。这表明不应该假设卧龙的 HCB 平均体积浓度也适用于成都。因此我们将卧龙山区的平均采样速率 R（2.84 m³/d 和 3.78 m³/d）用于成都点位，把 2 个相同采样时段的 PAS 采集的半挥发性有机污染物的量（ng/PAS）转化为大气体积浓度（pg/m³）。

5.1.6　大气被动采样器采样速率推算方法的比较

　　采样速率的推算是大气被动采样器应用的一个关键问题，引起人们的关注。王小萍及其同事根据采样效率的理论分析，认为在忽略风速和紊流影响的前提下，影响 XAD 被动采样器的采样速率的主要因素为环境温度和气压[18]。在采样器设计尺寸相同的情况下，可以通过考察采样速率 R 与 $T^{1.75}/P$ 的关系来推算采样器的采样速率。$R = K\dfrac{T^{1.75}}{P}$，式中 K 为常数。在前期研究的野外现场试验中，XAD 被动采样器的采样速率为 0.5～2.1 m³/d。其有关数据如下[6,11]：

　　0.5 m³/d，Alert（256K，1010 hPa）；

　　1.2 m³/d，Burnt Island（280.3K，890 hPa）；

　　2.1 m³/d，Point Petre（281.7K，850 hPa）；

　　1.9 m³/d，Costa Rica（296K，1003 hPa）。

　　上述数据可作出 $T^{1.75}/P$ 与采样速率 R 的相关图（图 5-4）。将这些数据线性拟合，可以得到采样速率 R 的计算公式[18]：

$$R = 0.16 \frac{T^{1.75}}{P} - 2.14$$

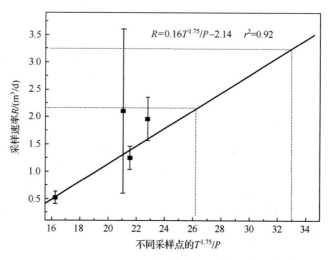

图 5-4　采样速率与 $T^{1.75}/P$ 的关系图

　　以上推算方法与我们提出的用 HCB 浓度反推 PAS 的特定采样速率的方法在原理和技术思路上完全不同。若这两种截然不同的方法能得到相似的数据，有可能表示这两种方法具有合理性或表示这两种方法具有同样的系统偏差。计算表明两种校正方法所获得的采样速率具有很好的一致性，其相关系数 r 可以达到 0.877。而且，相关关系的斜率可以达到 0.823 ± 0.261，接近于 1。这说明在卧龙自然保护区的具体应用中上述两种方法的结果相互之间偏差较小，基本一致。可以认为这两种方法都是合理的。

　　上述 2 种方法各有自己的优势与局限。基于温度和压力的计算方法未能考虑风速与紊流的影响；而 HCB 浓度反推的方法仅限于 HCB 浓度在研究区域内稳定均一的情况，而且需要人为和主观地预先设定 HCB 的大气体积浓度。上述 2 种方法可以在应用中相互补充，以期得到比较一致和相互支持的结果。

5.2　卧龙山区持久性有机污染物的大气浓度水平

　　HCB 是卧龙山区大气中浓度最高的有机氯污染物。HCB 在西方国家曾用作农药，但是已经禁用几十年了。HCB 在中国是生产五氯酚或其他化工产品的中间产物，或者是某些化工过程的副产品。在中国 HCB 虽然是多种农药的杂质成分，但是它本身没有作为农药使用。HCB 在中国的天津地区有多年的生产历史，但是在 2003 年结束了[19]。在卧龙山区的土壤中 HCB 的浓度很低而且分布很均匀，这意味着 HCB 在卧龙山区的存在是大气传输与沉降的结果[8]。

卧龙山区大气中 α-HCH 和 γ-HCH 的年均值（表 5-4）以及浓度范围和加拿大西部山区的 2003～2004 年的大气浓度数据很相似[9]，并且也落在北美洲大气浓度范围之内[20]。这几项研究都使用了相同的 PAS。卧龙山区大气 α-HCH 与 γ-HCH 的浓度高于 β-HCH。这和卧龙山区土壤样品中的情况相似[8]，但是和典型的受 HCHs 污染的农业用地土壤的情况大不相同[19]。和其他的异构体比较，由于空气-水分配系数（K_{aw}）较低，β-HCH 不易从水体挥发，被湿沉降过程从空气中洗刷清除的效率却较高。因此 α-HCH 与 γ-HCH 比 β-HCH 具有更大的潜力经历大气长距离传输[21]。总体上 HCHs 各异构体的相对组成表明卧龙山区土壤中的 HCHs 源自大气长距离传输贡献。卧龙大气中 α-HCH/γ-HCH 比值在冬天和夏季分别是 4.8 和 4.3。工业产品中 α-HCH/γ-HCH 比值是 5～7，但是在进入环境后会随时间而逐渐上升，因为 γ-HCH 的降解速率比 α-HCH 高[22,23]。另一方面，由于林丹（γ-HCH）的继续使用又会导致 α-HCH/γ-HCH 比值的下降[9,20]。大气

表 5-4　本研究实测 α-HCH、γ-HCH 大气浓度与前期研究的数据的比较

（单位：pg/m³）

采样点位	采样时段	α-HCH	γ-HCH	α-HCH/γ-HCH	文献
卧龙山区	2005 年 10 月至 2006 年 4 月	15.0 ± 3.2	3.1 ± 0.8	4.8	本研究 [29]
	2006 年 4～10 月	27.2 ± 2.2	7.1 ± 1.2	3.8	
	2006 年 10 月至 2007 年 4 月	10.4 ± 1.6	3.5 ± 1.8	3.0	
	2007 年 4～10 月	18.6 ± 4.9	5.1 ± 1.8	3.6	
	2007 年 10 月至 2008 年 4 月	7.0 ± 1.1	3.0 ± 0.9	2.4	
纳木错	2006 年 12 月至 2007 年 2 月	6.6 ± 2.7	1.6 ± 0.8	4.1	[26]
	2007 年 3～5 月	19 ± 16	3.8 ± 3.5	5.0	
	2007 年 6～8 月	92.4 ± 50.1	16.2 ± 5.5	5.8	
	2007 年 9～11 月	80.5 ± 67.1	10.6 ± 8.0	7.3	
瓦里关	2005 年 4～5 月	58 (11～110)	140 (40～250)	0.41	[16]
成都市	2007 年 4～10 月	43.5	37.2	1.2	本研究 [29]
	2007 年 10 月至 2008 年 4 月	19.3	12.7	1.5	
北美山区	2000～2001 年	(1.5～170)	(5～400)	(0.2～14)	[20]
雷夫尔斯托克	2003～2004 年	20 (8～25)	5 (3～8)	4 (2～6)	[9]
优霍	2003～2004 年	15 (11～29)	2 (2～6)	5 (3～6)	[9]
观望峰	2003～2004 年	24 (12～47)	3 (3～8)	4 (3～7)	[9]

的 α-HCH/γ-HCH 比值在 4 左右，这表明卧龙山区既非典型的 HCHs 长期降解过程，又非单纯的林丹使用与近期输入，而是两者共存的情况。

在卧龙山区大气中 DDTs 污染物检出，浓度按 p,p'-DDT、p,p'-DDE、o,p'-DDT 的顺序增高。这个顺序和瓦里关[16]和成都[24]大气的顺序一样。卧龙 p,p'-DDT 山区的 DDTs 的总浓度低于成都，略低于瓦里关，也略低于加拿大西部山区[9]。卧龙山区大气的 p,p'-DDE/p,p'-DDT 比值的范围是 1～4。在卧龙山区土壤中降解产物（DDE，DDD）的浓度也高于 DDT[8]。这些情况表明 p,p'-DDT 是通过大气传输过程进入卧龙山区的，在来源区域 DDTs 历史使用的残留犹在，而近期的 p,p'-DDT 使用可以忽略不计[19]。值得注意的是，卧龙大气中 o,p'-DDT 的浓度总是高于 p,p'-DDT，o,p'-DDT/p,p'-DDT 比值大约是 4。大体相似的是，江苏省太湖的大气中 o,p'-DDT 的浓度是 p,p'-DDT 的 6 倍；这被归因于江苏省北部地区三氯杀螨醇的近期使用，而这种杀虫剂含有一定量的杂质 o,p'-DDT[25]。还有研究报道在中国南方的沿海地区[16]和西北的青海省[17]大气中 o,p'-DDT 的浓度也高于 p,p'-DDT。看起来三氯杀螨醇的使用呈现扩大的势头，现在在四川西部山区大气中也检测出。

PCBs 在环境中无处不在。因为这类化合物在过去广泛用于电容器和变压器的绝缘材料，它的浓度分布与人口密度表现出相关性。在卧龙山区大气中只检出了三氯联苯和四氯联苯，两种指示性化合物 PCB28 和 PCB52 被定量测量。PCB28 的浓度和 2004 年成都和重庆的浓度相差不大[24]，低于大多数北美洲大气中的浓度数值[26]。

表 5-5　本研究实测 DDT 及其降解产物的大气浓度与前期研究的数据的比较

（单位：pg/m³）

采样点位	采样时段	p,p'-DDE	o,p'-DDT	p,p'-DDT	文献
卧龙	2005 年 10 月至 2006 年 4 月	0.8 ± 0.4	1.8 ± 1.1	0.5 ± 0.5	本研究 [29]
	2006 年 4～10 月	4.3 ± 1.6	12.2 ± 3.6	4.4 ± 6.1	
	2006 年 10 月至 2007 年 4 月	0.6 ± 0.4	0.7 ± 0.4	0.3 ± 0.2	
	2007 年 4～10 月	1.3 ± 0.9	2.3 ± 0.9	0.3 ± 0.2	
	2007 年 10 月至 2008 年 4 月	0.6 ± 0.4	0.4 ± 0.3	0.3 ± 0.2	
纳木错	2006 年 12 月至 2007 年 2 月	0.18±0.07	0.58±0.45	0.52±0.27	[26]
	2007 年 3～5 月	0.28	5.83	1.69±1.60	
	2007 年 6～8 月	0.65±0.30	11.65±7.67	5.31±3.54	
	2007 年 9～11 月	0.83±0.61	10.48±9.07	5.86±4.71	

续表

采样点位	采样时段	p, p'-DDE	o, p'-DDT	p, p'-DDT	文献
成都	2007 年 4～10 月	29.0	37.5	11.1	本研究 [29]
	2007 年 10 月至 2008 年 4 月	7.1	4.1	1.4	
成都	2004 年 9～11 月	73	98	27	[24]
重庆	2004 年 9～11 月	43	155	103	[24]
瓦里关	2005 年 4～5 月	5.1 (n. d.～23)	18 (0.4～89)	4.4 (0.31～24)	[16]
北美洲	2000～2001 年	(0.14～378)	n. r.	(0.12～360)	[14]
雷夫尔斯托克	2003～2004 年	6 (3～8)	n. r.	21 (3～45)	[9]
优霍	2003～2004 年	6 (3～9)	n. r.	8 (3～20)	[9]
观望峰	2003～2004 年	4 (1～6)	n. r.	1 (0.4～3)	[9]

注：n. r. 为未报告；n. d. 为未检出。

表 5-6　本研究实测 PCB28，PCB52，HCB 的大气浓度与前期研究的数据的比较

（单位：pg/m³）

采样点位	采样时段	PCB28	PCB52	HCB	文献
卧龙	2005 年 10 月至 2006 年 4 月	0.7 ± 0.2	0.3 ± 0.1	56^X	本研究 [29]
	2006 年 4～10 月	1.8 ± 0.8	1.1 ± 0.5	56	
	2006 年 10 月至 2007 年 4 月	0.2 ± 0.1	0.2 ± 0.1	56	
	2007 年 4～10 月	0.4 ± 0.1	0.1 ± 0.0	56	
	2007 年 10 月至 2008 年 4 月	1.2 ± 1.1	0.5 ± 0.4	56	
纳木错	2006 年 12 月至 2007 年 2 月	n. r.	n. r.	10.21±3.56	[26]
	2007 年 3～5 月	n. r.	n. r.	9.61±4.51	
	2007 年 6～8 月	n. r.	n. r.	23.55±9.05	
	2007 年 9～11 月	n. r.	n. r.	23.57±9.34	
成都	2007 年 4～10 月	9.4	2.8	233	本研究 [29]
	2007 年 10 月至 2008 年 4 月	6.8	1.8	211	
成都	2004 年 9～11 月	18	5.2	119	[24]
重庆	2004 年 9～11 月	4.4	1.5	87	[24]
瓦里关	2005 年 4～5 月	n. r.	n. r.	38.4	[16]
北美洲	2000～2001 年	(3.2～58)	(6.3～58)	(50～133)	[14, 27]
雷夫尔斯托克	2003～2004 年	n. r.	n. r.	50 (21～71)	[9]
优霍	2003～2004 年	n. r.	n. r.	39 (36～84)	[9]
观望峰	2003～2004 年	n. r.	n. r.	64 (43～149)	[9]

注：X 为设定值；n. r. 为未报告。

总而言之，卧龙山区大气中半挥发性有机氯污染物的浓度与北美洲边远山区的浓度在同一水平[9]，与青藏高原测得的浓度相似或者更低[26]。这是相当低的浓度水平，特别是考虑到这里距离东边的大城市成都和人口密集、高度发达的成都平原并不遥远。

5.3 持久性有机氯污染物的大气浓度沿海拔梯度分布与当地排放源

图 5-5 给出大气浓度与海拔高度的函数关系。如果假设卧龙山区没有当地排放源，我们期待沿海拔梯度的目标污染物的大气浓度变化不大，比较均一。这也正是大多数目标污染物在大多数采样时段的实际情况。但是，在 2006 年的夏半年有一个例外，大熊猫研究中心点位的 p,p'-DDT 的大气浓度（14 pg/m³）比一般的通常情况（1 pg/m³）高出一个多数量级。虽然这个样品的 p,p'-DDE 的浓度也处于最高的水平（6.7 pg/m³），但是它的 p,p'-DDT/p,p'-DDE 比值是一个不同寻常的高值（2.1）。所有这些都表明在大熊猫研究中心周边在 2006 年夏半年有 DDTs 的使用。这一使用也应对 2006 年夏半年整个海拔梯度的 DDTs 的高水平负责。还有一个例外情况发生在三道桥点位，是 HCHs 的离群值。在 2005～2006 年的冬半年这个点位的 PAS 中有一个给出 γ-HCH 的高值。这个点位持续给出 γ-HCH 高值，只有最后一个采样时段例外。同样 α-HCH 在 2007 年夏半年和 2005～2006 年冬半年三道桥点位测得的浓度也比其他点位高。最后是 β-HCH，在 2 个夏半年采样时段，在三道桥给出明显高值。我们推断除了最后一个采样时段，在三道桥点位表现出的大气 HCHs 浓度高值是受到当地排放源的影响。这样一个当地源的存在在土壤浓度分布数据中也有反映，三道桥的土壤中 HCHs 浓度比较更高。从大气和土壤两个环境介质的现场采样和分析数据来讨论，都得出相同的结论。

我们进行了各种目标污染物大气浓度对采样点位的海拔高度的线性回归分析，只有那些统计意义显著的结果（$p<0.1$）在图 5-5 中用虚线画出了回归直线。这些直线的斜率既有正的也有负的。特别值得注意的是，α-HCH 和 γ-HCH 的浓度沿海拔梯度略有增长，在 3000 m 的高度差范围有不到 2 倍的增加。这个回归直线的增加趋势仅仅在 2006 年/2007 年和 2007 年/2008 年的冬半年具有统计意义；很可能是因为三道桥点位的当地排放源影响了其他采样时段（2005 年/2006 年冬半年和 2 个夏半年）的浓度分布及其规律性。这个当地排放源很可能是一种土壤污染，在夏季温度较高时挥发作用更明显，随着时间的迁移而逐渐减弱。

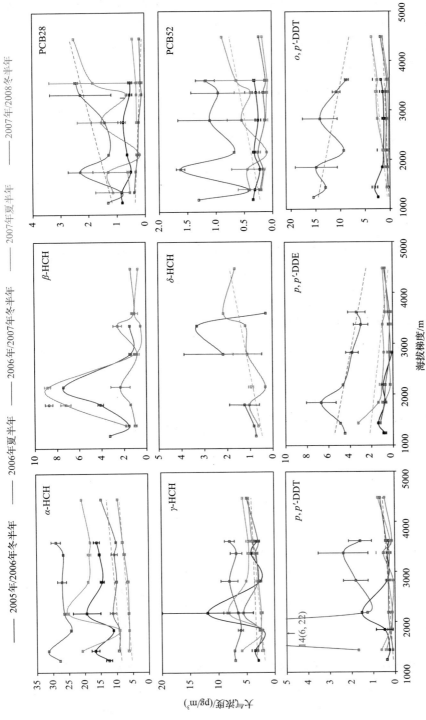

图 5-5　9 种半挥发性有机污染物在 2005 年 10 月至 2008 年 4 月间连续 5 个半年的采样周期的平均大气浓度沿卧龙自然保护区山区海拔梯度分布。图中给出了被动采样平行样的原始浓度数据与均值。通过均值数据点的平滑曲线仅是方便目视观察。虚线直线表明这一组浓度数据与海拔高度之间线性回归有统计意义[29]

在夏半年 p,p'-DDE 浓度沿海拔升高而下降，这可能是我们指出的大熊猫研究中心点位周边 DDTs 的近期使用的结果。o,p'-DDT 浓度在 2006 年夏半年随海拔上升而减少，但是在 2007 年夏半年在较低的浓度水平上表现出相反的趋势。总的看来，卧龙山区大气中目标污染物的浓度是相当均匀的，随海拔梯度没有表现出明显的增加或减少的趋势。山地风白天沿山坡向上吹，夜间顺山坡向下吹，导致迅速的大气混合；这一定有利于山区大气污染物浓度的均一化。除了上面讨论与推定的小型的当地排放，这一总体上的大气浓度的均匀一致表明卧龙山区远离主要的半挥发性有机氯污染物的排放源（区）；卧龙山区的有机氯污染物主要来自大气传输的贡献。同时这也表明沿海拔梯度的植被变化没有引起大气浓度的太大起伏。

5.4　川西山区大气中持久性有机污染物的分布特征与季节变化

5.4.1　大气浓度的季节变化与年际差异

图 5-6 给出 2 年半采样期间的大气浓度季节变化与年际差异；浓度水平用整个海拔梯度的浓度中位值来显示。除了 HCB，所有的有机氯目标污染物都表现出明显的夏季高冬季低的周期性季节变化。各个污染物的季节性波动的振幅均不同。例如，γ-HCH 的夏半年浓度约为随后的冬半年的 2 倍，而对于 α-HCH 是 3

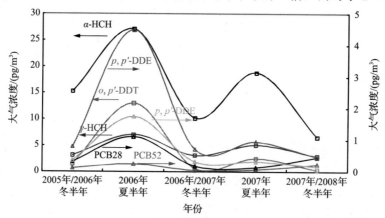

图 5-6　卧龙自然保护区 7 种半挥发性有机污染物在 2005 年 10 月至 2008 年 4 月间连续 5 个半年的采样周期的平均大气浓度的变化趋势。图中给出了海拔梯度各点位大气浓度的中位数。通过数据点的平滑曲线仅仅是方便目视观察[29]

倍，对于 p, p'-DDT 和 p, p'-DDE 是 4 倍。最大的季节变化发生在 o, p'-DDT，这个比值高达一个数量级，这和 o, p'-DDT 的夏季使用密切相关。

除了季节性的周期变化，在本研究的 2 年半期间还存在一个普遍的下降趋势，特别是 DDTs 污染物。p, p'-DDT、p, p'-DDE 和 o, p'-DDT 的 2007 年夏半年浓度比 2006 年夏半年要明显低许多。一个可能的原因是上面讨论的大熊猫研究中心周边的局地 DDTs 污染，那是在 2006 年发生的，在 2007 年没有这个情况。这个下降趋势的其他可能的原因是影响卧龙山区的 DDTs 的来源区域的排放强度下降或是大气长距离传输效率的年际差异使然。

5.4.2 卧龙山区和成都的比较

卧龙自然保护区的气候在夏半年（5～10 月）受到东南季风的影响，在冬半年（10 月至下年 4 月）也会受到西风的影响，全年从成都平原向山区的大气输送明显[8]。基于反向风迹统计计算得到的"空域"表明，一年四季抵达卧龙山区的气团的最频繁途径的来源区域是成都平原。从西边，即青藏高原来的气团也有，主要在冬半年。彩图 2 对比了卧龙山区和成都市区的相同时段的浓度水平。所有目标污染物的浓度均是成都比卧龙高的情况，挥发性强的污染物如 HCB、HCHs 两地比值较低，而 DDTs 大气传输能力较弱，两地比值较高。浓度比值从 α-HCH 的 1.8 到 p, p'-DDT 的 19。对于 p, p'-DDT 这个比值仅为 10，结果 p, p'-DDT/p, p'-DDE 的比值在成都是卧龙山区的 2 倍，提示在成都的 DDTs 指纹是"更新鲜的"，较少降解的。如果成都平原确实是卧龙山区半挥发性有机氯污染物的主要源区，这个成都/卧龙的浓度比值就应该可以表征不同有机污染物长距离大气传输的难易程度。这个浓度比值大表明传输效率低下；比值小表明传输效率较高。基于理论计算，我们预期长距离大气传输的潜力按 HCHs、PCBs、DDTs 的顺序递减[14,28]，这正是我们在彩图 2 所看到的。特别是对于 p, p'-DDT，我们预期其长距离传输潜力较低，因为它还存在降解转化为 p, p'-DDE 的过程。

彩图 2 还对比了成都与卧龙山区两地的夏半年/冬半年浓度比值。两地的比值高度相似，比值最小的是 PCBs 的两个指示性化合物，比值稍大些的是 HCHs 和 p, p'-DDT，比值非常大的是 o, p'-DDT。o, p'-DDT 的夏半年/冬半年浓度比值远高于其他化合物，这表明其近期的季节性使用。总体上看，彩图 2 的各种比值所构成的模式和成都平原以及四川盆地是卧龙山区半挥发性有机氯污染物的源区的假设是兼容一致的。这同时也表明卧龙山区的半挥发性有机氯污染物主要来自大气传输的贡献。

5.5 运用持久性有机氯污染物组成探针技术研究区域性大气传输

在前一节的讨论中我们选用一些参数如 α-HCH 与 γ-HCH 浓度比值、DDTs 与 DDEs 浓度的比值作为一种"指纹"或"探针"，来讨论该化合物的来源以及在环境中的转化、降解过程。这些讨论相对独立的关注某一类污染物。能否找到一种方法同时考虑几种污染物，以一种更具综合性的方式来讨论呢？POPs 一方面在环境中持久存在，另一方面也逐渐转化与降解。由于稀释和扩散效应，从源区向边远地区大气传输的过程中 POPs 浓度会明显变化，但是其相对化学组成比较稳定。有机氯污染物的归一化的相对组成可以作为一种组合探针用于研究、观测 POPs 污染的区域性特征。而且这一组合探针所研究的对象已经不再局限于有机氯污染物自身，而是广义的大气污染的长距离传输现象和区域性特征。大气被动采样器（PAS）技术提供的数据对于这一组合探针技术的应用特别恰当，这主要是因为 PAS 技术提供的相对化学组成数据是准确的、定量的；而推算的绝对大气浓度的精度有较大的不确定度，是半定量的。

这种技术方法在天津城区-郊区剖面的应用，在天津-长岛区域的应用，已经在第 3 章和第 4 章介绍。这里继续应用于成都平原-四川西部山区的区域，以期进一步研究这一方法的应用特点和适用性。这一节的讨论基于 2007 年 4 月至 2008 年 4 月两个为期 6 个月的采样时段，在成都是和卧龙山区同步采集的 PAS 样品，共 30 个。

5.5.1 大气中有机氯污染物的组成特征

大气被动采样作为一种新技术，其采样速率的估算有可能引入系统偏差，从而导致计算大气体积绝对浓度时有较大的不确定度[6,29]。但将大气被动采样所得数据表达为相对量值如化学组成时，即可抵消采样速率的影响。本研究对 9 种目标有机氯污染物作"加和归一化"计算，得到每个化合物的质量分数（无量纲）。对成都和卧龙的 8 个采样点 2 个时间段的平行样品，得到有机氯污染物的 30 组质量分数数据，其统计结果见表 5-7。根据平均值判断，HCB 和 HCHs 占有较大比重；HCHs 以 α-HCH 为主，DDTs 以 o,p'-DDT 为主。值得注意的是，多数化合物的质量分数有较大变化范围。引起这些变化的因素有采样点位的空间差异、温度的季节性变化和排放源的分布等。笔者将在下一节通过聚类分析进行讨论。

表 5-7　成都-卧龙区域大气中有机氯污染物的质量分数统计结果

化合物	w 最大值	w 最小值	w 平均值	标准偏差	相对标准偏差
α-HCH	0.066	0.252	0.145	0.065	0.45
β-HCH	0.006	0.098	0.027	0.027	0.99
γ-HCH	0.027	0.096	0.052	0.018	0.36
HCB	0.527	0.836	0.711	0.096	0.14
p,p'-DDE	0.002	0.081	0.016	0.018	1.08
o,p'-DDT	0.002	0.099	0.021	0.023	1.11
p,p'-DDT	0.001	0.030	0.006	0.007	1.22
PCB28	0.000	0.044	0.012	0.012	0.99
PCB52	0.000	0.015	0.004	0.004	0.96

5.5.2　区域大气中有机氯污染物的相对组成的聚类分析

聚类分析采用法国 Addinsoft 公司的 XLSTAT 软件，选用了分层聚类（agglom-erative hierarchical clustering，AHC）方法，在众多的具体算法中选择了欧几里得距离和 Ward 方法；这种方法反复计算样品之间的相似程度，以逐步和渐进的方式实现分层聚类的目标；用树形图直观表达聚类结果和过程，方便最终确定一个具有物理意义的适当的分组数目。

对成都-卧龙区域 2 个采样时段 8 个点位平行采样的数据，得到有机氯污染物的 30 组质量分数数据。根据采样季节和点位的名称为样品命名：夏半年、冬半年样品第 1 个字母分别为 S 和 W；成都，CD；耿达小学，G；熊猫中心，PC；三道桥，S；邓生保护站，D；贝母坪，B；95 km 处，95；垭口，P；最后一个字母 a 或 b，表示平行双样。例如，耿达小学夏半年样品为 SGa，SGb，冬半年样品为 WGa，WGb。垭口点位只有一个样品，两个样品分别为 SP，WP。聚类分析得到 5 个分组，见彩图 3，从左到右分别是"冬季"分组，"混合"分组，"夏季-成都"分组，"夏季-局地污染"分组和"夏季"分组。5 个分组分别含有 13，4，2，2，9 个样品。5 个分组的平均值见表 5-8。

如彩图 3 所示，夏、冬半年的样品基本分开了，这表明有机氯污染物化学组成很大程度受季节变化的影响；只有"混合组"的 4 个样品分别来自夏、冬半年。冬半年的 13 个样品归于"冬季"分组，HCB 由于挥发性较强，占了 0.802 的相对组成，这是冬季样品的典型特征。在"冬季"分组中，来自相距约 100 km 的成都和卧龙两个地区的 13 个样品，化学组成高度相似，表明了显著的区域性特征。成都平原位于四川西部山区年主导风的上风向，这和本节有机氯污染物化学表征的结果是一致的[8,29]。

表5-8　成都-卧龙区域大气中有机氯污染物相对化学组成聚类分析5个分组的平均值*

有机氯污染物	冬季	混合组	夏季-成都	夏季-局地污染	夏季
α-HCH	0.091	0.113	0.111	**0.249**	0.222
β-HCH	0.021	0.054	0.019	**0.087**	0.012
γ-HCH	0.039	0.043	**0.095**	0.080	0.059
HCB	**0.802**	0.719	0.539	0.550	0.649
p,p'-DDE	0.010	0.013	**0.074**	0.010	0.016
o,p'-DDT	0.006	0.012	**0.096**	0.013	0.032
p,p'-DDT	0.004	0.003	**0.028**	0.001	0.005
PCB28	0.014	0.023	**0.024**	0.000	0.004
PCB52	0.005	0.007	**0.007**	0.000	0.001

* 以上分组的样品数分别为13，4，2，2和9个；5个分组之间比较得到的最大值用粗体标示。

　　夏半年样品由于夏季温度升高，挥发效应与降解效应增强，各点位的特殊性凸显，样品主要归入3个分组，区域性特征明显减弱。"夏季-成都"分组仅有成都点位的2个平行样，6个污染物的质量分数为最大值（见表5-8），夏半年污染物浓度水平也是最高的（见表5-4），表现出成都平原城区、源区样品的特点。"夏季-局地污染"分组仅有卧龙三道桥点位的2个平行样，而且α-HCH和β-HCH的质量分数为表5-9中的最大值，如实反映了当地存在土壤HCHs污染情况，在夏季因挥发效应增强进入气相[29,30,31]。"夏季"分组由卧龙山区的9个夏季样品组成，表明夏季的巴郎山的迎风坡仍然是一个充分混合、组成均匀的大气区域。三道桥点位的土壤HCHs污染只有局地的影响[32]。

　　从彩图3可见，夏季样品的3个分组汇成一枝；冬季样品分组和夏冬混合样品分组汇成一枝。这表明"混合组"的4个样品的化学组成与冬季样品相似，是夏冬样品相互交叉混合的"边缘样品"，和具有明确污染特征的夏季分组不同。夏半年成都样品和大多数卧龙样品的不相似性水平，约为冬半年的6倍（见彩图3）[32]。

5.5.3　关于持久性有机氯污染物组成探针的讨论

　　持久性有机污染物组成探针作为一种技术方法包括三个组成部分：第一，持久性有机污染物的选择；第二，相对组成的计算；第三，分层聚类分析（hierarchical cluster analysis，HCA）。

如果选择的有机化合物不具备持久性，在大气传输的过程中会被迅速降解，那么相对组成就会因此而明显改变，换言之，探针的相对组成就"垮掉了"。探针化合物的持久性保证了它可以持续经历大气传输的整个过程，而自身的组成大体不变（可以有些微的变化）。在这里我们把 POPs 的持久性作为特点和长处来利用了。

计算归一化的相对组成也是必需的。如果用绝对浓度来做计算，结果将完全不同。相对组成的准确数据正好发挥了被动采样的优势，又避免了其采样速率的不确定性。

分层聚类分析的结果用树形图方式表达，这方便结果的解释与讨论。这个优势是其他聚类分析技术所没有的，也是其他多变量分析技术所没有的。

以上三者的有机结合构成了所谓的"POPs 组成探针技术"。针对具体研究问题所选择的持久性有机污染物的组合就是探针，探察、探寻的对象主要是 POPs 来源和大气传输两方面的信息。具体如何利用探针，解释与讨论数据和结果，我们在本章以及第 3 章、第 4 章的特定研究案例中已经详细描述，在第 7 章还会针对更多的案例进一步展开讨论。

大气被动采样技术可以提供较长时段的污染物大气平均浓度与准确化学组成，适用于组成探针技术的应用。设置平行样的措施可起到分析数据质量控制的作用，同时有利于聚类分析结果的解释，提升研究结果的可信度。绝大多数平行样品对均处于同一分组；唯一例外是 95 km 处的冬季样品（W95a，W95b），平行性稍差。和 α-HCH/γ-HCH，p,p'-DDE/p,p'-DDT 比值方法比较，有机氯污染物化学组成探针包含的污染物种类多，信息更丰富。化学组成探针的运用并不局限于本节所选有机氯污染物，只要具有持久性特征在大气传输过程不因降解而明显改变化学组成，即可从研究的实际需要出发，选用其他污染物一并进行"加和归一化"处理，形成新的探针组合。有机氯污染物化学组成探针结合聚类分析所提供的相似性信息，表征的是大气污染整体的区域性特征，所以得出的结论并不局限于这些化合物自身。

大气污染的区域性特征取决于自然地理条件、地形地貌、大气环流和主导风向等诸多因素，化学表征仅仅是其中的一个方面，不应该孤立地进行；综合考虑有关方面的全面情况和信息，才更有实际意义。污染物化学组成相似性仅仅是化学表征大气污染区域性的一个方面，要结合污染物浓度水平的差异，污染物降解的特征，了解大气传输的主导方向和具体的污染"源区-受体"关系。

本章小结

反向风迹统计分析表明一年四季成都平原经常处于四川西部山区的上风向，这一气象条件为大气污染物提供了传输的通道。

大气被动采样技术是近年采用的区域性大气环境监测的技术方法，特别适用于边远的地区。HCB 具有难降解、大气寿命长的特征，如果表现出区域性时空变化小、浓度均一的情况，可以考虑采用"反推"的方法，来校正温度、压力、风速和紊流的影响，确定每个 PAS 的特定采样速率。

结果表明，大气被动采样技术一方面能够提供准确的相对组成数据，另一方面能够敏感地捕捉卧龙山区的局地污染事件引起的特定污染物大气浓度的扰动。

卧龙山区的有机氯污染物，除了 HCB，均表现出明显的夏高冬低的季节变化。在总体上，卧龙山区有机氯污染物大气浓度沿海拔梯度没有明显的变化，反映了山地风的迅速混合作用，指示其主要来源是大气传输过程的贡献，很可能源自成都平原方向。成都和卧龙山区两地的大气有机氯污染物相对组成的高度相似性，浓度水平的差异，表征降解过程的比率参数的相对大小，均指向两地之间一种明确的"源区-受体"关系。

季节变化对于大气污染区域性特征有重要影响，大气扩散与传输过程在冬季导致有机氯污染物均匀地分布，成都与卧龙山区处于同一大气区域；在夏季由于活跃的挥发、降解等环境过程的影响，成都平原的源区特征突出，卧龙山区受体特征显现。但是，在较低的相似水平上，成都与卧龙山区仍然同属一个大气区域。

持久性有机氯污染物的相对化学组成可以作为一种化学"探针"，结合气象信息表征大气污染的区域性特征，用于研究气相污染物和大气颗粒物的大气传输和区域分布。

参 考 文 献

[1] Blais J M, Schindler D W, Muir D C G, et al. Accumulation of persistent organochlorine compounds in mountains of Western Canada. Nature, 1998, 395 (6702): 585-588

[2] Carrera G, Fernández P, Grimalt J O, et al. Atmospheric deposition of organochlorine compounds to remote high mountain lakes of Europe. Environmental Science & Technology,

2002, 36 (12): 2581-2588

[3] Daly G L, Wania F. Organic contaminants in mountains. Environmental Science & Technology, 2005, 39 (2): 385-398

[4] Li J, Zhu T, Wang F, et al. Observation of organochlorine pesticides in the air of the Mt. "Everest" region. Ecotoxicology & Environmental Safety, 2006, 63 (1): 33-41

[5] Zabik J M, Seiber J N. Atmospheric transport of organophosphate pesticides from California Central Valley to the Sierra-Nevada mountains. Journal of Environmental Quality, 1993, 22 (1):80-90

[6] Wania F, Shen L, Lei Y D, et al. Development and calibration of a resin-based passive sampling system for monitoring persistent organic pollutants in the atmosphere. Environmental Science & Technology, 2003, 37 (7): 1352-1359

[7] Loewen M D, Sharma S, Tomy G, et al. Persistent organic pollutants and mercury in the Himalaya. Aquatic Ecosystem Health & Management, 2005, 8 (3): 223-233

[8] Chen D, Liu W, Liu X, et al. Cold-trapping of persistent organic pollutants in the mountain soils of Western Sichuan, China. Environmental Science & Technology, 2008, 42 (24): 9086-9091

[9] Daly G L, Lei Y D, Teixeira C, et al. Pesticides in Western Canadian mountain air and soil. Environmental Science & Technology, 2007, 41 (17): 6020-6025

[10] Loewen M, Wania F, Wang F, et al. Altitudinal transect of atmospheric and aqueous fluorinated organic compounds in Western Canada. Environmental Science & Technology, 2008, 42 (7): 2374-2379

[11] Gouin T, Wania F, Ruepert C, et al. Field testing passive air samplers for current use pesticides in a tropical environment. Environmental Science & Technology, 2008, 42 (17): 6625-6630

[12] Brubaker W W, Hites R A. OH reaction kinetics of gas-phase α- and γ-hexachlorocyclohexane and hexachlorobenzene. Environmental Science & Technology, 1998, 32 (6): 766-769

[13] Barber J L, Sweetman A J, van Wijk D, et al. Hexachlorobenzene in the global environment: Emissions, levels, distribution, trends and processes. Science of the Total Environment, 2005, 349 (1-3): 1-44

[14] Shen L, Wania F, Lei Y D, et al. Atmospheric distribution and long-range transport behavior of organochlorine pesticides in North America. Environmental Science & Technology, 2005, 39 (2): 409-420

[15] Su Y S, Hung H, Blanchard P, et al. Spatial and seasonal variations of hexachlorocyclohexanes (HCHs) and hexachlorobenzene (HCB) in the Arctic atmosphere. Environmental Science & Technology, 2006, 40 (21): 6601-6607

[16] Cheng H R, Zhang G, Jiang J X, et al. Organochlorine pesticides, polybrominated biphen-

yl ethers and lead isotopes during the spring time at the Waliguan Baseline Observatory, Northwest China: Implication for long-range atmospheric transport. Atmospheric Environment, 2007, 41 (22): 4734-4747

[17] Jaward F M, Zhang G, Nam J J, et al. Passive air sampling of polychlorinated biphenyls, organochlorine compounds, and polybrominated diphenyl ethers across Asia. Environmental Science & Technology, 2005, 39 (22): 8638-8645

[18] Wang X P, Gong P, Yao T D, et al. Passive air sampling of organochlorine pesticides, polychlorinated biphenyls, and polybrominated diphenyl ethers across the Tibetan Plateau. Environmental Science & Technology, 2010, 44 (8): 2988-2993

[19] Zheng X Y, Chen D Z, Liu X D, et al. Spatial and seasonal variations of organochlorine compounds in air on an urban-rural transect across Tianjin, China. Chemosphere, 2010, 78 (2): 92-98

[20] Shen L, Wania F, Lei Y D, et al. Hexachlorocyclohexanes in the North American atmosphere. Environmental Science & Technology, 2004, 38 (4): 965-975

[21] Xiao H, Li N, Wania F. Compilation, evaluation, and selection of physical-chemical property data for α-, β-, and γ-hexachlorocyclohexane. Journal of Chemical & Engineering Data, 2004, 49 (2): 173-185

[22] Ding X, Wang X M, Xie Z Q, et al. Atmospheric hexachlorocyclohexanes in the North Pacific Ocean and the adjacent Arctic region: Spatial patterns, chiral signatures, and sea-air exchanges. Environmental Science & Technology, 2007, 41 (15): 5204-5209

[23] Yu B, Zeng J, Gong L, et al. Investigation of the photocatalytic degradation of organochlorine pesticides on a nano-TiO_2 coated film. Talanta, 2007, 72 (5): 1667-1674

[24] Pozo K, Harner T, Wania F, et al. Toward a global network for persistent organic pollutants in air: Results from the GAPS study. Environmental Science & Technology, 2006, 40 (16): 4867-4873

[25] Qiu X H, Zhu T, Li J, et al. Organochlorine pesticides in the air around the Taihu Lake. Environmental Science & Technology, 2004, 38 (5): 1368-1374

[26] Xiao H, Kang S C, Zhang Q G, et al. Transport of semivolatile organic compounds to the Tibetan Plateau: Monthly resolved air concentrations at Nam Co. Journal of Geophysical Research- Part D- Atmospheres, 2010, 115 (D16): D16310 (16319 pp.)

[27] Shen L, Wania F, Lei Y D, et al. Polychlorinated biphenyls and polybrominated diphenyl ethers in the North American atmosphere. Environmental Pollution, 2006, 144 (2): 434-444

[28] Beyer A, Mackay D, Matthies M, et al. Assessing long-range transport potential of persistent organic pollutants. Environmental Science & Technology, 2000, 34 (4): 699-703

[29] Liu W J, Chen D Z, Liu X D, et al. Transport of semivolatile organic compounds to the Ti-

betan Plateau: Spatial and temporal variation in air concentrations in mountainous Western Sichuan, China. Environmental Science & Technology, 2010, 44 (5): 1559-1565

[30] Tao S, Liu W X, Li Y, et al. Organochlorine pesticides contaminated surface soil as reemission source in the Haihe Plain, China. Environmental Science & Technology, 2008, 42 (22):8395-8400

[31] Zheng X Y, Liu X D, Liu W J, et al. Concentrations and source identification of organochlorine pesticides (OCPs) in soils from Wolong Natural Reserve. Chinese Science Bulletin, 2009, 54 (5): 743-751

[32] Liu X D, Wania F. Cluster analysis of passive air sampling data based on the relative composition of persistent organic pollutants. Environ. Sci.: Processes Impacts, 2014, 16: 453-463

第6章　持久性有机污染物的山区冷捕集效应：
川西山区案例

本章导读

　　和前三章基于大气环境样品直接研究大气传输过程不同，本章基于土壤样品间接研究大气传输，重点研究所谓的山区冷捕集效应。

　　通过采集青藏高原东缘山地的巴郎山高海拔边远山区清洁的生态环境土壤，分析其中POPs的浓度水平、空间分布、季节变化，讨论大气传输、沉降、降解等环境过程。

　　2005年开展了从海拔1242 m到3940 m的贯穿巴郎山迎风坡——卧龙自然保护区的土壤样品采集；POPs分析测定用GC-ECD技术完成。最重要的研究结论之一是海拔2500 m以下的地区受到不同程度的污染，只有高海拔山区是清洁的，适宜开展冷捕集效应的研究（6.2节）。

　　2006年的土壤样品采集集中于2500 m以上的巴郎山高海拔山区；POPs分析测定用HRGC-HRMS技术完成；进行冷捕集效应研究；野外现场研究与模型研究的结果相互比较（6.3节）。在2个高海拔点位进行了大气与土壤逸度分数的计算和气-土交换的研究（6.5节）。

　　2008年的土壤样品的POPs测定用HRGC-HRMS技术完成；冷捕集效应研究集中于多氯联苯和多溴二苯醚（6.4节）。

　　六氯环己烷（HCHs）、滴滴涕（DDTs）、六氯苯（HCB）、多氯联苯（PCBs）和多溴二苯醚（PBDEs）均系半挥发性有机污染物（SVOC）。这类半挥发性有机污染物在长距离传输的作用下，已经分布到全球，甚至在南北极[1-7]、青藏高原[8,9]和高海拔山地[10-13]等偏远地区都有检出。SVOC具有山地冷捕集效应。近年来有学者认为降水可有效去除高山地区SVOC[14,15]。模型研究[16]和实地观测[17-20]指出海拔的升高导致降水量增加，从而使得湿沉降成为山区污染物富集的主要影响因素。山地生态系统的组成比较单一，一旦受到SVOC的污染，就有可能对高海拔清洁背景地区的生态环境造成严重的影响[21]。因此高山地区POPs

的含量、传输、迁移及组成特征值得引起足够的重视，不仅可以解释高山地区 POPs 的捕集机理，同时为这些地区的环境污染评价和治理提供相应的数据支持。

土壤对 POPs 等污染物有巨大的容纳能力，并且可以作为二次源将污染物重新排放到大气中去，在 POPs 的全球分布过程中起着重要作用[22,23]。已经有学者观察到了偏远清洁背景地区土壤中 POPs 的存在[1,8,10,24]。POPs 在土壤中的含量反映了其输入与输出过程及影响[22]，既与土壤使用情况有关，同时也与它的一些物理化学性质，包括挥发性、水溶性、降解性等密切相关[25,26]。

青藏高原是全球面积最大、海拔最高的高原，有世界屋脊之称，其面积为 2.5×10^6 km²，平均海拔在 4500 m 以上。前期的研究工作发现 POPs 在该地区存在冷捕集效应，高原上的 POPs 和其他污染物格外引人关注，尤其是藏东南一带[27-31]。青藏高原东缘位于人口众多、工农业发达的成都平原和青藏高原之间，山势陡峭，海拔变化较大，这为研究 POPs 在山区的冷捕集机理提供了一个独特的地点，然而对关于该地 POPs 的相关报道却很少[17,32-34]。

为了深入研究 POPs 的大气长距离传输现象，监测 POPs 随海拔梯度分布的趋势，本章选择青藏高原东缘山区巴郎山迎风坡——卧龙自然保护区为研究地点，于 2005 年春秋、2006 年春秋和 2008 年春采集了当地土壤，系统分析了有机氯农药（HCHs、DDTs 和 HCB）、PCBs 和 PBDEs 等的含量，深入探讨了山区各种环境因素（如季节变化、大气传输、降水和植被覆盖等）对 POPs 浓度、同系物组成和海拔分布的影响，评价了 POPs 在该地的山区冷捕集的可能性[17,32-34]。

6.1　实 验 部 分

6.1.1　研究区概况

巴郎山迎风坡，即东南坡属于四川省卧龙自然保护区（102°52′～103°25′E，30°45′～31°25′N）（图 6-1）。卧龙地区属国家级自然保护区，是大熊猫等野生动物的栖息地。它位于四川盆地西缘山地，青藏高原东侧，具有明显的海拔梯度。岷江上游支流鱼子溪和皮条河流经卧龙中部。以皮条河为界，东南部大部分山峰都在 4000 m 以下，而西北部山地海拔高度平均多在 5000 m 左右。由于山体高大，气候垂直变化显著，部分山峰终年积雪。

巴郎山区的气候属青藏高原气候区范围，冬半年（11 月至翌年 4 月）的西风急流南支和夏半年（4～10 月）的东南季风控制着主要天气过程。然而迎风坡直接受来自成都平原的气团影响。巴郎山的年降水量在 800 mm 左右，沿海拔梯度

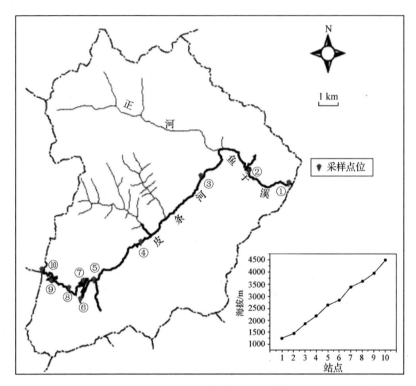

图 6-1　青藏高原东侧巴郎山区采样示意图

变化不大；从海拔 2700 m 到 3400 m 略有增加，大约 10%，到 4500 m 增加约 50%。大约 70% 的降水集中在夏季（5～9 月）。山区每上升 100 m 温度下降约 0.6℃，随海拔上升风速和太阳辐射也有增加。相应地，植被也随高度变化。2000 m 以下是阔叶林为主；2000～2600 m 为阔叶林针叶林混交；2600 m 以上是针叶林为主；3600 m 以上是灌木和高山草甸；4000 m 以上只有高山草甸生存，地表土层变薄，断断续续，岩石裸露。

采集土壤样品的点位分布在 303 省道的两旁。这条省道穿过卧龙自然保护区蜿蜒而上直达海拔 4475 m 的巴郎山垭口。独特的地理位置、生态环境和地形地貌特点使巴郎山区成为研究 POPs 在清洁地区分布、传输及组成特征变化规律的合适地点。

6.1.2　土壤样品的采集

如前所述，本章样品采集分别于 2005 年春秋、2006 年春秋和 2008 年春采集，采集方式略有不同，因此分别描述。表 6-1 为巴郎山各采样点的具体信息，表 6-2 为这三年采集土壤样品的数量和有机碳含量。

表 6-1　巴郎山各采样点描述

站点	名称	海拔（m）/年均温（℃）	经度（E）	纬度（N）	植被覆盖情况
1	水界牌	1242/15.7	103°23.39′	31°03.72′	常绿、落叶阔叶混交林
2	耿达乡	1439/14.5	103°18.72′	31°05.08′	常绿、落叶阔叶混交林
3	核桃坪	1847/12.1	103°13.15′	31°04.41′	针阔叶混交林
4	三道桥	2190/10.0	103°05.99′	30°57.81′	针阔叶混交林
5	驴驴店	2636/7.3	102°59.36′	30°53.22′	针阔叶混交林，农田
6	邓生	2828/6.1	102°58.34′	30°51.48′	寒温性针叶林
7	贝母坪	3377/2.8	102°58.91′	30°53.80′	耐寒灌丛和高山草甸
8	95 km 处	3619/1.4	102°57.37′	30°52.40′	高山草甸
9	塘坊	3940/−1.4	102°54.27′	30°53.60′	高山草甸
10	垭口	4479/−3.8	102°53.74′	30°54.69′	高山草甸

表 6-2　2005 年、2006 年及 2008 年土壤样品数及有机碳含量

站点	名称	2005 年 样品数（个）	春季（%）	秋季（%）	2006 年 样品数（个）	春季（%）	样品数（个）	秋季（%）	2008 年 样品数（个）	春季（%）*
1	水界牌	1	11	7.0						
2	耿达乡	1	3.7						2	4.85
3	核桃坪	1	5.4	9.6						
4	三道桥	1	3.0	2.8						
5	驴驴店	1	7.7	5.5	1	16	2	6.3	2	18.68
								5.7		
6	邓生	1	6.5	7.1					2	9.34
7	贝母坪	2	10	11	2	16	4	15	3	11.86
			10	10		11		8.1		
								13		
								14		
8	95 km 处	1	9.3	12	3	14	3	10	3	10.85
						12		11		
						9		9.6		
9	塘坊	1	4.9	4.6	2	5.1	3	7.0	3	5.67
						5.5		6.6		
								6.8		
10	垭口				2	7.7	3	7.3	3	13.19
						1.0		7.7		
								4.4		

* 2008 年春季样品土壤有机碳数据为该采样点位样品的均值。

2005 年我们选定了巴郎山作为研究地点，对其土壤中的 OCPs 进行了初步调查，为进一步研究巴郎山山区 POPs 的冷捕集效应奠定基础。因此考虑到巴郎山地区冬半年和夏半年气候特征不同，土壤中 OCPs 浓度可能会有所变化，我们分别于积雪开始融化的冬半年末（2005 年 4 月中旬，即春季）和经过夏季高温之后的夏半年末（2005 年 10 月中旬，即秋季）采集土壤样品（图 6-1 和表 6-2）。由于植被覆盖情况明显不同，采集的样品可分为两类：高山草甸土壤样品（贝母坪以上）和林线以下土壤样品（邓生以下）。

样品采集时，在 20m 直径范围内，用溶剂预清洗过的不锈钢铲采集 3～5 个 0～10 cm 表层土壤，混合均匀为一个样品。采集下一个样品时，用该地的土壤清洁不锈钢铲。采样点海拔在 1247～3940 m 之间，其中在贝母坪采集了两个样品（表 6-1 和表 6-2）。所有样品用经 450℃ 烘烤 4 小时的铝箔包裹，置于聚乙烯密实袋内。经冷冻干燥后，过 40 目不锈钢筛，储存在 −18℃ 冰柜中直至分析。

2005 年研究的主要结论之一是巴郎山迎风坡海拔 2500m 以下的地区受到不同程度的污染，只有高海拔山区是清洁的，适宜开展冷捕集效应的研究。所以 2006 年的土壤样品采集改变了策略，集中于高海拔山区点位，并且采集平行样，以期提高分析数据的信息量和可信度。

2006 年样品采集方式与 2005 年类似，于 4 月和 10 月采集。然而采样范围在高海拔处集中（2636～4479 m），并且采集平行样，以期提高分析数据的信息量和可信度。每个点位采集的样品数见表 6-2。样品也经冷冻干燥过筛后储存于冰柜中至分析。

2008 年样品采集与以往略有不同，选取 50 m 的直径范围内，用溶剂预清洗过的不锈钢铲采集 10～15 个表层土壤，混合均匀为一个样品。所得到的样品经冷冻干燥、研磨并用不锈钢筛筛分后，分成 2～3 个样品（表 6-2），然后置于聚乙烯密实袋内，在冰柜中储存直至分析。

土壤总有机碳（TOC）含量经 CHN 元素分析仪分析获得[35]。土壤样品的有机质含量一般在 1%～16% 范围（见表 6-2）。同一采样点位的样品中有机碳的含量一般不超过 2 倍。有机碳含量和海拔高度之间没有特定的关系。一般是林线以下的土壤有机碳高于更高海拔的土壤样品。3000m 以上可见牦牛放牧。和天然情况比较，牦牛放牧会改变高山草甸的天然植被季节性循环的情况，导致较高的土壤有机碳含量。同一采样点位的平行样品之间数据的变异系数一般较小。但是，在最高海拔采样点位，垭口的春季平行样品的有机质含量差别较大。这与高海拔山区土层薄、不连续有关。

6.1.3　提取、净化和分析

1. 2005 年样品

准确称取 5 g 经冷冻干燥过筛后土样，放入 250 mL 锥形瓶中，加入回收率指示物 2,4,5,6-四氯间二甲苯 10 ng 和 PCB209 40 ng。放入铜粉，用 1:1 ($V:V$) 正己烷：二氯甲烷 60 mL 超声提取 30 min，静置过夜，再超声 30 min，转入离心管离心分离。离心之后，转入鸡心瓶中旋转蒸发至 1~2 mL。过 6 g 100/200 目 Florisil 层析柱（内径 17 mm）净化，1:4 二氯甲烷：正己烷溶液 70 mL 淋洗，全部接收。接收液旋蒸，氮吹浓缩至 200 μL，加入 8 ng 五氯硝基苯内标，上 GC-ECD 分析。

GC-ECD 分析在 Angilent 6890 色谱仪上进行；弹性石英毛细色谱柱为 HP-5（长 30 m，内径 0.32 mm，膜厚 0.25 μm）；不分流进样，1 min 后分流，载气为高纯氮气。进样口温度：250 ℃；检测器温度：330 ℃。程序升温：80 ℃ 保持 1 min，以 10 ℃/min 的升温速率到 180 ℃，保持 5 min，再以 2.0 ℃/min 的升温速率到 200 ℃，以 1.0 ℃/min 的升温速率到 215 ℃ 保持 4 min，最后以 25.0 ℃/min 升到 280 ℃，保留 5 min，通过色谱保留时间定性，内标法定量。目标分析物为 α-HCH，β-HCH，γ-HCH，δ-HCH，HCB，p,p'-DDE，p,p'-DDD，p,p'-DDT，o,p'-DDT。

所用试剂经测定无干扰峰。每分析 8 个样品就包括一个全程空白实验、一个平行样品。结果表明全程空白实验中有 HCB、α-HCH 和 γ-HCH 的检出，略高于三倍信噪比，因此所有样品经过空白校正，样品平行性一般在 20% 以内，2,4,5,6-四氯间二甲苯和 PCB209 的回收率分别为 76%±6.6% 和 98%±7.1%。每做 10 个样品用质量控制标样监测仪器性能。p,p'-DDT 进样口分解率小于 15%。

上述分析所用的正己烷、二氯甲烷均为农残级，由美国 Tedia 公司生产。Florisil PR，100/200 目，由 Supelco 公司生产；在 170 ℃ 活化 13 h。无水硫酸钠，分析纯，经 450 ℃ 活化 4 h。活化后的 Florisil PR 和无水硫酸钠都存于干燥器中冷却至室温备用。两种回收率指示物（surrogate）标样 2,4,5,6-四氯间二甲苯、PCB209 购自 J&K 公司。9 种有机氯农药 α-HCH，β-HCH，γ-HCH，δ-HCH，HCB，p,p'-DDE，p,p'-DDD，p,p'-DDT，o,p'-DDT 和定量内标五氯硝基苯等购自国家标准物质研究中心（中国，北京）。

2. 2006 年样品

准确称取 10 g 土壤样品，放入经预先索氏提取过的滤纸桶中，加入替代内标 2,4,5,6-四氯间二甲苯（TMX）和 PCB209 各 20 ng，放入铜片后用 1:1（$V:V$）丙酮：正己烷 150 mL 索氏提取 16 h。将提取液旋转蒸发至 2 mL 左右；Florisil 净化，用 6%乙醚正己烷溶液 100 mL 淋洗，淋洗液旋转蒸发至 5～6 mL；转移至分液漏斗中，每次加入 2 mL 浓硫酸酸洗，静置，弃去硫酸层，多次酸洗，直至硫酸层呈无色；然后用 2%硫酸钠水溶液洗至中性，过无水硫酸钠柱干燥；高纯氮吹浓缩，定容至 1 mL。上 GC-HRMS 分析。所用正己烷、丙酮均为农残级。两种替代内标 2,4,5,6-四氯间二甲苯、PCB209 购自 J&K 公司。有机氯农药的标准样品购自国家标准物质研究中心（中国，北京）。

GC-HRMS 分析在 Finnigan MAT900 色质联机仪上进行；弹性石英毛细色谱柱为 VF-1（长 30 m，内径 0.25 mm，膜厚 0.25 μm）；不分流进样 1 μL 溶液样品，1 min 后切换为分流模式；载气为高纯氦气，流量保持在 1.2 mL/min。进样口温度：210 ℃；离子源温度：220 ℃；接口温度：250 ℃；灯丝：0.55 mA，42 eV；电子倍增管：1.75 kV；分辨率：10 000。升温程序：初始温度 70 ℃，保持 1 min，以 20 ℃/min 升至 150 ℃，再以 2 ℃/min 升至 250 ℃，保持 20min。

对 11 种目标化合物进行定性与定量分析，它们是 α-HCH、β-HCH、γ-HCH、δ-HCH、HCB、PCB28、PCB52、p,p'-DDE、p,p'-DDD 和 p,p'-DDT。标准溶液 BW3702（15 种有机氯农药的异辛烷溶液）和 BW3706（7 种指示性 PCBs 化合物的异辛烷溶液）购于国家标准物质研究中心（中国，北京）。δ-HCH 没有检出。GC-HRMS 测定之前加入已知量的 ^{13}C 标记的 γ-HCH、HCB、p,p'-DDE、p,p'-DDT、PCB28 及 PCB52（Cambridge Isotope Laboratories, Andover, Massachusetts）作为定量内标。

对于目标被测物以及对应的 ^{13}C 标记化合物分别确定选择离子，它们是 219，225（HCHs）；286，292（HCB）；318，330（p,p'-DDE）；235，247（p,p'-DDD，p,p'-DDT，o,p'-DDT）；258，270（PCB28 以及其他三氯联苯）；292，304（PCB52 以及其他四氯联苯）。

替代内标 TMX 和 PCB209 的回收率分别为 78%±13.4% 和 77%±10.8%。加标回收率 80%±3%。未对实际样品进行回收率校正。10 g 土壤样品的分析方法的过程空白在 0.003（PCB52）～0.026（γ-HCH）ng/g 之间。方法检测限在 0.002（PCB52）～0.07（HCB）ng/g 之间。所有批次的样品都用其相应的空白校正。每做 10 个样品用质量控制标样监测仪器性能，p,p'-DDT 进样口分解率小于 15%。

3. 2008 年样品

采用同位素稀释-高分辨气相色谱/高分辨质谱分析土壤中的 PCBs 和 PBDEs。即取 5 g 土壤，与 10 g 无水硫酸钠混匀。放入 34 mL 萃取池中进行加速溶剂萃取（DIONEX ASE300），萃取溶剂为 1∶1 二氯甲烷∶正己烷，温度 150 ℃，加热 7 min，静态提取 8 min，用溶剂快速冲洗样品，氮气吹扫，收集全部提取液，该过程循环两次。萃取前，往样品中加入 1 ng ^{13}C 标记的多氯联苯（EPA 68A-LCS）和 1 ng ^{13}C 标记的多溴二苯醚（^{13}C-BDE47，99，153），作为回收率指示物和定量内标。提取液浓缩至 1~2 mL，过复合硅胶纯化柱（内径 15 mm）。复合硅胶纯化柱填料自下而上分别为：1 g 活化硅胶、4 g 碱性硅胶、1 g 活化硅胶、8 g 酸性硅胶、2 g 活化硅胶和 2 cm 的无水硫酸钠。用 100 mL 正己烷预淋洗柱子。将浓缩后的样品溶液完全转移到复合硅胶柱后，用 100 mL 正己烷洗脱，收集全部洗脱液。洗脱液旋蒸，氮吹浓缩至 25 μL，加入 ^{13}C$_{12}$ 标记的进样内标（^{13}C$_{12}$-PCB9，52，101，138 和 ^{13}C-PCB194）。其中对 25 个 PCBs 单体，包括：一氯联苯 PCB3，二氯联苯 PCB15，三氯联苯 PCB19、28；四氯联苯 PCB52、77 和 81；五氯联苯 PCB101、105、114、118、123 和 126；六氯联苯 PCB138、153、156、157、167 和 169；七氯联苯 PCB180 和 189；八氯联苯 PCB202 和 205；九氯联苯 PCB208 和十氯联苯 PCB209；13 个 PBDEs：BDE17、28、47、66、71、85、99、100、138、153、154、183 和 190 进行了定量分析。HRGC/HRMS 分析参数具体见文献 [28]。

使用试剂均为农残级。每 8 个样品加一个空白，空白中 PCBs 浓度小于土壤浓度的 5%，而 PBDEs 浓度略高于 15%，因此对 PBDEs 做了空白校正，而 PCBs 没做空白校正。方法检测限在 0.023~0.163 pg/g 之间，PCBs 和 PBDEs 的回收率指示物分别为 61%~137% 和 68%~80%。

6.2　巴郎山区土壤中有机氯农药的区域分布

6.2.1　有机氯农药的浓度水平

本节主要围绕 2005 年春秋季样品进行分析，初步研究了巴郎山区土壤中有机氯农药的山区分布特征。

表 6-3 列出了 2005 年巴郎山区土壤中 OCPs 浓度，以及其他清洁地区土壤中

OCPs 浓度。可以看出巴郎山区土壤样品中的 OCPs 浓度普遍较低。春季样品中，$\sum$HCHs 浓度在 0.15～1.35 ng/g（中值：0.64 ng/g）之间，与西藏土壤中 $\sum$HCHs 浓度处于同一个数量级，比南极的要低；稍高于西班牙 Teide 山地的土壤。$\sum$DDTs 的浓度为 0.34～3.15 ng/g（中值：0.64 ng/g），与西藏土壤的浓度类似；比南极土壤和 Teide 山地土壤略低。HCB 的浓度为 0.02～0.20 ng/g（中值：0.083 ng/g），与南极土壤和 Teide 山地土壤相当，接近全球背景值 0.68 ng/g[36]。秋季样品的含量普遍低于春季样品。这些低浓度数值说明巴郎山区没有显著的 OCPs 污染源，属于清洁背景点。

表 6-3　巴郎山区 2005 年春秋两季土壤样品中测得的 OCPs 浓度中值[a]

（单位：ng/g）

OCPs	本次研究[33]		其他清洁地区土壤		
	春季	秋季	西藏[8]	Teide 山地[37]	南极[1]
α-HCH	0.20 (0.015～0.47)	0.084 (0.063～0.53)	0.10～2.55	0.059±0.12	0.09～3.9
β-HCH	0.042 (0.014～0.65)	0.041 (0.025～0.14)	nd～1.29	—	0.03～0.32
γ-HCH	0.58 (0.089～1.04)	0.24 (0.11～0.33)	0.05～1.77	0.049±0.1	0.71～55
δ-HCH	0.034 (0.009～0.11)	0.028 (nd～0.033)	nd～0.03	0.0015±0.0029	0.00～0.57
$\sum$HCHs	0.64 (0.15～1.35)	0.40 (0.23～0.80)	0.18～5.38	—	0.86～59.7
p,p'-DDE	0.17 (0.058～1.04)	0.18 (0.096～0.24)	0.00～2.83	3.4±7.9	0.03～3.19
p,p'-DDD	nd (nd～0.15)	0.007 (nd～0.022)	nd～0.36	—	0.03～3.1
o,p'-DDT	0.11 (nd～0.45)	0.088 (0.055～0.15)	nd～0.34	—	0.00～6.27
p,p'-DDT	0.23 (0.15～1.81)	0.19 (nd～0.29)	nd～0.52	2.0±4.3	0.04～15
$\sum$DDTs	0.64 (0.34～3.15)	0.37 (0.21～0.66)	nd～2.83	5.4 (0.01～40)*	0.1～25.6
HCB	0.083 (0.02～0.20)	0.13 (0.054～0.64)	—	0.31±0.55	0.02～25

a. 括号内数值指春秋两季各采样点相应化合物的最大值和最小值；
* 为文献中（p,p'-DDE+p,p'-DDT）的加和均值和范围[37]。
注：nd 为未检出。

6.2.2　有机氯农药的季节变化

土壤中的有机物质通常认为是憎水性有机物的理想吸附介质，土壤中污染物的 TOC 校正浓度更能真实地代表其富集和分馏效应，同时可减少其他因素，如排放源的距离、植被覆盖情况、气候条件等的影响[20,38]。因此为了更实际地反映土壤对有机氯农药的吸附作用，将土壤中有机氯农药的含量用 TOC 含量校正（表 6-4 和表 6-5），以下基于 OCPs 的 TOC 校正浓度展开讨论。

表 6-4　巴郎山区 2005 年春季土壤样品 OCPs 土壤有机碳校正浓度[33]

（单位：ng/g TOC）

样品编号	HCHs					DDTs					HCB
	α-HCH	β-HCH	γ-HCH	δ-HCH	∑HCHs	p,p'-DDE	p,p'-DDD	o,p'-DDT	p,p'-DDT	∑DDTs	
S1	1.6	3.0	2.7	0.41	7.6	9.2	1.3	4.0	13	28	1.5
S2	0.40	0.94	2.4	0.24	4.0	5.4	0.49	6.2	7.5	20	1.1
S3	7.8	1.9	8.1	0.66	18	3.9	0.33	3.9	6.2	14	1.5
S3-rᵃ	8.7	1.8	8.9	0.85	20	3.8	0.36	4.1	6.9	15	1.5
S4	6.5	21	7.1	3.8	39	5.6	nd	nd	5.8	11	0.59
S5	3.9	0.18	1.3	0.23	5.6	0.75	nd	0.54	nd	1.3	0.52
S6	1.4	0.65	5.0	0.31	7.3	4.1	nd	2.3	3.5	9.9	3.1
均值	4.3	4.3	5.1	0.92	15	4.7	0.63	3.5	7.2	14	1.4
RSD/%	78	179	60	138	85	55	77	54	46	58	61
S7-1	2.3	0.22	1.5	0.095	4.1	1.2	nd	0.46	1.9	3.6	0.71
S7-2	2.7	0.24	2.9	0.13	6.0	1.0	nd	0.77	1.5	3.3	1.1
S8	1.6	0.35	4.6	0.36	6.9	1.7	nd	1.2	2.3	5.2	1.9
S9	3.6	1.2	21	1.6	28	3.1	nd	1.4	3.4	7.9	3.7
均值	2.5	0.49	7.6	0.55	11	1.8		0.96	2.3	5.0	1.9
RSD/%	32	92	122	131	99	53		44	37	43	71

a. S3-r 为 S3 的平行样品。

表 6-5　巴郎山区 2005 年秋季土壤样品 OCPs 土壤有机碳校正浓度[33]

（单位：ng/g TOC）

样品编号	HCHs					DDTs					HCB
	α-HCH	β-HCH	γ-HCH	δ-HCH	∑HCHs	p,p'-DDE	p,p'-DDD	o,p'-DDT	p,p'-DDT	∑DDTs	
S1	1.2	0.65	4.5	0.23	6.5	3.5	nd	1.3	nd	4.7	1.9
S3	0.88	0.49	2.5	0.17	4.1	1.9	nd	1.1	1.5	4.5	0.73
S4	2.3	5.1	5.9	1.0	14	7.3	0.78	2.4	5.6	16	1.9
S5	1.6	0.69	6.0	0.54	8.8	2.4	0.39	1.5	3.4	7.6	1.1
S6	1.1	0.38	1.5	0.20	3.2	2.4	nd	0.83	1.4	4.6	9.0
均值	1.4	1.5	4.1	0.43	7.4	3.5	0.58	1.4	3.0	7.5	2.9
RSD/%	39	139	49	83	60	64	46	42	67	66	116
S7-1	1.5	0.23	0.95	0.13	2.8	1.5	0.06	0.97	2.6	5.2	1.5
S7-2	5.2	0.25	2.5	nd	7.9	1.8	nd	0.95	2.5	5.2	2.1
S8	1.7	0.35	1.2	0.28	3.5	1.8	0.10	1.3	2.5	5.2	2.2
S9	1.4	1.2	5.3	0.63	8.4	2.1	0.24	1.2	1.1	4.6	1.9
均值	2.4	0.50	2.5	0.35	5.7	1.8	0.13	1.1	2.2	5.2	1.9
RSD/%	76	91	79	75	51	13	72	15	34	8.4	16

HCHs：巴郎山区春季土壤样品中，绝大部分样品浓度不高，代表了巴郎山一般的清洁情况。三道桥（S4）的 ΣHCHs 浓度最高，说明存在局地的污染情况。秋季土壤的 HCHs 浓度沿海拔分布情况与春季类似。三道桥的浓度仍处于最高值，进一步佐证了局地污染情况。该点春秋两季土壤 β-HCH 异构体在 ΣHCHs 中的相对组分含量分别为 55% 和 36%，远高于其他采样点，该点的高浓度主要是由 β-HCH 含量相对异常的情况引起的。

DDTs：如表 6-4 所列，春季土壤样品中，DDTs 类农药在林线下土壤样品中的浓度高于高山草甸的 4 个样品。p,p'-DDT 的类似这个现象表现更为突出，并且其浓度基本高于其他 3 个化合物。秋季样品中，DDTs 类农药沿海拔分布相对比较均匀。p,p'-DDT 仍在 ΣDDTs 中占有主要成分，但 p,p'-DDE 的地位逐渐显现出来，与 p,p'-DDT 相当（表 6-5）。

HCB：表 6-4 和表 6-5 显示了春秋两季采样点土壤中 HCB 浓度水平基本一致。HCB 被认为在环境中存在相当持久。在上述几种 OCPs 中，HCB 最易挥发，持久性强，水溶性弱，在大气中的寿命长达 80 天甚至更久，有机会在大气中充分地混合与传输[36]。大气传输是有机污染物在污染土壤和清洁土壤之间重新分配的有效途径，通过大气传输使得土壤中 HCB 浓度分布比较均匀。而且巴郎山区土壤中的 HCB 干重浓度处在全球背景值水平上，因此可以推断巴郎山区 HCB 主要是来自大气传输。

季节变化的比较：观察高山草甸土壤 OCPs 春秋季均值的差值百分比和林线下土壤的 OCPs 春秋季均值的差值百分比（表 6-6）。结果得出高山草甸土壤的差值百分比绝对值 HCHs 总体大于 DDTs（ΣHCHs>ΣDDTs），HCB 的差值百分比与 ΣDDTs 类似；林线下土壤中 ΣHCHs 和 ΣDDTs 差值百分比绝对值接近，而 HCB 接近于零。比较这三类物质的物化参数，HCHs 的 lg K_{aw} 小于 DDTs，更小于 HCB，大气中的 HCHs 容易随湿沉降进入地表的环境介质。对 lg K_{ow} 而言，也是 HCHs 小于 DDTs 和 HCB，这就指示前者不易被有机质含量高的介质吸附和吸收。而且 HCHs 的水溶性比其余两者都大，因此这三类 OCPs 一旦进入地表介质，HCHs 不易保留在地表介质中，在环境中的变化比 DDTs 和 HCB 活跃。

巴郎山区冬半年的降水形式以降雪为主，夏半年以降雨为主。冬半年大气中的有机污染物随雪降落，在上述三类的 OCPs 中，HCHs 由于其物化性质更易随降雪沉降。雪在地面的持留时间较长，携带的有机物可随融雪缓慢释放，与地表介质有充分的接触时间，因此在春季融雪过程中，对土壤中 HCHs 的贡献较DDTs 和 HCB 的大。到了夏季，东南季风带来了丰富的降雨，雨水在地面的停留时间较短，携带的有机物与地表介质没有时间充分接触。水溶性较强的 HCHs

表 6-6　高山草甸土壤和林线下土壤春秋两季土壤有机碳校正平均浓度季节差值*

	lg K_{aw}	C_L/(mol/m³)	lg K_{ow}	lg K_{oa}	高山草甸土壤差值/%	林线下土壤差值/%
α-HCH	−3.53	0.333	3.94	7.46	4.6	70
β-HCH	−4.83	1.44	3.91	8.74	−2.4	61
γ-HCH	−3.91	0.247	3.83	7.74	67	23
δ-HCH					37	37
∑HCHs					49	46
p,p'-DDE	−2.77	0.00079	4.2	9.70	−1.3	26
p,p'-DDD	−3.7	0.0023	6.33	10.03		7.5
o,p'-DDT					−15	60
p,p'-DDT	−3.34	0.00042	6.39	9.73	5.0	59
∑DDTs					−3.1	47
HCB	−1.57	0.0014	5.64	7.21	−3.4	−0.9

　*　HCHs 删去污染点样品 S4，HCB 除去秋季 S6 的离群值。差值（%）＝（春季均值−秋季均值）/春季均值×100。所列物化性质是在 25 ℃下算得[39,40]。

将比另外两类更多地溶解于水中，随地表径流流失，形成春秋季土壤中 HCHs 的变化最大。高山草甸区域远离人类活动场所，采集的样品均沿着同一个坡面（S7-1—S9），植被覆盖少，水土保持能力弱。HCHs 的差值百分比大可归因于上述原因。

　　林线下采样点接近人类活动区域，植被覆盖率高，水土保持较好，有利于有机物的吸附和吸收。DDTs 类化合物的 lg K_{oa} 和 lg K_{ow} 大于 HCHs 的，易被含脂量高的介质如植被吸附。从表 6-1 可知，林线下植被主要以常绿针叶落叶阔叶混交林为主。在春季植物生长期，植被的覆盖率明显增高，植物的过滤和吸附作用降低了有机物在空气和水生系统中的浓度，亲脂性强的 DDTs 更多地吸附于植物表面[41]，在秋季（10 月份采样时）未落叶时期，这些吸附在植物表面的 DDTs 对土壤浓度的贡献很小。而这些 DDTs 在深秋随落叶进入地表系统，经过冬季长期的腐败进入土壤，增加了春季土壤的浓度，使得春秋季 DDTs 的差值（47%）显现出来。而 HCHs 亲脂性较弱，植物对其的过滤和吸附作用不明显[41]，因此林线下 HCHs 春秋季的差值仍旧接近高山草甸土壤。另外，由于植物的过滤和吸附作用使得更多的有机物滞留在了陆生系统尤其是林下土壤中[41]，植被的覆盖和云雾的笼罩也减少了太阳的直接辐射，降低了有机物的光解，使林线下土壤中大部分 OCPs 浓度稍高于高山草甸土壤中的 OCPs 浓度。HCB 由于挥发性较强

（lg K_{aw}＝－1.57），在土壤中的分布比较均匀[36]，季节变化小，所以春秋季差值无论是高山草甸还是林线下的土壤变化都最小，接近于 0。

值得指出的是，此次研究中观察到的 OCPs 春高秋低的普遍现象与 Daly 等[14]以 α-HCH 为例研究冬季积雪对土壤中 OCPs 浓度影响的模拟结果一致。巴郎山区地处高海拔，冬季较长。在干冷的西风急流南支的影响下，经常有降雪、霾等干湿沉降天气。积雪时期从第一年的 11 月份至次年的 4 月份，通过干湿沉降的 α-HCH 不断地蓄积在雪中。到了春季，部分 α-HCH 随着融雪（包括雪水及在冬季通过干湿沉降在雪中的颗粒物）慢慢释放到地表介质中，引起土壤浓度的升高。夏半年的高温辐射加剧了土壤中的各种微生物活动，促进了 α-HCH 在土壤中的二次挥发和微生物降解，丰富的雨水也加剧了 α-HCH 的流失，使得秋季土壤中的 α-HCH 浓度相对较低。其他 OCPs 春高秋低的现象与 α-HCH 相似。

6.2.3　山区冷捕集效应

值得注意的是，高山草甸土壤中 $\sum$HCHs、$\sum$DDTs 和 HCB 的浓度具有随着海拔的上升、温度的下降而增高的趋势，表现出了"冷捕集效应"。有研究指出[42]，观察山区污染物的"冷捕集效应"要符合两个要求：一是样品要在同一个山坡采集，使各点位具有相似的"排放源-受体"关系；二是远离各种局地污染源。本次研究中高山草甸采样点的情况符合上述要求。

巴郎山大气中 OCPs 的浓度随海拔分布比较均匀，随着海拔的上升、温度的下降、大气湿沉降形式改变，效率增加，半挥发性有机物的相分配向凝聚态（如雨、雪、大气颗粒物）偏移[43]，经湿沉降过程进入到土壤、植被、水体等，导致高海拔处环境介质中 OCPs 浓度升高。此次研究高海拔样品整体数据体现出"冷捕集效应"，但样品和点位较少，有待于对高海拔土壤进行进一步研究[16,17]。

6.2.4　有机氯农药污染的来源识别

为了更好地识别巴郎山区 OCPs 来源，比较了巴郎山区 2005 年春秋两季土壤样品 HCHs 和 DDTs 的相关比值与文献报道的典型污染土壤[8,44-48]及大气相关样品[27,49-54]（如大气样品、干湿沉降样品）的数据（图 6-2）。

在对 HCHs 的来源识别时，选用了以 α-HCH/γ-HCH 为纵坐标，β-HCH/$(\alpha+\gamma)$-HCH 为横坐标 [图 6-2（a）]。这主要是因为工业品 HCH 中 α-HCH/γ-HCH 的组分比值在 3.6～15 之间，林丹中 α-HCH/γ-HCH 的比值小于 0.1，一般用 α-HCH/γ-HCH 比值判断环境中的 HCHs 的来源及其通过大气长距离输送的途径。α-HCH 和 γ-HCH 蒸气压明显大于 β-HCH，是气相中主要的 HCHs 异

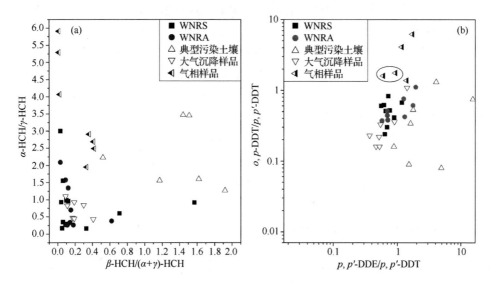

图 6-2 巴郎山区 2005 年春秋两季土壤样品与文献数值比较图

WNRS：巴郎山春季土壤；WNRA：巴郎山秋季土壤。为了便于比较，（b）图横/纵坐标为对数坐标

构体。β-HCH 的化学结构具有良好的对称性，化学和物理性质较其他异构体稳定，难以降解，为 4 种异构体中最稳定的一种，随时间的推移，最终在土壤中占优势的应该是 β-HCH，污染土壤中的 β-HCH 相对含量较高，可用 β-HCH/$(\alpha+\gamma)$-HCH 来鉴别土壤中的 HCHs 是否是历史污染。因此本次研究综合了两者比值，与文献数据做比较，结合巴郎山地区土壤中 HCHs 的组成特征来识别其主要来源。

由图 6-2（a）可见，巴郎山大部分土壤样品的 HCHs 比值与大气相关样品接近，β-HCH/$(\alpha+\gamma)$-HCH 比值低于 0.5，可以认为巴郎山土壤中 HCHs 主要来自大气干湿沉降过程。S07 和 S10 的 β-HCH/$(\alpha+\gamma)$-HCH 比值大于 0.5，体现了典型污染土壤的特征。S07 有局地污染；S10 所处海拔较低，人类活动相对密集，虽然 HCHs 浓度不高，但不排除历史影响。

通常情况下，p,p'-DDT 在好氧状态下降解为 p,p'-DDE，在厌氧状态下则降解为 p,p'-DDD。环境中的 p,p'-DDE 主要来自 p,p'-DDT 的降解。因此 p,p'-DDE/p,p'-DDT 可用作环境中 DDTs 来源历史的判断，低的 p,p'-DDE/p,p'-DDT 比值指示有新的 DDTs 输入。o,p'-DDT/p,p'-DDT 可说明 DDTs 是否有三氯杀螨醇的输入。工业品 DDTs 中，o,p'-DDT 含量约为 15%，p,p'-DDT 约为 85%，o,p'-DDT/p,p'-DDT 在 0.175 左右。而三氯杀螨醇还在国内普遍使用，且含有可观的 DDTs 类杂质，其中 o,p'-DDT 占主要部分，o,p'-DDT/p,p'-DDT 约为 7[55]。中国在 1983 年禁止了工业品 DDTs 的使用。

　　如图 6-2（b）所示，巴郎山春秋季土壤 DDTs 比值远偏离典型污染土壤，与大气样品接近，其中包括两个巴郎山大气样品（在图中已标明）[32]，说明巴郎山土壤中 DDTs 主要是大气输送沉降而至。从图中可以看出，巴郎山土壤中 p,p'-DDE/p,p'-DDT 比值约等于 1，揭示巴郎山区附近大气可能有新的 DDTs 输入；o,p'-DDT/p,p'-DDT 比值明显大于 0.175，考虑到两者的半衰期类似[52]，而且巴郎山大气中 o,p'-DDT/p,p'-DDT 比值大于 1（图 6-2），提示新的输入可能是使用三氯杀螨醇引起的，这个结果与喜马拉雅山中部松针的研究结果类似[9]。

6.3　巴郎山区土壤中有机氯污染物的冷捕集效应

6.3.1　有机氯污染物的土壤浓度

　　从 2005 年巴郎山区土壤 OCPs 海拔分布可以得出结论，海拔 2500m 以下的地区受到不同程度的污染，只有高海拔山区是清洁的，适宜开展冷捕集效应的研究。所以 2006 年将研究地点集中于高海拔山区，进一步研究巴郎山区 POPs 的山区冷捕集效应。

　　巴郎山区土壤样品中有机氯农药与 2 种指示性多氯联苯化合物的浓度在春秋季节的具体数值见表 6-7，春秋两季样品汇总源的浓度数值以及土壤有机碳校正源的数据对于海拔梯度作指数回归分析的结果见表 6-8。巴郎山区土壤中 HCHs、HCB 和 DDTs 的浓度水平相当，均小于 1 ng/g，与 2005 年的浓度在同一个水平线上。巴郎山区土壤中 o,p'-DDT 和 β-HCH 是在较高水平检出了。在中国东部和南部地区的空气样品中较高的 o,p'-DDT/p,p'-DDT 比值归因于含有 o,p'-DDT 杂质的三氯杀螨醇农药的使用[55,56]。现在我们采集的中国西部山区土壤中 o,p'-DDT 的浓度也高于 p,p'-DDT 浓度，这表明三氯杀螨醇农药的使用在中国广大区域是一个普遍的现象，与 2005 年的结果相符。β-HCH 的检出也值得注意，国外一些前期研究中就没有此类报道[57,58]。但是在中国受污染的农业土壤中，β-HCH 占 $\sum$HCHs 的比例相对较大[46,47]。α-HCH/γ-HCH 比值在工业品 HCHs 中是 3.6~15，在林丹中远小于 1。林丹在中国和其他国家的继续使用使得这个比值变小[57]。土壤中 γ-HCH 的降解速率高于 α-HCH，这就导致 α-HCH/γ-HCH 比值随时间流逝而逐渐升高[59,60]。从表 6-7 可见，α-HCH 和 γ-HCH 在春秋两季有相反的季节变化，结果导致 α-HCH/γ-HCH 比值在春季是约等于 1，而秋季是 4。这个现象可以用林丹在春季的积雪融化时输入土壤而在随后的夏季降解来解释[14]。林丹降解的部分产物就是 α-HCH。可见巴郎山区土壤的 α-HCH/γ-HCH 比值变化反映了林丹降解和近期输入之间的动态平衡。

表 6-7　巴郎山 2006 年春秋季土壤中有机氯污染物浓度中值和范围[17]

（单位：ng/g）

	过程空白	方法检测限	春季	秋季
α-HCH	0.016	0.02	0.22 (0.05~0.58)	0.34 (0.05~0.81)
β-HCH	0.016	0.03	0.07 (0.03~0.13)	0.07 (0.03~0.14)
γ-HCH	0.026	0.03	0.14 (0.07~0.25)	0.08 (0.03-0.16)
ΣHCHs			0.42 (0.18~0.92)	0.50 (0.09~1.1)
p,p'-DDE	0.011	0.002	0.25 (0.02~0.47)	0.27 (0.09~0.63)
p,p'-DDD	0.006	0.02	0.10 (nd~0.75)	0.05 (nd~0.21)
o,p'-DDT	0.018	0.03	0.27 (0.12~0.4)	0.19 (0.07~0.30)
p,p'-DDT	0.026	0.02	0.16 (0.04~0.39)	0.13 (0.02~0.23)
ΣDDTs			0.78 (0.2~1.7)	0.64 (0.23~1.1)
HCB	0.008	0.07	0.26 (0.07~0.54)	0.25 (0.05~0.44)
PCB28	0.006	0.006	0.019 (0.006~0.035)	0.007 (0.006~0.16)
PCB52	0.003	0.002	0.009 (0.004~0.027)	0.003 (0.002~0.01)

注：nd 为未检出。

表 6-8　巴郎山 2006 年春秋两季土壤样品中有机氯化合物浓度的中值与范围以及
有机碳校正浓度对于海拔梯度作指数回归［参见方程（6-2）］的统计参数[17]

（单位：ng/g）

	中值	范围	r^2	$m\times10^4$	c	显著性
α-HCH	0.25	0.05~0.81	0.94	5.3±0.8	− (1.5±0.3)	$p<0.01$
β-HCH	0.06	0.03~0.14	0.76	5.5±1.8	− (2.1±0.7)	$p<0.10$
γ-HCH	0.08	0.03~0.25	0.98	5.7±0.4	− (2.0±0.2)	$p<0.01$
HCB	0.25	0.07~0.54	0.89	3.2±0.7	− (0.8±0.2)	$p<0.05$
PCB28	0.009	0.006~0.16	0.84	3.5±0.9	− (2.1±0.3)	$p<0.05$
PCB52	0.004	0.002~0.027	0.94	4.8±0.6	− (2.9±0.3)	$p<0.01$
p,p'-DDT	0.14	0.02~0.39	0.90	3.7±0.7	− (1.2±0.3)	$p<0.05$
p,p'-DDE	0.27	0.02~0.63	0.71	1.9±0.7	− (0.3±0.3)	$p<0.10$
p,p'-DDD	0.03	0~0.75	0.90	8.1±1.6	− (3.5±0.6)	$p<0.05$
$\Sigma p,p'$-DDX	0.43	0.08~1.3	0.94	5.5±1.8	− (5.4±1.5)	$p<0.01$
o,p'-DDT	0.22	0.07~0.4	0.73	2.6±0.9	− (0.5±0.3)	$p<0.10$

两种指示性的 PCBs 的浓度要比 OCPs 低一个数量级，低于大西洋加那利群岛 Tei-de 山地[37]［PCB28：(0.053±0.068) ng/g，PCB52：(0.11±0.14) ng/g］，与瑞

典南部农村非农业土壤的浓度有可比性 [PCB28：(0.002～0.108) ng/g，PCB52：(0.004～0.245) ng/g][61]。我们的研究结果接近近期一项大型研究报告中报道的中国背景土壤和农村土壤的 PCBs 浓度水平，和其以三氯联苯与四氯联苯为主的组成特征一致[62]。

我们同样对 2006 年土壤中测得的化合物干重浓度做了 TOC 校正（表 6-9）。相同采样点位的土壤样品之间变异系数（相对标准偏差）一般很小。但是海拔最高的垭口点位的春季样品的平行性较差。这和该点位海拔高、土层薄且分布不连续、有机碳含量差异大等因素有关。

春季和秋季土壤样品的浓度差异一般较小，尽管 10 个目标被测物中有 8 个在春季样品中浓度稍高。这样的季节变化特征我们在 6.2 节中做了相关讨论，并且与土壤在冬季接受污染物输入而在夏季经历污染物的流失与损失的图像是一致的[14]。一般认为土壤中存储的 POPs 的总量远大于输入输出的年度的通量[63]，因此我们不打算过度解读土壤浓度的细小差别。在 6.3.2 节讨论中我们使用春季和秋季浓度的均值。

6.3.2　有机氯农药的土壤浓度沿海拔的分布

在此次调查中，我们可以发现所有目标被测物的浓度沿海拔高度增加而增加（表 6-9 和图 6-3）。这一现象在前期研究中已经有所报道，例如波兰的 Holy Cross 山脉对于多种有机物的研究[64]，大西洋加那利群岛 Teide 山对于 OCPs 和 PCBs 的研究[37]以及加拿大西部 Revelstoke 山对于 OCPs 的研究[58]。这些研究均用线性方程和指数方程对土壤中有机碳校正的污染物浓度（C_{Soil}，ng/g TOC）与海拔高度（h，m）做了回归分析[13,37,58]。这两种方法也用于我们巴郎山区土壤有机碳校正的污染物浓度数据：

$$C_{soil} = m \cdot h + c \tag{6-1}$$

$$\lg C_{soil} = m \cdot h + c \tag{6-2}$$

表 6-10 和表 6-11 给出了 3 套土壤数据（春季、秋季、两季汇总）的回归分析结果，其中表 6-10 是依据方程（6-1）的线性回归的参数，表 6-11 是依据方程（6-2）的对数浓度线性回归（指数回归）的参数。尽管，依据方程（6-1）的回归分析参数多个 r^2 优于 0.75，统计意义处于 $p \leqslant 0.05$ 的水平，但是依据方程（6-2）的回归分析参数一般均表现更优。我们据此认为指数函数拟合巴郎山的土壤数据要优于线性函数。表 6-8 给出了方程（6-2）的两季汇总土壤数据参数 m 和 c，以及 r^2 值。大多数目标被测物的 r^2 值大于 0.8，显著性水平在 5% 甚至于 1% 水平。只有 β-HCH、p,p'-DDE 和 o,p'-DDT，得到的 r^2 值大于 0.7，显著

表 6-9　巴郎山春秋季土壤中有机氯化合物浓度[17]

（单位：ng/g TOC）

站点	样品数		α-HCH		β-HCH		γ-HCH		HCB		PCB28		PCB52		p,p'-DDE		p,p'-DDD		o,p'-DDT		p,p'-DDT	
	S	A	S	A	S	A	S	A	S	A	S	A	S	A	S	A	S	A	S	A	S	A
10	2	3	3.16	8.88	5.57	1.65	5.76	1.92	4.35	4.47	0.53	0.17	0.37	0.05	2.21	4.24	0.91	0.95	8.40	2.81	4.68	2.16
9	2	3	3.77	5.39	2.04	1.15	2.40	1.36	2.84	2.80	0.21	0.03	0.20	0.03	3.66	2.64	0.76	0.63	5.27	2.13	1.68	1.04
8	3	3	3.54	2.39	0.58	0.27	1.59	0.59	3.89	2.22	0.18	0.07	0.10	0.03	3.03	2.03	0.33	0.18	2.77	1.54	1.72	1.32
7	2	4	0.75	2.06	0.37	0.56	0.83	0.61	2.06	3.09	0.14	0.06	0.05	0.04	2.45	3.74	0.14	0.48	1.75	1.83	0.84	1.75
5	2	2	0.55	0.96	0.32	0.44	0.48	0.24	1.11	0.94	0.12	0.02	0.04	0.02	1.10	1.64	0.06	0.00	1.57	2.39	0.81	0.44
均值			2.36	3.94	1.78	0.81	2.21	0.94	2.85	2.7	0.24	0.07	0.15	0.03	2.49	2.86	1.24	0.45	3.95	2.14	1.95	1.34
rsd			0.09	0.06	0.22	0.11	0.13	0.11	0.02	0.04	0.18	0.25	0.22	0.42	0.10	0.11	0.68	0.41	0.10	0.20	0.20	0.24

注：rsd 为标准偏差；S 为春季土壤；A 为秋季土壤。

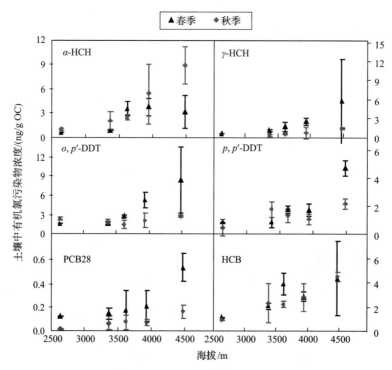

图 6-3　巴郎山迎风坡土壤中有机氯污染物浓度的分布
（以各个点位土壤平行样的均值和标准偏差表示）

性水平小于 10%。这种污染物浓度随海拔梯度呈现指数趋势的情况在前期研究中也有报道：在加拿大西部山区的积雪中一些 OCPs 的浓度在海拔较低时逐渐增加，在海拔较高时却急剧增加[13]。

表 6-10　土壤有机碳校正浓度对海拔线性回归［方程（6-1）］的参数表[17]

	春季		秋季		春秋两季汇总	
	r^2	p 值	r^2	p 值	r^2	p 值
α-HCH	0.594	0.127	**0.850**	**0.026**	**0.913**	0.011
β-HCH	0.701	0.077	0.641	0.103	0.703	0.076
γ-HCH	**0.793**	**0.043**	**0.877**	**0.019**	**0.830**	0.031
HCB	**0.779**	**0.047**	**0.823**	**0.034**	**0.930**	0.008
PCB28	0.681	0.085	0.595	0.126	0.683	0.085
PCB52	**0.802**	**0.040**	0.585	0.132	**0.817**	0.035
p,p'-DDE	0.332	0.309	0.483	0.193	0.720	0.069

续表

	春季		秋季		春秋两季汇总	
	r^2	p 值	r^2	p 值	r^2	p 值
p,p'-DDD	0.558	0.147	**0.814**	**0.036**	**0.897**	0.015
p,p'-DDT	0.707	0.074	0.600	0.124	**0.774**	0.049
o,p'-DDT	**0.812**	**0.037**	0.090	0.623	0.723	0.068

注：加粗数据表明回归所获得的参数具有显著性水平（$p \leqslant 0.05$）。

表 6-11 土壤有机碳校正浓度的对数值对海拔高度线性回归 [方程 (6-2)] 的参数表[17]

	春季		秋季		春秋两季汇总	
	r^2	$m \times 10^4$	r^2	$m \times 10^4$	r^2	$m \times 10^4$
α-HCH	0.676	4.9	**0.967**	5.4	**0.938**	5.3
β-HCH	**0.832**	7.1	0.488	3.3	**0.761**	5.5
γ-HCH	**0.965**	6.0	**0.955**	5.0	**0.985**	5.7
HCB	**0.821**	3.2	**0.822**	3.4	**0.891**	3.2
PCB28	**0.812**	3.3	0.612	4.4	**0.836**	3.5
PCB52	**0.891**	5.5	0.619	2.0	**0.939**	4.8
p,p'-DDE	0.432[a]	1.9[a]	0.525	1.8	0.711	1.9
p,p'-DDD	**0.872**	6.8	**0.785**	6.3	**0.900**	8.1
p,p'-DDT	**0.819**	4.1	0.646	3.1	**0.906**	3.7
o,p'-DDT	**0.870**	4.3	0.065	0.38	0.727[b]	2.6[b]

a. 如果删去一个离群值，回归分析的 r^2 为 0.986，斜率为 4×10^{-4}；
b. 如果删去一个离群值，回归分析的 r^2 为 0.973，斜率为 5×10^{-4}。
注：统计意义高（$r^2 \geqslant 0.750$）的参数值用黑体标示。

回归方程（6-2）的截距 C 在一定程度上和污染物浓度水平相关联，而斜率 m 主要描述土壤浓度沿海拔梯度的增加速率。HCB 的斜率 m（3.2×10^{-4}）和 PCB28 的斜率 m（3.5×10^{-4}）小于 PCB52 的斜率（4.8×10^{-4}），而后者又小于 HCHs 的三个异构体的斜率（均值为 5.5×10^{-4}）。p,p'-DDD 的斜率最大（8.1×10^{-4}），而其他 DDTs 化合物的斜率变化较大。这可能一方面与回归分析的线性较差有关（p,p'-DDE 和 o,p'-DDT 就是这种情况）；另一方面可能是因为 p,p'-DDD 是 p,p'-DDT 的代谢产物。我们因此也计算了三种化合物（p,p'-DDX）的加和值的回归分析结果，其斜率为 5.5×10^{-4}。总体上看，沿海拔梯度土壤浓度变化速率，即巴郎山区冷捕集效应的增强序列是：HCB $\approx$ PCB28 < PCB52 < α-HCH $\approx$ β-HCH $\approx$ γ-HCH $\approx$ p,p'-DDX（< p,p'-DDD），进一步深化了 2005 年高海拔的山区冷捕集的结果。

6.3.3　Mountain-POP 模型预测

　　研究山区冷捕集效应涉及许多环境介质和影响因素。面对这样的复杂问题，用数学模型进行模拟有其优势。Mountain-POP 模型就是为了这个目的设计和开发的[16,65]。这是一个基于逸度概念的环境多介质箱体模型。研究对象是理想化的持久性有机化合物，即假设它不降解。研究目标是模拟这些化合物沿海拔梯度的传输与分布。Mountain-POP 模型沿海拔梯度划分了 5 个区段，海拔从低到高分别为 1~5 区段；每一个区段有一个土壤箱体、一个大气箱体；箱体的大小沿海拔梯度递减。这个模型系统由 10 个箱体组成，可模拟一个温带的山地系统（图 6-4），最低点到最高点的距离是 120 km。年降水量假设为 1000 mm，并且没有季节变化，也不随海拔高度变化。沿海拔梯度的 2 个相邻区段之间的温度差是 5 ℃（K），海拔最低的是区段是 25 ℃，最高的是区段是 5 ℃；假设每个区段内的温度是均一的、不变的。可见 Mountain-POP 模型的许多假设简化处理了复杂的实际问题，一方面凸显山地系统基本特征，另一方面又忽略一些细枝末节。

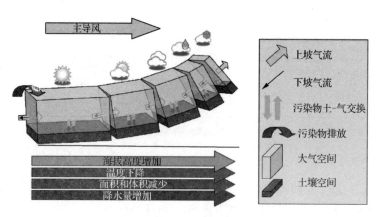

图 6-4　Mountain-POP 模型的概念图示[16]

　　为了比较不同物理化学性质的持久性化合物对于山区冷捕集效应的敏感度的差异，模型定义了"山区污染潜势"（mountain contamination potential，MCP），用海拔最高的两个区段（4 和 5）的土壤箱体中的一种污染物的量占整个山地系统的总量的分数来表征该污染物的山区污染潜势。

$$\mathrm{MCP} = \frac{\displaystyle\sum_{i=4}^{5} M_{i,\mathrm{soil}}}{\displaystyle\sum_{i=1}^{5} M_{i,\mathrm{soil}} + \sum_{i=1}^{5} M_{i,\mathrm{air}}} \tag{6-3}$$

Mountain-POP 模型进而假设一种特定污染物是从海拔最低的区段 1 的大气箱体被排放进入山区系统的。在稳态条件下，模拟了污染物 10 年的扩散、传输、分配等过程。参与模拟的污染物的水-大气平衡分配系数（$0 < \lg K_{wa} < 6$）和辛醇-大气平衡分配系数（$6 < \lg K_{oa} < 12$）均有 6 个数量级的变化。

模型计算的结果可以用一种化合物空间图（chemical space plot）来形象地表达。通过图示的方法，将其 MCP 表达为 2 个分配系数的函数，即该化合物的 MCP 与 K_{wa} 以及 K_{oa} 的函数，显示不同物理化学性质的化合物在高海拔山区的富集程度，即山区冷捕集效应的强弱（参见 6.3.4 节的图 6-5）。

6.3.4　现场观测与模型预测的比较

有机化合物在山区的蓄积，至少在一定程度上，是由化合物的物理化学性质决定的[65]。Wania 和 Westgate[16] 用 MCP 模型较细致地研究了一种持久性有机化合物的分配性质是如何影响山区冷捕集效应的。MCP 计算预测在温带的山区，25℃下，$\lg K_{wa}$ 在 3.5～5.5 区间，$\lg K_{oa}$ 在 8.5～11 区间的有机化合物在高海拔地区将具有最高的相对富集。这些有机化合物的湿沉降沿海拔增加最快；在设定的温度范围内，其湿沉降清除效率对温度的变化也最敏感[16]。当空气沿海拔上升变冷时，$\lg K_{wa}$ 在 3.5～5.5 区间的有机化合物能在气体状态下被迅速清除；而 $\lg K_{oa}$ 在 8.5～11 区间的有机化合物能更有效地被大气颗粒物吸附，继而随颗粒物沉降而清除。

在 MCP 模型建立条件下，我们可以通过一种持久性有机化合物在 25℃下的 K_{wa} 和 K_{oa} 的两个分配系数，在图 6-5 上得到相应的 MCP 值，近似地评估其山区冷捕集行为。根据文献［39，40，66］报道的 K_{wa} 和 K_{oa} 数值，我们可以确定 2006 年土壤中所测的目标分析物在图 6-5 中的位置。模型预测了化合物的山区冷捕集效应的增强序列：HCB＜PCB28＜PCB52＜α-HCH＜γ-HCH＜β-HCH＜DDTs 类化合物。

虽然现场观测和模型预测得到的山区冷捕集强弱顺序并不是完全的一致，但是总体趋势是相当地吻合。特别是模型解释了 HCHs 的山区冷捕集效应为什么会强于 HCB 和低氯取代联苯化合物：因为 HCHs 具有更高的 K_{wa}，其湿沉降效率对于温度的变化更敏感。当气团从成都平原向巴郎山抬升时，所有这些化合物的湿沉降效率都会增加，但是仅有 HCHs 增加的更多。

DDTs 类化合物具有比较高的 MCP 数值。这是因为在山区气团上升而降温时，这些挥发性较低的化合物更加趋向凝集于大气颗粒物，并且被湿沉降所清除。如果巴郎山区的大气颗粒物浓度较模型设定值低，或者颗粒物的吸收能力较模型设定值弱的话，MCP 图示（彩图 4）所依据的模型有可能过高估计颗粒物去除这一过程。如果我们不考虑这一过程，那么将用 K_{wa} 独自决定山区冷捕集效应的强弱。模型计算的 MCP 和现场观测所得到的斜率 m 与 $\lg K_{wa}$ 之间呈现出相似的关系（图 6-5）。令人感兴趣的是，p,p'-DDT 类化合物和 HCHs 具有相似大小的斜率 m，而 p,p'-DDT 类化合物的 K_{wa} 只比 HCHs 的 K_{wa} 稍小。而且 p,p'-DDE、p,p'-DDT 和 p,p'-DDD 的斜率 m 和它们的 K_{wa} 数值是高度相关的，因此正如我们所预期的，气相清除是山区冷捕集效应的主要决定因素。

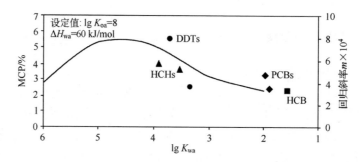

图 6-5　MCP 与 $\lg K_{wa}$ 的相关性以及巴郎山土壤中 POPs 回归斜率 m[17]

出现在彩图 4 左上角（$\lg K_{wa} < 2$，$\lg K_{oa} < 7$）的有机化合物挥发性相当强，即便在高海拔的低温环境也难以作为气态污染物或颗粒物吸附的物种被清除。出现在彩图 4 右下角（$\lg K_{wa} > 7$，$\lg K_{oa} > 12$）的有机化合物即便在山脚比较高的温度环境也能被降雨所高效率地清除。这两种情况一般均不会导致山区冷捕集效应，除非降水量沿海拔梯度显著增加[16]。

6.3.5　其他的影响因素

Mountain-POP 模型预测的 MCP 和现场观测的山区冷捕集效应之间确有某些差异，其可能原因之一在于我们拿一个全年无冰冻的典型温带山脉和巴郎山这样的季节分明、冬季飞雪的山脉做比较。例如，虽然 HCB 和 PCB28、PCB52 的 K_{wa} 和 K_{oa} 值都不在那个湿沉降温度敏感区间（K_{wa}：$3.5 \sim 5.5$，K_{oa}：$8.5 \sim 11$）（彩图 4），但 PCBs 却可以有效地吸着于雪花上，从而增加了在高海拔地区的沉降。

除了湿沉降速率的差异，还有其他因素有可能影响土壤浓度沿海拔梯度的变化。例如出现的局地污染，林线上下土壤中污染物的不同行为和表现，由于挥发和降解而导致的不同损失。审视巴郎山区的情况，我们确信采样点位是典型的边远山区，人类活动极为有限，不存在 POPs 的污染源。特别是在巴郎山东南剖面海拔高端处，极不可能有这样的污染源存在。由于树木树冠的过滤效应，林地土壤中 POPs 的沉降一般是高于非林地土壤；而因为林木的隔热和较低的温度使得 POPs 的降解与挥发速率较小，林地土壤中 POPs 损失小于非林地土壤。如果仅仅考虑巴郎山区沿海拔梯度植被覆盖的变化情况，我们能够预计海拔梯度低端的土壤浓度较高，而实际情况并非如此。可见植被的变化情况以及局地污染的假设均不能解释我们现场观测的土壤浓度沿海拔梯度的变化。这就间接地支持了山区冷捕集效应是湿沉降速率不同所致的假设。

另一方面，不同的降解损失也可能是原因之一。在高海拔地区，温度较低的情况下降解过程会产生延滞。降解过程在彩图 4 的 MCP 模拟计算中并没有考虑，因为已经假设目标化合物是一个理想的持久性化合物。但是前期研究的计算表明降解过程的确能够增强土壤浓度沿海拔梯度增加的趋势[65]。各种 POPs 对于土壤中降解，特别是降解对于海拔高度的不同敏感度也会影响山区冷捕集效应的相对强度。

6.3.6　与意大利阿尔卑斯山区研究的比较

山区冷捕集效应是近年的一个研究热点，不断有新的研究被报道。这里着重介绍欧洲的一项研究[20]。研究区域选在意大利大城市米兰北部不远的阿尔卑斯山区的莱尼奥内山（Mount Legnone）。研究基于沿一个海拔梯度（245～2600 m）采集的 19 个表层土壤样品。作者用土壤干重数据报告结果，但是用土壤有机碳校正的数据进行环境过程的分析与讨论。作者认为土壤有机碳校正很重要，是数据讨论必需的一个步骤。POPs 浓度水平表明这一山区确属清洁的地区；其 HCB 和 HCHs 的浓度和巴郎山持平，但是 HCHs 以 γ-HCH 为主；DDTs 浓度略高于巴郎山区；PCBs 浓度明显高于巴郎山区，并且以五氯取代和六氯取代的化合物为主，和中国的 PCBs 组成特征大有不同。特别值得关注的是，沿海拔梯度的土壤浓度的增加趋势，表现出明显的指数型增长的特征。对于三类 POPs 的回归分析，得到了有统计意义的结果。HCB 的增长斜率是 5.9×10^{-4}，HCHs 的斜率是 2.5×10^{-3}，DDTs 的斜率是 1.2×10^{-2}。可见其浓度增长的斜率顺序，也即山区冷捕集效应强弱的顺序是 HCB＜HCHs＜DDTs。这在总体上和关于巴郎山区的研究结果是一致的。PCBs 总量数据没有得到统计意义的结果，但是低氯取代和高氯取代的化合物分类处理均得到具有统计意义的、有规律性的结果。三氯取代化合物的斜率是 2.2×10^{-4}，四氯取代化合物的斜率是 3.0×10^{-4}，和 HCB 处于相似的水平，这和巴郎山区的情况也是一致的。

作者同意 Davidson 等的观点[67]，认为降水和温度是影响山区冷捕集效应最重要的因素。雪花的清除效率犹胜雨滴[14]。降水除了发挥湿沉降的作用，还增加了土壤的水分；而水分的蒸发又有利于降低土壤的温度，从而减少 POPs 的热挥发损失。

意大利阿尔卑斯山区的这一地区有充沛的降水，而且年降水量从山脚的 1200 mm 逐步增加到山顶的 2400 mm。这一情况和巴郎山区明显不同。比较意大利阿尔卑斯山区和巴郎山区的两项研究，还应该注意到两个海拔梯度上下界的不同，回归分析具体方法的不同，PCBs 组成变化和模型预测之间的相似程度也不同。冷捕集效应研究的数据积累和认识深化均有赖于世界各地各种纬度、各种海拔梯度，各种气象条件，各种 POPs 污染背景的研究实例的不断补充和汇总。

6.4　巴郎山区土壤中 PCBs、PBDEs 的冷捕集效应

6.4.1　PCBs 和 PBDEs 浓度水平

从 2005 年和 2006 年巴郎山土壤 OCPs 和两个指示性 PCBs 沿海拔梯度分布的综合结果看，当地高海拔处适合展开 POPs 冷捕集效应的研究，而林线下土壤则由于森林过滤效应和部分局地污染，浓度高于高山草甸区域。因此，在以上基础上，2008 年春我们对另两类 POPs——PCBs 和 PBDEs 做了系统分析，更为全面地研究了巴郎山区 POPs 的环境化学行为。

表 6-12 列出了 PCBs 和 PBDEs 的干重浓度。土壤中 Σ_{25}PCBs 的浓度范围为 59~287 pg/g，平均值为 163 pg/g，这与我们前期对青藏高原南部土壤测得的浓度（均值：186 pg/g）相当[28]，低于中国背景地区（424 pg/g）[62]、全球背景地区（5410 pg/g）[68] 和意大利山区（3600 pg/g±2300 pg/g）土壤[20]，但高于秘鲁安第斯山区（80 pg/g±140 pg/g）土壤[20]。测得的主要同系物为三氯联苯和六氯联苯，分别占 Σ_{25}PCBs 的 48.2% 和 17.5%。近期的一项研究也指出二氯和三氯联苯是中国边远/农村地区土壤的主要同系物，城市土壤则以六氯和三氯联苯为主。在所有样品中 7 个指示性 PCBs（包括 PCB28、52、101、118、153、138 和 180）的浓度为 0.2~151 pg/g，占 Σ_{25}PCBs 的 71%~84%。Σ_7PCBs 和 Σ_{25}PCBs 之间显著相关（$R=0.997$，$p<0.01$），说明指示性 PCBs 能够代表当地 25 个 PCBs 的环境演变和迁移过程。

表 6-12　巴郎山土壤中指示性 PCBs 和 PBDEs[a] 干重浓度平均值及范围[34]

（单位：pg/g）

同类物	均值	范围
PCB28	79	26～151
PCB52	9.1	4.0～17
PCB101	7.4	2.7～15
PCB118	5.8	1.4～14
PCB138	11	3.1～22
PCB153	15	4.6～33
PCB180	2.8	0.2～13
$\sum_{25}$PCBs	163	59～287
BDE17	1.3	0.5～3.1
BDE28	5.7	1.1～14
BDE47	5.6	1.7～10
BDE66	1.6	0.4～4.3
BDE99	1.5	0.3～3.8
BDE100	0.3	0.1～0.7
BDE153	8.2	0.05～35
BDE154	0.4	0.05～0.7
BDE183	2.2	0.3～4.6
$\sum_{13}$PBDEs	26	4.3～61

a. BDE71、BDE85、BDE138 和 BDE190 低于检测下限（LOD）。

此外，我们用世界卫生组织给出的毒性当量因子计算了类二噁英类 PCBs 的毒性当量[69]，范围为 22～94 fg TEQ/g，远低于美国密歇根州房屋周边土壤的值（均值，2.2 pg TEQ/g）[70]。

本项研究中，$\sum_{13}$PBDEs 的浓度范围为 4.3～61 pg/g，均值为 26 pg/g，与藏南土壤的浓度相当（均值：11 pg/g）[28]，明显低于其他偏远地区，如俄罗斯北极地区（16～230 pg/g）[71]、欧洲背景地区（65～12 000 pg/g）[38]。同类物以低溴代 BDEs 为主，如 BDE28 和 BDE47。一项跨亚洲东部地区的空气调查也在中国中西部地区发现这两个同类物，包括成都平原大气中主要的 PBDEs 单体[56]。此报道结果也证实了本工作研究区域巴郎山土壤中的 PBDEs 来自成都平原的长距离大气传输，并且受其控制[32]。

从上述结果可以看出，巴郎山的 PCBs 和 PBDEs 浓度处于全球浓度的低值，因此该地可以作为这两类污染物在全球尺度上的一个洁净背景地区。

6.4.2 土壤总有机碳的作用

土壤总有机碳可与大气沉降的 POPs 结合，同时也是 POPs 的理想富集场所。2005 年和 2006 年的数据表明，以 TOC 校正的浓度更能体现出高山冷捕集效应。因此，为了更深入地阐明 TOC 对 POPs 的作用，我们将 2008 年获得的 PCBs 和 PBDEs 的干重浓度与％TOC 做了回归分析。表 6-2 显示了每个采样点土壤的有机碳全量（％TOC）。相关性分析表明土壤中的 TOC 与 $\sum_{25}$PCBs 和 $\sum_{13}$PBDEs 显著线性相关（$p<0.01$），同时我们也对 TOC 与单个同类物浓度的相关性进行了分析（表 6-13）。为了减少数据的离散性，数据分析前对同类物浓度和％TOC 做了对数转换。从结果可以看出，大部分化合物浓度与 TOC 显著相关，表明该地区 TOC 对 POPs 在土壤中的富集具有重要作用。其他对高海拔山地的相关研究，如我国藏南地区、大西洋亚热带地区和欧洲背景地区等也发现了类似的结果[28,37,38,68]。

表 6-13 巴郎山土壤中 PCBs 与 PBDEs 同类物浓度与％TOC 的回归方程[a][34]

	斜率	r	p	$\lg K_{oa}$
$\sum_{25}$PCBs	**0.616**	**0.643**	**0.00297**	
PCB3	**0.569**	**0.695**	**9.49E−4**	6.43
PCB15	**0.562**	**0.498**	**0.0300**	7.88
PCB19	0.445	0.428	0.0673	7.67
PCB28	**0.695**	**0.596**	**0.00708**	8.30
PCB52	**0.522**	**0.566**	**0.0116**	8.56
PCB77	**0.710**	**0.869**	**<0.0001**	9.85
PCB101	0.464	0.436	0.06174	9.27
PCB105	**0.868**	**0.565**	**0.0118**	10.37
PCB118	**0.822**	**0.527**	**0.0206**	10.19
PCB123	**0.630**	**0.601**	**0.00645**	10.14
PCB126	**0.860**	**0.790**	**<0.0001**	10.71
PCB138	**0.709**	**0.496**	**0.0307**	10.12
PCB153	**0.702**	**0.543**	**0.0162**	9.99
PCB156	**0.976**	**0.513**	**0.0248**	11.15
PCB157	**0.550**	**0.688**	**0.00113**	11.20
PCB167	0.494	0.363	0.127	11.01

续表

	斜率	r	p	$\lg K_{oa}$
PCB169	0.226	0.108	0.659	11.83
PCB180	0.176	0.0699	0.776	10.73
PCB202	**0.680**	**0.475**	**0.0463**	10.11
PCB208	0.0919	0.0979	0.718	11.38
PCB209	**0.599**	**0.725**	**4.40E−4**	11.73
$\sum_{13}$PBDEs	**1.062**	**0.576**	**0.00977**	
BDE17	**0.819**	**0.661**	**0.00921**	9.53
BDE28	**1.325**	**0.770**	**1.17E−4**	9.73
BDE47	**0.621**	**0.483**	**0.0364**	10.83
BDE66	**0.921**	**0.600**	**0.00659**	11.15
BDE99	**1.065**	**0.584**	**0.00862**	11.60
BDE100	0.121	0.110	0.653	11.45
BDE153	1.547	0.335	0.161	12.12
BDE183	**1.135**	**0.605**	**0.0169**	12.24

a. 粗体表明数值的显著性水平 p 优于 0.05。

一般说来，土壤有机质在 POPs 的土气交换过程中起到关键作用[19,37,58]。化合物在土壤和大气边界地带的迁移主要取决于其 K_{oa} 值。我们将表 6-13 中处于显著性相关的 PCBs 单体的回归斜率与相应的 $\lg K_{oa}$ 做分析，所得结果的曲线图在图 6-6 中显示，其中 $\lg K_{oa}$ 是根据 Harner 和 Bidleman[72] 提供的方程计算获得的。得到的线性关系显著，表明巴郎山土壤中 PCBs 的浓度与其 K_{oa} 和土壤 TOC 具有比例关系，其分布模式与土壤的性质已经达到一个平衡状态，这与西班牙 Teide 山地的观测结果一致[37]。

进一步，我们对 PBDEs 也进行了类似分析，根据 Harner 和 Shoeib[73] 报道的方法计算了各 PBDEs 的 K_{oa} 值（表 6-13）。与 PCBs 的结果不同，对 PBDEs 的研究未发现其斜率和 $\lg K_{oa}$ 的相关性（图 6-6），这可能与这两类 POPs 不同的使用历史有关。此研究结果与欧洲高山湖泊鱼体中 PCBs 和 PBDEs 的所得的结果类似。

6.4.3　PCBs 和 PBDEs 浓度沿海拔的分布

彩图 5，图 6-7 和图 6-8，表 6-14 和表 6-15 显示了本研究中 PCBs 和 PBDEs 的 TOC 校正浓度沿海拔的分布趋势。与我们前期的研究得出结果类似，采自林

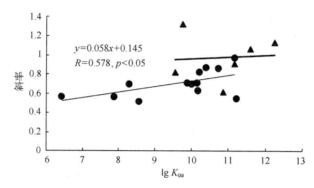

图 6-6　PCBs 与 PBDEs 同类物浓度的对数值与％TOC 对数值回归得到的斜率与相应的 lg K_{oa} 作图。圆点代表 PCBs，三角代表 PBDEs。PCBs 回归方程列于图中。选择的斜率均处于显著性水平（表 6-13）[34]

线下样品中的这两类 POPs 浓度相对高于高山草甸样品浓度[33]。森林通过气相吸附和大气沉降，能够有效捕集有机污染物，随而将之转移至林中土壤[41,74]。模型研究也表明林内土壤中 SVOC 的浓度比空地土壤中的浓度高 28％[41]。考虑到沿此山坡大气中的化合物浓度分布比较均匀[32]，森林过滤效应可能导致了巴郎山林线下土壤的较高浓度，其中点位 1 的 PCBs 和 PBDEs 的浓度最高（彩图 5，图 6-7，图 6-8，表 6-14 和表 6-15）。距离人类活动地点较近也可能是林线下采样点浓度较高的原因。

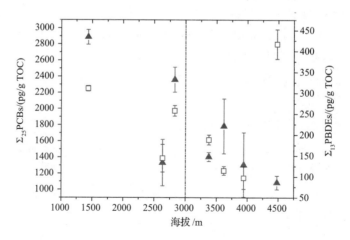

图 6-7　巴郎山土壤中 Σ_{25}PCBs 和 Σ_{13}PBDEs 浓度随海拔分布图[34]

三角表示 PCBs，方块表示 PBDEs

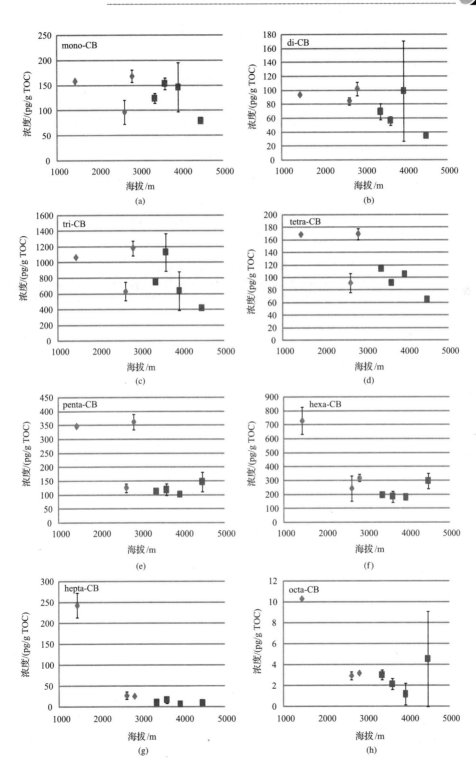

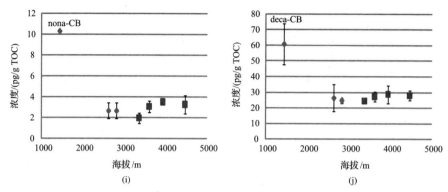

图 6-8 巴郎山土壤中 PCBs 同类物随海拔分布图

菱形：林线下样品；方块：高山草甸样品[34]

表 6-14 巴郎山土壤中 PCBs 的 TOC 校正浓度[34] （单位：pg/g TOC）

	PCB3	PCB15	PCB19	PCB28	PCB52	PCB77	PCB81	PCB101	PCB105
S1-1	157	95	23	1040	148	21	nd	157	49
S1-2	159	93	19	1050	148	21	nd	159	45
S5-1	80	81	11	538	70	11	nd	41	21
S5-2	114	88	14	701	89	13	nd	51	23
S6-1	160	109	28	1220	151	22	2.1	160	52
S6-2	177	95	26	1090	143	19	nd	143	50
avg1	141	94	20	940	125	18	2.1	118	40
Rsd	26	10	34	28	29	26		48	36
S7-1	114	58	9.3	711	89	15	1.7	49	15
S7-2	126	68	11	740	103	15	nd	51	18
S7-3	132	82	12	762	103	14	nd	49	16
S8-1	167	64	11	1390	85	18	nd	75	15
S8-2	149	53	9.2	1000	74	14	0.92	52	12
S8-3	145	53	7.4	962	71	13	nd	52	12
S9-1	120	60	11	515	79	12	nd	48	11
S9-2	116	55	11	451	71	14	nd	53	12
S9-3	203	182	23	896	120	19	nd	63	11
S10-1	78	34	6.8	408	48	14	0.76	55	18
S10-1′	80	36	7.6	385	51	13	0.76	61	17
S10-2	79	33	7.6	447	52	12	0.76	53	23
S10-3	80	34	6.8	401	55	14	0.76	86	27
avg2	122	62	10	698	77	14	0.94	57	16
Rsd	31	62	41	44	30	14	40	20	30
avg1-avg2	19	31	10	242	48	3	1.2	61	24

续表

	PCB114	PCB118	PCB123	PCB126	PCB138	PCB153	PCB156	PCB157
S1-1	4.1	115	14	4.1	202	431	14	2.1
S1-2	4.1	120	14	4.1	375	394	14	4.1
S5-1	1.6	42	5.9	2.7	55	114	4.3	1.6
S5-2	1.6	50	7.0	3.7	117	177	5.9	2.1
S6-1	3.2	148	15	3.2	117	202	8.6	2.1
S6-2	3.2	127	13	5.4	104	178	8.6	2.1
avg1	3.0	100	12	3.9	162	249	9.4	2.4
Rsd	38	43	35	24	71	52	45	37
S7-1	nd	36	5.1	3.4	62	104	2.5	1.7
S7-2	nd	40	5.9	3.4	67	112	3.4	1.7
S7-3	0.84	38	5.1	3.4	62	107	2.5	1.7
S8-1	nd	39	6.5	8.3	74	124	3.7	2.8
S8-2	nd	31	6.5	5.5	58	93	2.8	2.8
S8-3	0.92	32	4.6	4.6	52	85	1.8	1.8
S9-1	1.6	25	5.3	3.5	62	92	1.8	1.8
S9-2	nd	26	7.1	3.5	60	81	1.8	3.5
S9-3	nd	26	5.3	3.5	55	86	1.8	3.5
S10-1	nd	44	6.8	3.8	100	124	6.1	1.5
S10-1'	nd	45	6.8	2.3	158	142	5.3	1.5
S10-2	nd	45	5.3	3.0	110	130	5.3	1.5
S10-3	1.5	75	7.6	3.0	155	183	8.3	2.3
avg2	1.2	39	6.0	3.9	83	112	3.6	2.2
Rsd	32	34	16	39	45	25	57	34
avg1-avg2	1.8	62	5.6	0	79	137	5.7	0.21

	PCB167	PCB169	PCB180	PCB189	PCB202	PCB205	PCB208	PCB209	ΣPCBs
S1-1	6.2	4.1	260	4.1	6.2	4.1	10	52	2820
S1-2	6.2	4.1	221	2.1	8.2	2.1	10	70	2950
S5-1	2.1	1.1	21	nd	2.1	0.54	2.1	20	1130
S5-2	3.7	1.6	33	1.1	2.7	0.54	3.2	33	1540
S6-1	4.3	5.4	26	1.1	2.1	1.1	3.2	24	2470
S6-2	3.2	5.4	25	nd	3.2	nd	2.1	26	2250
avg1	4.3	3.6	97	2.1	4.1	1.7	5.2	37	2190
Rsd	38	51	114	69	62	91	76	52	33
S7-1	1.7	18	13	0.84	2.5	0.84	2.5	24	1340
S7-2	1.7	16	8.4	nd	2.5	0.67	1.7	25	1420
S7-3	1.7	17	9.3	nd	2.5	nd	1.7	24	1450

续表

	PCB167	PCB169	PCB180	PCB189	PCB202	PCB205	PCB208	PCB209	ΣPCBs
S8-1	1.8	25	25	nd	2.8	nd	3.7	30	2170
S8-2	0.92	15	11	nd	1.8	nd	2.8	28	1620
S8-3	0.92	14	13	nd	1.8	nd	2.8	24	1550
S9-1	5.3	28	5.3	nd	nd	nd	nd	35	1120
S9-2	1.8	26	11	nd	1.8	nd	nd	25	1030
S9-3	1.8	28	3.5	nd	1.8	nd	3.5	26	1760
S10-1	2.3	12	7.6	5.3	2.3	nd	3.8	27	1010
S10-1′	1.5	11	8.3	0.76	2.3	nd	3.8	24	1070
S10-2	3.0	9.1	7.6	nd	2.3	nd	nd	29	1060
S10-3	3.8	9.1	9.1	0.76	11	nd	2.3	32	1210
avg2	2.2	18	10	1.9	3.0	0.76	2.9	27	1370
Rsd	56	41	51	118	89	16	29	13	25
avg1-avg2	2.1	−14	87	0.17	1.1	0.91	2.4	10	820

表 6-15　巴郎山土壤中 PBDEs 的 TOC 校正浓度[34]　（单位：pg/g TOC）

	BDE17	BDE28	BDE47	BDE66	BDE99	BDE100	BDE153	BDE154	BDE183	ΣPBDEs
S1-1	19	53	123	23	23	5.2	13	11	37	319
S1-2	12	55	131	31	25	9.3	16	13	23	315
S5-1	14	52	30	8.0	4.8	1.3	4.0	nd	6.4	121
S5-2	17	76	41	8.0	6.4	0.80	5.6	nd	12	168
S6-1	17	101	78	14	9.6	3.7	8.0	nd	17	248
S6-2	20	101	85	14	9.6	3.7	8.0	nd	25	267
avg1	17	73	81	16	13	4	9	12	20	240
Rsd	17	32	51	55	66	76	51	12	53	33
S7-1	12	55	37	12	16	2.1	8.9	3.0	35	199
S7-2	14	62	46	13	16	3.0	8.0	nd	39	217
S7-3	14	63	41	9.3	10	1.3	8.9	1.3	34	196
S8-1	6.5	30	28	11	11	4.1	3.2	nd	32	126
S8-2	4.6	24	24	9.2	11	2.3	7.8	3.2	21	107
S8-3	9.2	24	30	8.3	6.5	2.3	4.1	nd	25	122
S9-1	nd	22	31	7.1	7.1	2.6	0.88	nd	5.3	76
S9-2	nd	19	41	7.1	5.3	2.6	4.4	nd	8.8	88
S9-3	11	47	36	12	5.3	2.6	4.4	nd	8.8	131
S10-1	9.9	49	74	33	28	4.9	266	nd	nd	469
S10-1′	6.1	48	76	26	29	3.4	234	nd	nd	422
S10-2	11	52	64	24	26	1.1	220	nd	nd	398

续表

	BDE17	BDE28	BDE47	BDE66	BDE99	BDE100	BDE153	BDE154	BDE183	ΣPBDEs
S10-3	6.8	44	55	25	24	1.9	226	nd	nd	383
avg2	10	41	45	15	15	3	77	2.5	23	226
Rsd	34	38	38	57	59	40	145	43	55	63
avg1-avg2	7.1	32	36	1.1	−2.0	1.4	−67	10	−3.1	14

注：S10-1′表示 S10-1 的重复进样。

我们同样也发现，在高山草甸地区，土壤中的部分污染物浓度随海拔上升。由于在高山草甸地区更容易发生 POPs 的冷捕集效应[33]，因此我们仍旧采用指数方程（6-2）对这批林线上样品中污染物浓度（C_{soil}：pg/g TOC）与海拔（h：m）的关系进行分析[17]：

表 6-16 列出了根据方程（6-2）得到的具有显著相关的回归方程及其参数（$p<0.1$）。从表中可以看出，如果仅考虑高山草甸的样品，则可以观察到部分化合物的高山冷捕集效应。而且显示低氯代联苯的斜率为负值，而那些质量较重的化合物主要为正值。此外，还可发现，K_{oa} 值越高的化合物，如 PCB105、123、138、

表 6-16 高山草甸土壤 PCBs 和 PBDEs 浓度（pg/g TOC）与海拔的指数方程［方程（6-2）］[34]

	$m×10^{-4}$	R	p
PCB3	−2.15	−0.716	0.00595
PCB15	−2.53	−0.567	0.0434
PCB28	−3.11	−0.763	0.00243
PCB52	−2.36	−0.814	7.10E−4
PCB105	1.33	0.483	0.0942
PCB123	0.778	0.511	0.0744
PCB138	2.97	0.796	0.00115
PCB153	1.27	0.555	0.0489
PCB156	3.28	0.638	0.0190
PCB167	2.32	0.483	0.0946
PCB169	−2.04	−0.513	0.0733
PCB208	1.58	0.555	0.0962
BDE47	2.62	0.731	0.0045
BDE66	3.78	0.738	0.00397
BDE99	3.20	0.523	0.0666
BDE153	14.5	0.757	0.00275
BDE183	−12.3	−0.939	1.71E−4

153、156、167、208 和 BDE47、66、99、153，其 m 值越高，即随海拔明显升高，这可能与高海拔地区高的降水率相关。在无其他干扰因素，如植被和其他显著的排放源时，降水是山区主要的沉降方式。K_{oa} 值越高、质量越大的 POPs 越容易被高山冷捕集，同时这些经历高山冷捕集的物质的挥发性比那些经历全球冷捕集的低两个数量级。因此，在巴郎山高山草甸地区，分子量较高的 SVOC 更容易被土壤冷捕集，揭示降水是当地高山冷捕集的主控因子。

6.4.4　PCBs 和 PBDEs 同类物组成沿海拔的分布

彩图 6 也显示了 PCBs 和 PBDEs 同类物组成沿海拔的分布。与 2006 年该地 OCPs 和 PCBs 随海拔升高的趋势相比，PCB28，PCBs 中含量最高的同类物，却随海拔降低[17]，可能原因是本次采样前期降水量下降[75]。2007 年和 2008 年的年均降水量是 2006 年的 67%，这可能削弱了 POPs 的冷捕集效应。如上所述，降水对分子量较大的 SVOC 更有去除效率。因此，在少雨的时期，低氯代 PCBs（如 PCB28）不易被冷捕集，甚至消失[16]。值得提出的是，对 PCBs 来说，主要的同系物三氯联苯的百分含量在林线下随海拔上升，在高山草甸区域随海拔下降；而对另一个主要同系物六氯联苯，变化与之相反。植物更易从大气中吸收 K_{oa} 高的 POPs，从而导致大气中六氯联苯的百分含量降低，进而导致植物和土壤中的含量也随之降低，这就是所谓的森林过滤效应[76]。然而，在高海拔的高山草甸区域，冷捕集效应使得六氯联苯的百分含量随海拔上升（表 6-17）。对 PBDEs 来说，两个主要的同类物 BDE47 和 BDE28 随海拔未发现明显的变化规律。

表 6-17　巴郎山高山草甸土壤中 PCBs 同系物百分含量与其海拔关系相关性[34]

	斜率	r	p
mono-CB	−0.00128	−0.377	0.205
di-CB	−9.59E−4	−0.213	0.484
tri-CB	**−0.0178**	−0.810	**7.97E−4**
tetra-CB	−9.73E−4	−0.330	0.271
penta-CB	**0.00567**	0.808	**8.35E−4**
hexa-CB	**0.0140**	0.852	**2.15E−4**
hepta-CB	1.05E−4	0.163	0.595
octa-CB	2.07E−4	0.426	0.167
nona-CB	**1.50E−4**	0.803	**0.00513**
deca-CB	**9.06E−4**	0.705	**0.00715**

此外，除点位 10 之外，其余点位 $\sum_{25}$ PCBs 和 $\sum_{13}$ PBDEs 之间的浓度呈显著相关性（图 6-9），说明尽管两类化合物的使用历史不同，但仍旧具有类似的海拔分布趋势，两者可能来自相同的工业排放源。令人惊讶的是，点位 10 土壤中的 BDE153 比重明显高于其他点位。考虑到分析技术对样品分析具有良好的重现性，我们可以排除操作失误和分析误差。关于此现象的可能原因是人类干扰。点位 10 位于巴郎山垭口，当地居民经常在此处朝圣，悬挂经幡、哈达，挥撒纸钱。经幡和哈达一般都是印有图案的纺织品，纸钱也带有印刷的油漆。据调查，这些纺织品和印刷品可能含有 PBDEs，这可能导致了点位 10 土壤中 BDE153 的高含量[77-79]。

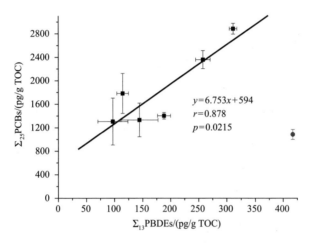

图 6-9　巴郎山土壤各点位间 $\sum_{25}$ PCBs 和 $\sum_{13}$ PBDEs 浓度相关性（圆点代表点位 10）[34]

6.5　巴郎山区 POPs 土壤-大气交换

6.5.1　逸度与逸度分数的计算

当相邻的环境介质中污染物浓度以逸度（f）表达时，其交换通量的方向可以用逸度梯度来预测。在卧龙自然保护区巴郎山迎风坡的两个点位，我们有两个采样周期的大气被动采样数据以及对应的土壤浓度数据，可以据此计算评估 POPs 的气-土界面平衡状况。具体的做法是，定义一个逸度分数，$F = f_{soil}/(f_{air} + f_{soil})$，来评估气-土交换情况。

逸度分数的计算考虑了两种情况。一种是假设土壤和大气的温度是相同的；另一种是假设土壤和大气的温度不同；在海拔 2700 m 的野外现场数据表明土壤温度比大气温度高；在 2005 年 10 月中旬要高 15.3℃ ，在 2006 年 4 月中旬要高

12.1℃。

逸度的单位是大气压（Pa）。大气逸度（f_a）与土壤逸度（f_s）的计算采用了 Daly 等[57,58]前期研究所介绍的式（6-4）和式（6-5），这里假设了土壤的逸度容量就是其有机碳含量的逸度容量。

$$f_s = C_s RT / E f_{oc} \rho_s K_{oa} \qquad (6-4)$$

$$f_a = C_a RT \qquad (6-5)$$

式中，C_s 和 C_a 分别是土壤与大气中的浓度，mol/m^3；R 是气体常数，$J/(mol \cdot K)$；T 是平均大气温度，K；f_{oc} 是土壤中有机碳的分数；E 是一个经验系数，关联了辛烷与土壤有机质之间的分配，一般取值为 0.411；土壤浓度转换时用到土壤的密度 ρ_s，$2650\ kg/m^3$；K_{oa} 是辛烷-空气分配系数，其数值需要根据年均温度做校正计算[57]。

为了确定逸度分数 F 计算的不确定度，在一定范围内变化各个输入参数的数值，重复多次地计算 F 值。输入参数 C_a、C_s，f_{oc} 的变化范围取其变异系数（coefficients of variation）。以六氯苯（HCB）作为一个代表性化合物，变异系数分别为 15％、32％ 和 17％。K_{oa} 可以取实验值[80]或文献计算值[39]。经验因子 E 取值根据文献 [81] 或文献 [82]。大气温度 T 以最低和最高大气温度为取值范围。计算结果表明，输入参数 K_{oa}、T、C_s、C_a，f_{oc} 的变化引起逸度分数 F 的变化分别达到 34％、32％、25％、13％和 15％。当这些因素通盘考虑时，总的变化达到 70％。这表明逸度分数 F 在 0.15～0.85 之间时，均不意味着明显偏离了平衡状态。不确定度分析计算表明在理解和解释逸度分数数值时必须谨慎，应该考虑到不确定度的因素[57]。

简言之，逸度分数 F 为 0.5 表明平衡状况。考虑到在计算逸度分数 F 时用到的几个参数都有一定的不确定度，0.15～0.85 之间的数值均可以认为没有显著的偏离平衡状态。逸度分数 F 大于 0.85 表明一种从土壤净蒸发的状况；逸度分数 F 小于 0.15 表明一种向土壤净沉降的状况。

6.5.2 卧龙山区 POPs 的气-土交换

从表 6-18 可见，在计算的误差范围内，卧龙山区的大气与土壤之间，两种六六六（α-HCH，γ-HCH）和六氯苯（HCB）处于平衡状态。两种滴滴涕（p,p'-DDE、p,p'-DDT）主要是净沉降。两种低氯取代多氯联苯（PCB28、PCB52）的逸度分数取决于我们关于温度的假设，如果是等温的假设，那是一种净沉降的情况；如果是土壤温度高于大气温度的假设，那是一种接近平衡的情况。六氯苯、六六六等在大气与土壤两相中基本处于平衡状态。这种平衡是动态的平衡，其净效果在冬季低温时段表现为从大气向土壤的沉降作用，在夏季高温时段表现为从土壤向大气的挥发（蒸发）作用，即体现为二次排放源的贡献。

表 6-18　卧龙自然保护区 95 km 处和贝母坪点位在实际大气压下的气-土逸度分数（F）计算结果（黑体数据表明可视为气-土平衡状态）[32]

	假设 A[a]				假设 B[b]			
	95 km 处		贝母坪		95 km 处		贝母坪	
	夏[c]	冬[c]	夏	冬	夏	冬	夏	冬
α-HCH	**0.448**[d]	**0.452**	**0.459**	0.174	**0.778**	**0.840**	**0.783**	0.567
γ-HCH	**0.242**	**0.441**	**0.305**	**0.261**	**0.609**	0.855	**0.678**	**0.720**
HCB	**0.495**	**0.348**	**0.611**	**0.247**	**0.850**	**0.832**	0.899	**0.748**
PCB28	0.067	**0.190**	0.072	**0.182**	**0.309**	**0.705**	**0.322**	**0.688**
PCB52	0.021	0.071	0.040	0.050	0.122	**0.456**	**0.213**	**0.363**
p,p'-DDE	0.011		0.027		0.096		**0.207**	
p,p'-DDT	0.013	0.058	0.013	0.026	0.071	**0.364**	0.072	**0.196**

a. 假设 A：表面土壤温度与大气温度相同。

b. 假设 B：表面土壤温度与大气温度不同。

c. 冬半年土壤样品采集时间为 2006 年 4 月中旬，大气被动采样样品采集时间为 6 个月（2005 年 10 月至 2006 年 4 月）；夏半年土壤样品采集时间为 2006 年 10 月中旬，大气被动采样样品采集时间为 6 个月（2006 年 4～10 月）。

d. 计算大气逸度时需要把标准大气压条件的大气浓度数据换算为高海拔点位的实际大气压条件，得到的 95 km 处和贝母坪两个点位的大气体积浓度分别下降为标准状态的 0.6203 和 0.6406。有关数据参见《大气化学与物理》（*Atmospheric Chemistry and Physics*. John H. Seinfeld and Spyros N. Pandis, ed. John Wiley & Sons, Inc.）一书的 1215 页的表 23.3。

　　有机污染物大气浓度沿整个卧龙山区海拔梯度比较均匀的分布表明是迅速的大气混合过程的效果，也说明在这一区域不存在影响广泛的 POPs 排放源[32-34]。六六六（HCHs）和两种低氯取代的多氯联苯的浓度沿海拔梯度有少许增加的趋势可能是因为土壤的挥发效应。由于山区冷捕集效应，这些污染物在高海拔点位反而具有较高的土壤浓度[17]。

本章小结

　　巴郎山区土壤中 POPs 浓度处于全球低值；特别是 2700 m 以上的高海拔点位没有发现局地污染的情况，适合展开 POPs 山区冷捕集效应的研究以及大气长距离传输的研究。反向风迹统计分析表明一年四季成都平原经常处于四川西部山区的上风向，为大气污染物的传输提供了气象条件和通道。而巴郎山陡峭的海拔梯度为山区冷捕集效应研究提供了理想的场所。

巴郎山区林线下土壤样品中污染物的高浓度说明了森林的过滤作用；在高海拔山区，有机氯污染物土壤浓度沿海拔上升而增加，表现出指数增长的规律，并且增长的程度与污染物理化性质密切相关，表现为 HCB＜PCBs＜HCHs≤DDTs 的顺序（2006 年样品）以及 PCBs 组分中高氯代联苯的正增长（2008 年样品）。结果表明山区"冷捕集效应"不仅可以表现为 POPs 浓度的增加，也可以表现为 POPs 组成的变化，即分子量较大的污染物同系物（如多氯联苯、多溴二苯醚）在高海拔点位所占比率的增加。

模型研究和野外现场的结果相互一致、相互支持。有机污染物的大气传输现象是"冷捕集效应"的前提；而大气湿沉降清除效率的温度效应（低温清除效果更强）是形成"冷捕集效应"的重要因素。逸度计算表明，巴郎山区的 HCB、HCHs 和 PCBs 在土壤和大气两相基本处于平衡状态，但是DDTs 仍处于从大气向土壤的净沉降状态。土壤样品 OCPs 组成特征与大气相关样品较为一致，而与典型污染土壤不同。

综上所叙，土壤介质作为二次排放源的贡献是 POPs 排放的重要特征，在 POPs 的全球循环中有一定的影响。有机质是影响土壤 POPs 浓度的关键组分；土壤有机碳校正对于有机污染物浓度分布的观测有重要意义。OCPs、PCBs 和 PBDEs 的浓度分布、组成特征和高海拔地区的"冷捕集效应"佐证了巴郎山山区环境中 POPs 主要来自大气传输贡献。

参 考 文 献

[1] Negoita T G, Covaci A, Gheorghe A, et al. Distribution of polychlorinated biphenyls (PCBs) and organochlorine pesticides in soils from the East Antarctic coast. Journal of Environmental Monitoring, 2003, 5 (2): 281-286

[2] Yao Z W, Jiang G B, Cai Y Q, et al. Status of persistent organic pollutants and heavy metals in surface water of Arctic region. Chinese Science Bulletin, 2003, 48 (2): 131-135

[3] 张海生, 王自磐, 卢冰, 等. 南极大型动物粪土层和蛋卵中有机氯污染物分布特征及生态学意义. 中国科学: D辑 地球科学, 2006, 12: 1111-1121

[4] Chen D, Hale R C. A global review of polybrominated diphenyl ether flame retardant contamination in birds. Environment International, 2010, 36 (7): 800-811

[5] Gregor D, Gummer W D. Evidence of atmospheric transport and deposition of organochlorine

pesticides and polychlorinated biphenyls in Canadian Arctic snow. Environmental Science & Technology, 1989, 23 (5): 561-565

[6] Pacyna J M, Oehme M. Long-range transport of some organic compounds to the Norwegian Arctic. Atmospheric Environment, 1988, 22 (2): 243-257

[7] Bailey R, Barrie L, Halsall C J, et al. Atmospheric organochlorine pesticides in the Western Canadian Arctic—Evidence of transpacific transport. Journal of Geophysical Research, 2000, 105 (D9): 11805-11811

[8] Fu S, Chu S, Xu X. Organochlorine pesticide residue in soils from Tibet, China. Bulletin of Environmental Contamination and Toxicology, 2001, 66 (2): 171-177

[9] Wang X P, Yao T D, Cong Z Y, et al. Gradient distribution of persistent organic contaminants along northern slope of Central-Himalayas, China. Science of the Total Environment, 2006, 372 (1): 193-202

[10] Barra R, Popp P, Quiroz R, et al. Persistent toxic substances in soils and waters along an altitudinal gradient in the Laja River Basin, Central Southern Chile. Chemosphere, 2005, 58 (7): 905-915

[11] Gallego E, Grimalt J O, Bartrons M, et al. Altitudinal gradients of PBDEs and PCBs in fish from European high mountain lakes. Environment Science & Technology, 2007, 41 (7): 2196-2202

[12] Hites R A, Foran J A, Carpenter D O, et al. Global assessment of organic contaminants in farmed salmon. Science, 2004, 303 (5655): 226-229

[13] Blais J M, Schindler D W, Muir D C G, et al. Accumulation of persistent organochlorine compounds in mountains of Western Canada. Nature, 1998, 395 (6702): 585-588

[14] Daly G L, Wania F. Simulating the influence of snow on the fate of organic compounds. Environmental Science & Technology, 2004, 38 (15): 4176-4186

[15] Stocker J, Scheringer M, Wegmann F, et al. Modeling the effect of snow and ice on the global environmental fate and long-range transport potential of semivolatile organic compounds. Environmental Science & Technology, 2007, 41 (17): 6192-6198

[16] Wania F, Westgate J N. On the mechanism of mountain cold-trapping of organic chemicals. Environmental Science & Technology, 2008, 42 (24): 9092-9098

[17] Chen D Z, Liu W J, Liu X D, et al. Cold-trapping of persistent organic pollutants in the mountain soils of Western Sichuan, China. Environmental Science & Technology, 2008, 42 (24): 9086-9091

[18] Grimalt J O, Fernadez P, Quiroz R. Input of organochlorine compounds by snow to European high mountain lakes. Freshwater Biology, 2009, 54 (12): 2533-2542

[19] Shen H, Henkelmann B, Levy W, et al. Altitudinal and chiral signature of persistent organochlorine pesticides in air, soil, and spruce needles (*Picea abies*) of the Alps. Environ-

mental Science & Technology, 2009, 43 (7): 2450-2455

[20] Tremolada P, Villa S, Bazzarin P, et al. POPs in mountain soils from the Alps and Andes: Suggestions for a 'precipitation effect' on altitudinal gradients. Water, Air, and Soil Pollution, 2008, 188 (1): 93-109

[21] Sparling D W, Fellers G M, McConnell L L. Pesticides and amphibian population declines in California, USA. Environmental Toxicology and Chemistry, 2001, 20 (7): 1591-1595

[22] Harner T, Bidleman T F, Jantunen L M M, et al. Soil-air exchange model of persistent pesticides in the United States cotton belt. Environmental Toxicology and Chemistry, 2001, 20 (7): 1612-1621

[23] Wild S R, Jones K C. Polynuclear aromatic hydrocarbons in the United Kingdom environment: A preliminary source inventory and budget. Environmental Pollution, 1995, 88 (1): 91-108

[24] Meijer S N, Steinnes E, Ockenden W A, et al. Influence of environmental variables on the spatial distribution of PCBs in Norwegian and UK soils: Implications for global cycling. Environmental Science & Technology, 2002, 36 (10): 2146-2153

[25] Hippelein M, McLachlan M S. Soil/air partitioning of semivolatile organic compounds. 2. Influence of temperature and relative humidity. Environmental Science & Technology, 2000, 34 (16): 3521-3526

[26] Sinkkonen S, Paasivirta J. Degradation half-life times of PCDDs, PCDFs and PCBs for environmental fate modeling. Chemosphere, 2000, 40 (9-11): 943-949

[27] Cheng H R, Zhang G, Jiang J X, et al. Organochlorine pesticides, polybrominated biphenyl ethers and lead isotopes during the spring time at the Waliguan Baseline Observatory, Northwest China: Implication for long-range atmospheric transport. Atmospheric Environment, 2007, 41 (22): 4734-4747

[28] Wang P, Zhang Q H, Wang Y W, et al. Altitude dependence of polychlorinated biphenyls (PCBs) and polybrominated diphenyl ethers (PBDEs) in surface soil from Tibetan Plateau, China. Chemosphere, 2009, 76 (11): 1498-1504

[29] Wang X P, Gong P, Yao T D, et al. Passive air sampling of organochlorine pesticides, polychlorinated biphenyls, and polybrominated diphenyl ethers across the Tibetan Plateau. Environmental Science & Technology, 2010, 44 (8): 2988-2993

[30] Yang R Q, Wang Y W, Li A, et al. Organochlorine pesticides and PCBs in fish from lakes of the Tibetan Plateau and the implications. Environmental Pollution, 2010, 158 (6): 2310-2316

[31] Yang R Q, Yao T D, Xu B Q, et al. Distribution of organochlorine pesticides (OCPs) in conifer needles in the Southeast Tibetan Plateau. Environmental Pollution, 2008, 153 (1): 92-100

[32] Liu W J, Chen D Z, Liu X D, et al. Transport of semivolatile organic compounds to the Tibetan Plateau: Spatial and temporal variation in air concentrations in mountainous Western Sichuan, China. Environmental Science & Technology, 2010, 44 (5): 1559-1565

[33] Zheng X Y, Liu X D, Liu W J, et al. Concentrations and source identification of organochlorine pesticides (OCPs) in soils from Wolong Natural Reserve. Chinese Science Bulletin, 2009, 54 (5): 743-751

[34] Zheng X Y, Liu X D, Jiang G B, et al. Distribution of PCBs and PBDEs in soils along the altitudinal gradients of Balang Mountain, the east edge of the Tibetan Plateau. Environmental Pollution, 2012, 161: 101-106

[35] 迟旭光，狄一安，董树屏，等. 大气颗粒物样品中有机碳和元素碳的测定. 中国环境监测，1999, 15 (4): 11-13

[36] Barber J L, Sweetman A J, van Wijk D, et al. Hexachlorobenzene in the global environment: Emissions, levels, distribution, trends and processes. Science of the Total Environment, 2005, 349 (1-3): 1-44

[37] Ribes A, Grimalt J O, Garcia C J T, et al. Temperature and organic matter dependence of the distribution of organochlorine compounds in mountain soils from the subtropical Atlantic (Teide, Tenerife Island). Environmental Science & Technology, 2002, 36 (9): 1879-1885

[38] Hassanin A, Breivik K, Meijer S N, et al. PBDEs in European background soils: Levels and factors controlling their distribution. Environmental Science & Technology, 2004, 38 (3): 738-745

[39] Shen L, Wania F. Compilation, evaluation, and selection of physical-chemical property data for organochlorine pesticides. Journal of Chemical and Engineering Data, 2005, 50 (3): 742-768

[40] Xiao H, Li N Q, Wania F. Compilation, evaluation, and selection of physical-chemical property data for alpha-, beta-, and gamma-hexachlorocyclohexane. Journal of Chemical and Engineering Data, 2004, 49 (2): 173-185

[41] Wania F, McLachlan M S. Estimating the influence of forests on the overall fate of semivolatile organic compounds using a multimedia fate model. Environmental Science & Technology, 2001, 35 (3): 582-590

[42] Daly G L, Wania F. Organic contaminants in mountains. Environmental Science & Technology, 2005, 39 (2): 385-398

[43] Wania F. On the origin of elevated levels of persistent chemicals in the environment. Environmental Science and Pollution Research, 1999, 6 (1): 11-19

[44] Tao S, Xu F L, Wang X J, et al. Organochlorine pesticides in agricultural soil and vegetables from Tianjin, China. Environmental Science & Technology, 2005, 39 (8): 2494-2499

[45] 安琼，董元华，王辉，等. 南京地区土壤中有机氯农药残留及其分布特征. 环境科学学报，2005，25（4）：470-474

[46] 耿存珍，李明伦，杨永亮，等. 青岛地区土壤中 OCPs 和 PCBs 污染现状研究. 青岛大学学报（工程技术版），2006，21（2）：42-48

[47] 龚钟明，曹军，李本纲，等. 天津地区土壤中六六六（HCH）的残留及分布特征. 中国环境科学，2003，23（3）：311-314

[48] 张天彬，饶勇，万洪富，等. 东莞市土壤中有机氯农药的含量及其组成. 中国环境科学，2005，25（S1）：89-93

[49] Halsall C J, Bailey R, Stern G A, et al. Multi-year observations of organohalogen pesticides in the Arctic atmosphere. Environmental Pollution, 1998, 102 (1): 51-62

[50] Lammel G, Ghim Y S, Grados A, et al. Levels of persistent organic pollutants in air in China and over the Yellow Sea. Atmospheric Environment, 2007, 41 (3): 452-464

[51] Li J, Zhu T, Wang F, et al. Observation of organochlorine pesticides in the air of the Mt. "Everest" region. Ecotoxicology and Environmental Safety, 2006, 63 (1): 33-41

[52] Qiu X H, Zhu T, Jing L, et al. Organochlorine pesticides in the air around the Taihu Lake, China. Environmental Science & Technology, 2004, 38 (5): 1368-1374

[53] Sun P, Backus S, Blanchard P, et al. Temporal and spatial trends of organochlorine pesticides in Great Lakes precipitation. Environmental Science & Technology, 2006, 40 (7): 2135-2141

[54] 刘文杰，陈大舟，刘咸德，等. 被动采样技术在监测大气有机氯污染物中的应用. 环境科学研究，2007，20（4）：9-14

[55] Qiu X H, Zhu T, Yao B, et al. Contribution of dicofol to the current DDT pollution in China. Environmental Science & Technology, 2005, 39 (12): 4385-4390

[56] Jaward F M, Zhang G, Nam J J, et al. Passive air sampling of polychlorinated biphenyls, organochlorine compounds, and polybrominated diphenyl ethers across Asia. Environmental Science & Technology, 2005, 39 (22): 8638-8645

[57] Daly G L, Lei Y D, Teixeira C, et al. Organochlorine pesticides in the soils and atmosphere of Costa Rica. Environmental Science & Technology, 2007, 41 (4): 1124-1130

[58] Daly G L, Lei Y D, Teixeira C, et al. Pesticides in western Canadian mountain air and soil. Environmental Science & Technology, 2007, 41 (17): 6020-6025

[59] Ding X, Wang X M, Xie Z Q, et al. Atmospheric hexachlorocyclohexanes in the North Pacific Ocean and the adjacent Arctic region: Spatial patterns, chiral signatures, and sea-air exchanges. Environmental Science & Technology, 2007, 41 (15): 5204-5209

[60] Yu B, Zeng J, Gong L, et al. Investigation of the photocatalytic degradation of organochlorine pesticides on a nano-TiO_2 coated film. Talanta, 2007, 72 (5): 1667-1674

[61] Armitage J M, Hanson M, Axelman J, et al. Levels and vertical distribution of PCBs in agricultural and natural soils from Sweden. Science of the Total Environment, 2006, 371 (1): 344-352

[62] Ren N Q, Que M X, Li Y F, et al. Polychlorinated biphenyls in Chinese surface soils. Environmental Science & Technology, 2007, 41: 3871-3876

[63] Kurt-Karakus P B, Bidleman T F, Staebler R M, et al. Measurement of DDT fluxes from a historically treated agricultural soil in Canada. Environmental Science & Technology, 2006, 40 (15): 4578-4585

[64] Migaszewski Z M. Determining organic compound ratios in soils and vegetation of the Holy Cross MTS, Poland. Water, Air & Soil Pollution, 1999, 111 (1): 123-138

[65] Daly G L, Lei Y D, Teixeira C, et al. Accumulation of current-use pesticides in neotropical montane forests. Environmental Science & Technology, 2007, 41 (4): 1118-1123

[66] Li N, Wania F, Lei Y D, et al. A comprehensive and critical compilation, evaluation, and selection of physical-chemical property data for selected polychlorinated biphenyls. Journal of Physical and Chemical Reference Data, 2003, 32 (4): 1545-1590

[67] Davidson D A, Wilkinson A C, Blais J M, et al. Orographic cold-trapping of persistent organic pollutants by vegetation in mountains of western Canada. Environmental Science & Technology, 2003, 37 (2): 209-215

[68] Meijer S N, Ockenden W A, Sweetman A, et al. Global distribution and budget of PCBs and HCB in background surface soils: Implications for sources and environmental processes. Environmental Science & Technology, 2003, 37 (4): 667-672

[69] Van den Berg M, Birnbaum L, Bosveld A T, et al. Toxic equivalency factors (TEFs) for PCBs, PCDDs, PCDFs for humans and wildlife. Environmental Health Perspectives, 1998, 106 (12): 775-792

[70] Hong B L, Garabrant D, Hedgeman E, et al. Impact of WHO 2005 revised toxic equivalency factors for dioxins on the TEQs in serum, household dust and soil. Chemosphere, 2009, 76 (6): 727-733

[71] de Wit C A, Alaee M, Muir D C G. Levels and trends of brominated flame retardants in the Arctic. Chemosphere, 2006, 64 (2): 209-233

[72] Harner T, Bidleman T F. Measurements of octanol-air partition coefficients for polychlorinated biphenyls. Journal of Chemical and Engineering Data, 1996, 41 (4): 895-899

[73] Harner T, Shoeib M. Measurements of octanol-air partition coefficients (K_{OA}) for polybrominated diphenyl ethers (PBDEs): Predicting partitioning in the environment. Journal of Chemical and Engineering Data, 2002, 47 (2): 228-232

[74] McLachlan M S. Framework for the interpretation of measurements of SOCs in plants. Environmental Science & Technology, 1999, 33 (11): 1799-1804

[75] 蒋兴文，李跃清. 四川地区地震与降水量的统计分析. 高原山地气象研究，2008，128：33-36

[76] Jaward F M，Di Guardo A，Nizzetto L，et al. PCBs and selected organochlorine compounds in Italian Mountain air：The influence of altitude and forest ecosystem type. Environmental Science & Technology，2005，39（10）：3455-3463

[77] Hale R C，La Guardia M J，Harvey E，et al. Potential role of fire retardant-treated polyurethane foam as a source of brominated diphenyl ethers to the US environment. Chemosphere，2002，46（5）：729-735

[78] Kemmlein S，Hahn O，Jann O. Emissions of organophosphate and brominated flame retardants from selected consumer products and building materials. Atmospheric Environment，2003，37（39-40）：5485-5493

[79] Watanabe I，Sakai S I. Environmental release and behavior of brominated flame retardants. Environment International，2003，29（6）：665-682

[80] Shoeib M，Harner T. Using measured octanol-air partition coefficients to explain environmental partitioning of organochlorine pesticides. Environmental Toxicology and Chemistry，2002，21（5）：984-990

[81] Karickhoff S W. Semi-empirical estimation of sorption of hydrophobic pollutants on natural sediments and soils. Chemosphere，1981，10（8）：833-846

[82] Hippelein M，McLachlan M S. Soil/air partitioning of semivolatile organic compounds. 1. Method development and influence of physical-chemical properties. Environmental Science & Technology，1998，32（2）：310-316

第 7 章　POPs 相对组成探针技术应用实例

本章导读

　　POPs 相对组成探针技术在前几章已经应用于天津市（第 3 章），天津-长岛区域（第 4 章）和成都-卧龙区域（第 5 章）。该技术也成功应用于青藏高原 16 个点位的大气被动采样网络的数据分析中[1,2]。这些应用在地理位置、空间尺度、采样周期、目标化合物组合等方面各有特点，但是均为中国本土的区域性研究。为了进一步研讨这一技术的适用性和实际效果，我们和加拿大多伦多大学 Frank Wania 教授联系、讨论这一技术方法。他表示近年来他的研究团队已经发表了几项基于大气被动采样网络的研究结果，他欢迎我们处理这些数据[3-8]。他还友好地提供了有关原始数据的文档，以方便我们的数据处理与聚类分析的计算。

　　本章即基于 Frank Wania 教授研究团队 5 项研究的大气被动采样数据，运用 POPs 相对组成探针技术得到研究结果[9]。这些研究具有丰富的多样性，分别位于南部非洲、北美洲、南美洲，有的是局部山区的研究，有的是覆盖了一个国家的大部疆土的研究，有的是跨越北美洲的研究，有的是南北贯穿南美洲的研究，有的是全球性的采样网络的研究。这批应用结果大大扩展了 POPs 相对组成探针技术的应用范围，让人们有机会更全面、更深入地评价这个方法的应用效果、性能和适用性。应该指出这 5 项研究本身并非局限于大气被动采样样品，有其综合的研究方案与设计，有各自的研究重点与目标。而本章介绍的内容是专注于大气被动采样的网络与样品，尝试应用 POPs 相对组成探针技术，以期获取新的信息与认知。

7.1　应用实例：博茨瓦纳（南部非洲）

7.1.1　博茨瓦纳全国区域研究背景介绍[3]

　　博茨瓦纳是一个位于南部非洲的内陆国家，南邻南非，西接纳米比亚，东边与津巴布韦接壤，北方与赞比亚相连。博茨瓦纳全境为干燥的台地地形，国土面积约 58 万平方千米，人口约 200 万。在这项博茨瓦纳区域性研究[3]中建立了以 XAD 树脂为吸附剂的大气被动采样的网络，含 15 个采样点位。所有采样点位的海拔高度处于 295～371 m 的范围。5 个采样点沿着博茨瓦纳的东部边境设置（图 7-1），这一地带是主要的人口居住地，也是农作物和蔬菜的产地，有农药的使用历史。10 个点位分布于奥卡万戈三角洲（Okavango Delta）地区，这里曾经反复使用过滴滴涕和硫丹农药。博茨瓦纳的中部与西南部为喀拉哈里沙漠，约占全国面积三分之二。考虑到这个情况，可以说这项研究的 15 个点位的大气被动采样网络覆盖了博茨瓦纳的全境。

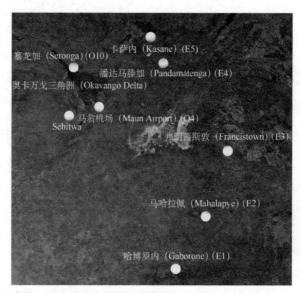

图 7-1　覆盖博茨瓦纳全境的大气被动采样网络的采样点示意图。5 个采样点沿着博茨瓦纳的东部边境设置。分布于奥卡万戈三角洲（Okavango Delta）地区的 10 个点位只标注了 3 个[9]

在此项研究中分析测试了 13 种 POPs 化合物，即六氯苯（HCB）、2 种六六六（α-HCH、γ-HCH）、一种滴滴涕降解产物（o,p'-DDE）、2 种氯丹（TC，*trans*-chlordane；CC，*cis*-chlordane）、反式九氯（TN，*trans*-nonachlor）、狄氏剂（dieldrin）、敌草索（dacthal）、3 种硫丹（endo-Ⅰ，endo-Ⅱ，endosulfate）和百菌清（CT，chlorothalonil）。

7.1.2　结果与讨论

聚类分析给出 5 个分组，结果示于彩图 7 和表 7-1。在此项研究中六氯苯的浓度分布非常均匀一致，因而可以从一个点位的六氯苯的百分含量反推 POPs 浓度水平，六氯苯含量越高，POPs 浓度水平越低。奥卡万戈三角洲组（O-Delta）具有最高的六氯苯含量，0.374，表明这个组最清洁。从表 7-1 可见，这个组的 POPs 总量只有 17 ng/PAS，是最低的。这个组的化学组成中主导的化合物是六氯苯和硫丹。硫丹是这一地区曾经广泛使用的一种农药。这个组（O-Delta）的 6 个点位散布于奥卡万戈三角洲。这表明从整体上看，整个三角洲具有一种共同的 POPs 化学组成，属于同一个空域，局部区域大气传输和长距离大气传输的贡献与影响对于整个三角洲也是相似的。

表 7-1　博茨瓦纳研究聚类分析给出 5 个分组的化学组成比较

分组 （点位数目）	POPs 总量 /(ng/PAS)	HCB	End*	TC*	Die*	林丹	o,p'-DDE
E4-dieldrin（1）	**79**	0.085	**0.519**	0.013	**0.236**	0.018	0.003
O-Delta（6）	17	**0.374**	0.411	0.014	0.015	0.051	0.012
EEO（3）	31	0.241	0.319	0.095	0.008	0.096	0.007
O7-DDE（1）	51	0.116	0.136	**0.181**	0.005	0.073	**0.305**
林丹（4）	73	0.124	0.286	0.038	0.031	**0.354**	0.004

＊ End：α-硫丹；TC：反式氯丹；Die：狄氏剂。
注：表中数据栏目中的最大值用黑体标示。

奥卡万戈三角洲还有其他 4 个点位由于局地排放源的贡献被归入其他分组。O7 点位是一个村庄，具有独特的化学组成，o,p'-DDE 和反式氯丹很高，自成一组（表 7-1 中的"O7-DDE"组）。

O1 点位靠近一个旅游营。O4 点位是一个机场。这些地方很可能用过林丹。O1 和 O4 点位的化学组成中林丹很高，它们和 E1 以及 E3 点位一起构成了"林丹"分组（表 7-1 中的"林丹"组）。这 4 个点位的地理位置相距甚远，是相似的排放源构成，导致相似的 POPs 组成，成就了这个分组。

同样的原因使得 O10 点位和东部边境的 E2 以及 E5 点位形成一组（表 7-1 中的"EEO"组）。该组具有较高的氯丹含量。这三个点位（Seronga，O10；Mahalapye，E2；Kasane，E5）均为村庄。其中 Seronga（O10）和 Kasane（E5）都是在警察局附近采样。也许氯丹在这些房屋用于灭杀白蚁。

E4 点位（Pandamatenga）也位于一个警察局，独自一组，狄氏剂含量特高（表 7-1 中的"E4-dieldrin"组）。

O1、O4、O7 和 O10 点位由于 POPs 浓度水平较高，会影响到奥卡万戈三角洲的其他 6 个点位，大气传输与混合过程势必发挥作用。

7.1.3　小结：区分两类采样点位

聚类分析方法有能力把采样点位区分为两大类，受到局地源排放明显影响的点位，以及没有受到这类影响的点位。在此项研究中，9 个点位受到局地源不同程度的影响，在其 POPs 组成上也反映出来，有一种或多种的 POPs 化合物的含量特高；另外 6 个位于奥卡万戈三角洲的点位是清洁点位，具有高度相似的 POPs 组成。这 6 个点位均具有奥卡万戈三角洲区域性代表性，其组成就是该区域的 POPs 化学指纹。

7.2　应用实例：加拿大西部山区（北美洲）

7.2.1　加拿大西部山区研究背景介绍[4]

以 XAD 树脂为吸附剂的 17 个大气被动采样器放置在相距不远的 3 个海拔剖面上（剖面地理位置详见文献 [4]）。位于北美大陆分水岭的西侧的分别是雷夫尔斯托克（Revelstoke）山海拔剖面和优霍（Yoho）山海拔剖面，均在国家公园界内；位于大陆分水岭的东侧是观望峰（Observation Peak）海拔剖面，位于班夫（Banff）国家公园界内。雷夫尔斯托克海拔剖面设置了 6 个点位，从 R1 到 R6，海拔从 570 m 逐步升高到 1550 m。优霍海拔剖面设置了 5 个点位，从 Y1 到 Y5，海拔从 1109 m 逐步升高到 2280 m。观望峰海拔剖面设置了 6 个点位，从 O1 到 O6，海拔从 1402 m 逐步升高到 2611 m。

在此项研究中分析测试了 22 种 POPs 化合物，即六氯苯（HCB）、2 种六六六（α-HCH，γ-HCH）、6 种滴滴涕及其降解产物（o,p'-DDT，p,p'-DDT，o,p'-DDE，p,p'-DDE，o,p'-DDD，p,p'-DDD）、2 种氯丹（TC，$trans$-chlordane；CC，cis-chlordane）、反式九氯（TN，$trans$-nonachlor）、七氯（heptachlor）、过氧七氯（heptachlor epoxide）、狄氏剂（dieldrin）、艾氏剂（endrin）、敌草索（dacthal）、3 种硫丹（endo-Ⅰ，endo-Ⅱ，endosulfate）、百菌清（CT，chlorothalonil）和五氯硝基苯（PCNB，pentachloronitrobenzene）

7.2.2　结果与讨论

聚类分析给出 3 个分组，结果示于彩图 8 和表 7-2。R 组由雷夫尔斯托克剖面海拔较低的 3 个点位（R1，R3，R4）组成；Y 组由优霍剖面海拔较低的 3 个点位（Y1，Y2，Y3）组成；O plus 组由 11 个点位构成，包括观望峰剖面的所有 6

个点位以及雷夫尔斯托克剖面和优霍剖面的 5 个点位，主要是海拔较高的点位（R5，R6，Y4，Y5）（彩图 9）。R2 点位海拔较低，但是也在这一组。R 组和 Y 组由较低海拔点位组成，而 O plus 组几乎全部由较高海拔的点位组成，这样的聚类结果清楚地表明点位的海拔高度是一个关键的因素。

表 7-2　加拿大西部山区研究聚类分析给出 3 个分组的化学组成的比较

分组	HCB	α-HCH	γ-HCH	α/γ	CT	狄氏剂	DDT	DDE+DDD
R	0.174	0.086	0.024	3.6	**0.101**	0.009	**0.203**	**0.117**
Y	0.268	0.111	0.030	3.7	0.015	**0.044**	**0.096**	**0.195**
O plus	**0.406**	**0.133**	0.029	**4.6**	0.025	0.026	0.023	0.079

注：表中数据栏目中的相对高值用黑体标示。

这 3 组的 POPs 浓度水平大体相当，以 POPs 目标化合物的吸附量衡量，O plus、Y 和 R 组均值分别为 33.6 ng/PAS、36.7 ng/PAS、29.4 ng/PAS，而 17 个采样点的均值是 34.0 ng/PAS。从相对化学组成看则差异明显。R 组 DDTs 类化合物，氯丹和百菌清含量较高；Y 组狄氏剂和 DDT 及其降解产物含量较高；而 O plus 组以 HCB 和 α-HCH 较高为主要特点，同时 DDTs 类化合物含量很少。HCB 和 α-HCH 是两种具有较强长距离传输能力的 POPs，而 DDTs 类化合物正好相反，这方面潜力较低[7]。

R 组和 Y 组的成员来自单一的山谷，表现出地域的特色。但是从总体上看，17 个采样点位并没有按 3 个海拔剖面形成分组。这表明最关键的因素不是点位之间地理距离的远近，而是点位的海拔高度。这从直觉上是合理的，可以从两方面来理解。一方面 POPs 排放源一般位于低海拔，海拔越高意味着距离排放源越远。优霍剖面 3 个海拔较低的点位（Y1，Y2，Y3）沿横贯加拿大的高速公路设置，这一地带的汽车、火车交通运输终年不息，而且有少量人居住房。雷夫尔斯托克剖面的低端也明显受到山谷谷底小镇的影响（彩图 9）。观望峰剖面位于国家公园非常边远的角落，无人居住，仅有的人类活动是夏季旅游者的冰雪方面的运动。另一方面，3 个海拔剖面的高海拔点位具有共性，更真实地反映了没有受到地面局地排放源影响的高空"清洁"气团的贡献。观望峰剖面海拔整体较高，从 1402 m 到 2611 m，6 个点位全部归入在 O plus 组中，这也很合理。

近期新西兰南岛南阿尔卑斯山的一项研究把大气传输进一步区分为两种，一种是区域性的大气传输（RAT），另一种是长距离的大气传输（LRAT），其中前者没有翻越大约海拔 700 m 的山脉分水岭。基于归一化的 POPs 相对组成数据的比较与分析，研究的结论是"当地区域尺度的山谷风，不论是东风还是西风，都没有把持久性的有机氯农药传输到分水岭的另一边"。并且"山脉最高处的农药特征组成主要是由大尺度西北风气流的大气传输决定的[10]"。采用这种思路，可以认为 R 组和 Y 组的形成是山谷风，一种当地区域性的大气传输引起的，而 O plus 组是由于高海拔点位更充分地暴露于高空的大尺度气流的长距离传输的 POPs 的结果。

有趣的是，前期研究的数据表明土壤样品中六六六和六氯苯的含量在观望峰剖面要比雷夫尔斯托克和优霍剖面低许多（参见文献［4］中表 S7）。可是如何解释大气样品中六六六和六氯苯的含量却是观望峰剖面要比雷夫尔斯托克和优霍剖面高得多呢？我们的解释是：加拿大西部山区的高空气流有西风主导，长距离大气传输可能来自太平洋与亚洲方向，POPs 组成具有较高的 α-HCH/γ-HCH 比值，4.7[11]。另一项研究也报道了在跨越北太平洋的远洋航行中，纬度逐步升高，大气中六六六的 α-HCH/γ-HCH 比值具有显著增高的规律性[12]。

7.2.3　小结：识别两种大气传输过程

加拿大西部山区研究揭示了点位海拔高度的重要性。在不同海拔高度上两种大气传输过程分别起到主导作用。POPs 组成在低海拔点位主要受区域性的山谷风的影响，而高海拔点位主要受大尺度、长距离大气传输贡献的影响。来源不同导致 POPs 组成的差异，聚类分析可以基于大气被动采样数据研究大气传输现象，在加拿大西部山区研究中识别、区别了两类大气传输。

7.3　应用实例：智利（南美洲）

7.3.1　智利南、中、北部三个海拔梯度研究背景介绍[5]

2006～2007 年，20 个以 XAD 树脂为吸附剂的大气被动采样器放置在南美洲国家智利狭长国土的南部、中部和北部形成 3 个东西向的海拔剖面[5]。这 3 个海拔剖面相距遥远，南北之间相距 3000 km。北部剖面（Northern Chile）位于南纬 18°，约 50 km 长，有 6 个点位，从 N1 点位阿里卡（Arica，海拔 48 m）到 N6 点位 Lago Chungara（海拔 4400 m）。中部剖面（Central Chile）位于南纬 38°，约 220 km 长，有 7 个点位，从 C1 点位 Lago Lleu Lleu（海拔 10 m）到 C7 点位 Paso Pino Hachado（海拔 1874 m）；另外还有一个 C8 点位，是康塞普西翁（Concepción）大学的校园（海拔 33 m）。南部剖面（Southern Chile）位于南纬 44°，约 80 km 长，有 5 个点位，从 S1 点位 Puerto Cisnes（海拔 50 m）到 S5 点位 Alto Rio Cisnes（海拔 700 m）；另外还有一个 S6 点位，在小城市 Coyhaique 附近，海拔 427 m。

在此项研究中分析测试了 15 种 POPs 化合物，即六氯苯（HCB）、2 种六六六（α-HCH，γ-HCH）、2 种氯丹（TC，*trans*-chlordane；CC，*cis*-chlordane）、

反式九氯（TN，*trans*-nonachlor）、七氯（heptachlor）、过氧七氯（heptachlor epoxide），狄氏剂（dieldrin）、3 种硫丹（endo-Ⅰ，endo-Ⅱ，endosulfate）、百菌清（CT，chlorothalonil）、氟乐灵（trifluralin）和二甲戊灵（除草通）（pendimethalin）。其中后两种不含氯，也不是严格意义上的持久性有机污染物（POPs）。

7.3.2　结果与讨论

聚类分析得到 4 个分组，见彩图 10、彩图 11 和表 7-3。污染-1 组（Polluted-1）只含一个点位 C4，海拔高度为 75 m，其 POPs 组成被二甲戊灵（除草通）（pendimethalin）和氟乐灵（trifluralin）主导，其 POPs 总量高达 100 ng/PAS。这是一个污染"热点"点位。C4 点位（Fundo El Vergel in Angol）是一个生产除虫菊酯类农药的农庄，位于一个农业发达的谷地，其独特的 POPs 组成并不奇怪。污染-2 组（Polluted-2）同样具有相当高的 POPs 浓度水平（140 ng/PAS），由 3 个城市属性比较鲜明的点位组成。N1 和 N2 点位的海拔高度分别为 48 m 和 255 m，位于 Arica 市之中或近郊；而 C8 点位位于康塞普西翁（Concepción）市之中。这个分组的 POPs 组成中含量高的是百菌清（chlorothalonil）和狄氏剂（dieldrin）。

表 7-3　智利山区研究聚类分析给出 4 个分组的化学组成的比较

分组	点位数目	POPs 总量/(ng/PAS)	HCB	E-I	CT	狄氏剂	二甲戊灵
污染-1 组	1	100	0.068	0.016	0.201	0.003	**0.520**
污染-2 组	3	**140**	0.055	0.049	**0.675**	**0.136**	0.002
区域-1 组	8	9	**0.638**	0.137	0.058	0.029	0.034
区域-2 组	8	30	0.320	**0.367**	0.223	0.009	0.010

注：表中数据栏目中的相对高值用黑体标示。

另外 2 个分组包括较多的点位，称为区域性分组。区域-1 组（Regional-1）含有 8 个点位，其中 5 个来自南部剖面，3 个来自中部剖面。这个组的 POPs 浓度水平是最低的（9 ng/PAS），而且组成高度均匀一致，HCB 含量较高（64%）。值得注意的是，来自中部剖面的 3 个点位（C1、C2、C3）均属于较低海拔地区，海拔分别是 10 m、355 m、1189 m；更重要的是它们位于此地区农业区的西面，较少受到农药使用的影响，主要处于南太平洋清洁气流的影响之下。造成对照的是，中部剖面的 C5 和 C6 点位处于农业谷地的东面，就很受农药使用的影响。

区域-2 组（Regional-2）也含有 8 个点位，其中 4 个（N3，N4，N5，N6）来自北部剖面，3 个（C5，C6，C7）来自中部剖面，1 个（S6）来自南部剖面。S6 点位邻近 Coyhaique 市，海拔 427 m，不能代表南部剖面。区域-2 组主要反映了北部剖面，因为除去 2 个污染点位（N1 和 N2）北部剖面所有的其他点位都在这个组中。其他 3 个点位（C5，954 m；C6，1165 m；C7，1874 m）均来自中部剖面的高海拔地区。虽然来自相距遥远的海拔剖面，这些点位的共同特点是位于高海拔水平。该组 POPs 组成中硫丹（ES-1）和百菌清（CT）较高。这和这些点位处于局地或区域性排放源的下风向有关。在北部剖面，它们处于阿里卡（Arica）市的下风向。在中部剖面，它们处于中部农业谷地的下风向。南部剖面的 S6 点位亦可归因于当地局地的排放源影响。由此可见，区域-2 组的共同特点是同时受到邻近区域和长距离传输两种贡献的影响[5]。而区域-1 组较少受到邻近区域排放源的影响，主要受控于清洁的太平洋气流的影响。按 POPs 总量衡量，区域-1 组比区域-2 组更清洁 3 倍（表 7-3）。

图 7-2 的反向风迹图示可以帮助我们理解聚类分析的结果，特别是两个区域性分组的形成。北部剖面，特别是高海拔点位受到来自邻国哥伦比亚的影响。中部和南部剖面受到安第斯山脉另一侧（阿根廷）的影响，但是主要是来自南太平洋清洁气流的影响控制住局面。这可以解释为什么区域-1 组是最清洁的，也可以推测来自安第斯山脉另一侧（阿根廷）的贡献是比较清洁的影响。

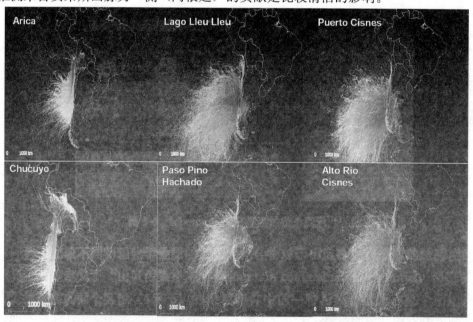

图 7-2　智利山区研究中 6 个代表性点位的反向风迹图示[5]

上列 3 个点位均为低海拔点位，下列 3 个点位均为高海拔点位；左、中、右 3 栏分别是北部剖面、中部剖面，南部剖面。反向风迹图基于一年的大气被动采样期间的气象数据，由美国大气与海洋署（NOAA）的 HSPLIT 模型计算得到，为每 6 小时到达采样点上空 33 m 和 100 m 高度的 5 日气团反向轨迹

7.3.3 小结：研究 POPs 的来源与大气传输现象

从聚类分析得到的 2 个区域性分组，可见海拔高度和纬度两个因素的重要影响，不但影响 POPs 浓度水平，也影响 POPs 组成特征。区域性分组的采样点位来自不同的海拔剖面，覆盖了 1000 km 以上的广大区域。

因为远离一些潜在的低海拔的排放源，我们想象中的高海拔点位应该是比较清洁的。但是在智利的中部剖面我们看到相反的情况。处于农业区谷地东西两侧的点位有大不一样的情况，上风向的点位浓度比下风向要低很多。处于下风向高海拔点位的浓度水平反而较高。这些规律性的现象在聚类分析的结果中比较清晰地展现出来。基于大气被动采样数据，聚类分析方法可以研究 POPs 的来源与大气传输现象。

7.4 应用实例：北美洲

7.4.1 北美洲大区域研究背景介绍[6,7]

北美洲研究基于一个覆盖北美洲全境的被动采样网络，跨越 72 个经度（西经 53°～125°）和 72 个纬度（北纬 10°～82°）。XAD 树脂为吸附剂的被动采样器放置于 40 个点位，历时一年。这些点位从地理上可以分类如下（彩图 12）：加拿大北极地区：3，24，25，26，27，28，29；加拿大沿海省份：4，5，6，7，8，9；加拿大草原：13，14，15，16；加拿大西部山区：17，18，19，20，21；大湖区域：1，2，10，11，12，30，31；太平洋沿岸：22，23；美国东部：32，33，34，35，36；墨西哥与中美洲：37，38，39，40。

在此项研究中分析测试了 15 种 POPs 化合物，即六氯苯（HCB）、五氯苯（PeCB）、2 种六六六（α-HCH，γ-HCH）、2 种氯丹（TC，*trans*-chlordane；CC，*cis*-chlordane）、反式九氯（TN，*trans*-nonachlor）、七氯（heptachlor）、过氧七氯（heptachlor epoxide）、狄氏剂（dieldrin）、2 种硫丹（endo-I，endo-II）和 3 种 DDTs 类化合物（p,p'-DDT，p,p'-DDE，p,p'-DDD）。

7.4.2 结果与讨论

聚类分析得到 8 个分组，见彩图 13；为了方便讨论，其中有 4 个小分组进一步合并为 2 个分组置于 "DDXs" 与 "硫丹" 名下，故表 7-4 仅列出 6 个分组的结果相互比较。

表 7-4 中前三行所列为污染分组，其 POPs 水平是 3 个区域性分组的 2～3 倍。"林丹"分组仅含一个点位，加拿大草原的 15 号点位，那个地区的林丹农药使用导致这个点位的 POPs 组成中林丹奇高。"DDXs"分组含有 3 个点位，均属于墨西哥与中美洲地区（37，38，39），其组成具有较高的 DDTs/DDEs 比值，表明近期有 DDTs 使用。"硫丹"分组包括 6 个点位（6，10，14，21，31，40），主要来自美加边境地区的不同地区；硫丹居高的组成特征表明这些地区都有现代农业活动的显著影响。40 号点位来自中美洲的哥斯达黎加，由于化学组成相似也归入这一组。

表 7-4   北美洲研究聚类分析给出 6 个分组的化学组成的比较*

| 分组 | N* | Sum* | HCB | HCH | | | DDXs | CC+TC | Die* | End* |
				α-	γ-	比值				
林丹	1	**140**	0.172	0.108	**0.558**	0.2	0.002	0.007	0.002	0.054
DDXs	3	**174**	0.101	0.007	0.025	0.3	**0.582**	0.008	**0.106**	0.136
硫丹	6	114	0.165	0.100	0.119	0.8	0.067	0.023	0.009	**0.418**
水边	14	48	**0.374**	**0.296**	0.047	6.3	0.022	0.015	0.006	0.061
区域-1 组-其他	6	64	**0.311**	0.168	0.156	1.1	0.025	0.036	0.014	0.109
区域-2 组-山区	4	46	**0.312**	**0.213**	0.056	3.8	0.062	0.011	0.005	0.193
区域-2 组	6	85	0.193	0.108	0.090	1.2	0.086	**0.100**	0.032	0.186

*聚类分析得到 8 个分组（图 7-10），表中"DDXs"与"硫丹"分组分别由 2 个小分组合成，故表中列出 6 个分组的结果，其中区域-1 组分为 2 个小组。表中数据栏目中的相对高值用黑体标示。

注：N 为采样点位数目；Sum：总 POPs（ng/PAS）；Die：狄氏剂；End：α-硫丹。

如彩图 13 所示，其他 3 个分组比较大，含有较多的点位，另一方面其 POPs 浓度水平都比较低（表 7-4）。其中"区域-1 组"进一步细分为 2 个小组，从图 7-10 和表 7-4 可以看出 4 个山区点位和其他 6 个点位在 POPs 组成和浓度水平上都是有区别的。"水边（Waterside）"分组是最让人感兴趣的了。属于这个组的点位要么临近大洋或大湖，要么也距之不远。点位 4、5、7、8 是加拿大北大西洋沿岸的点位；点位 3、24、25、26、27、28、29 加拿大北极地区的点位；点位 22 和 23 位于太平洋沿岸；11 点位则在大湖苏必尔湖（Lake Superior）之滨。这个组具有最低的 POPs 浓度水平，而且组成中 α-HCH 突出，α-HCH/γ-HCH 比值较高，很可能来自海洋与大湖水体的蒸发，即二次排放贡献[6]。

六氯苯在北美洲是均匀分布的，在这个水边（Waterside）分组的 POPs 组成中占了最高的份额（37%），表明这个组的污染水平是很低的。同样在区域-1 分组，六氯苯占了 31%。也说明这个组是清洁的。区域-2 分组含有较多的氯丹成分。区域-1 和区域-2 在较低的不相似水平就合并了，而且它们的点位在地理上也有共性，来自美国的中部和东海岸地区。

7.4.3　小结：梳理大范围被动采样网络的数据

在最初的关于北美洲六六六的研究中[6]，这 40 个点位是按照加拿大北极地区、加拿大北大西洋地区、大湖地区、高海拔山区、北美洲本土、太平洋海岸的地理区域顺序分析讨论的。基于 POPs 组成数据的聚类分析的结果和上述研究高度一致。在聚类分析中每一个点位都受到同等的关注。这意味着聚类分析有能力系统地计算和梳理一个大范围的被动采样网络的数据，得到一个高度概括的结构性表达，有利于进一步的数据分析与解读。3 个区域性的分组是饶有趣味的。特别是水边（Waterside）分组汇总了来自北美洲相距遥远的多个地区的"水边"样品，它们具有高度均一的 POPs 组成。这表明具有大区域代表性的特定属性点位的 POPs 化学指纹是存在的；同时也揭示了来自海洋与大湖水体的 α-HCH 蒸发过程，即二次排放贡献的重要性。以聚类分析为核心的 POPs 组成探针技术在北美洲这样大尺度空间区域的应用是成功的。

7.5　应用实例：全球大气被动采样网络

7.5.1　全球大气被动采样网络研究背景介绍[8]

全球大气被动采样网络（Global Atmospheric Passive Sampling，GAPS）积累了 2005～2008 年 4 年的数据（图 7-3）。作为聚类分析方法的一次尝试，我们集中处理数据完整性较好的 2007 年和 2008 年的数据。2007 年数据包括 47 个采样点位，2008 年数据包括 33 个采样点位。为了和 2008 年数据有较好的可比性，2007 年的数据仅仅选用了 32 个采样点位的数据，进行聚类分析。

在此项研究中选择了 11 种 POPs 化合物的分析测试数据，即六氯苯（HCB）、2 种六六六（α-HCH，γ-HCH）、2 种氯丹（TC，*trans*-chlordane；CC，*cis*-chlordane）、反式九氯（TN，*trans*-nonachlor）、敌草索（dacthal）、3 种硫丹（endo-I，endo-II，endosulfate）和百菌清（CT，chlorothalonil）。

表 7-5 列出了 33 个点位的代码。代码的前 2 个字母代表大洲，例如，NA 代表北美洲，CA 代表中美洲，SA 代表南美洲，Eu 代表欧洲，As 代表亚洲，Af 代表非洲。Au 代表澳大利亚。短横杠以后的字母代表国家名称，例如，C 代表加拿大，U 代表美国，CR 代表哥斯达黎加，Me 代表墨西哥，等等。最后一位如果出现数字，则用于区分同一国家的不同采样点位。点位 SA-Br2 是南美洲-巴西

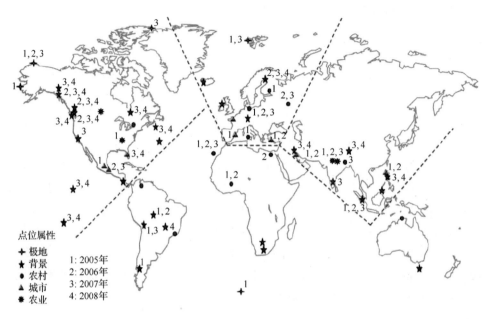

图 7-3　全球大气被动采样网络的点位示意图[8]

点位的属性用 5 种不同的符号来代表。符号旁的数字表明采样的年份。如果没有标出数字，则表明所有 4 年都在采样，都有数据。图中虚线为几个大洲的范围

的第 2 个采样点位，只有 2008 年的数据。其他 32 个点位有 2007 年和 2008 年两年的数据。

表 7-5　全球大气被动采样网络的采样点位代码

编号	点位代码	地点	编号	点位代码	地点
1	NA-C1	Bratt 湖，加拿大	11	NA-U3	希洛，夏威夷，美国
2	NA-C2	多伦多，加拿大	12	NA-U4	Sydney，佛罗里达，美国
3	NA-C3	Lasqueti 岛，加拿大			
4	NA-C4	惠斯勒，加拿大	13	NA-Be	都铎山，百慕大
5	NA-C5	Little Fox 湖，加拿大	14	NA-Sa	Tula，美属萨摩亚
6	NA-C6	塞布尔岛，加拿大			
7	NA-C7	弗雷泽代尔，加拿大	15	CA-CR	Tapanti，哥斯达黎加
8	NA-C8	尤克卢利特，加拿大			
			16	SA-Co	阿劳卡，哥伦比亚
9	NA-U1	Dyea，美国	17	SA-Br1	因达亚图巴，巴西
10	NA-U2	雷耶斯角，加利福尼亚州，美国	18	Eu-Cz	Košetice，捷克

续表

编号	点位代码	地点	编号	点位代码	地点
19	Eu-Ic	Stórhöfði，冰岛	26	Af-Bo	卡拉哈里，博茨瓦纳
20	Eu-Ir	Malin Head，冰岛	27	Af-SA	德阿尔，南非
21	Eu-Fr	巴黎，法国			
22	Eu-Fi	Pallas，芬兰	28	As-Ma	Danum Valley，马来西亚
23	Eu-Ru	Danki，俄罗斯	29	As-Ku	科威特城，科威特
			30	As-Ph	马尼拉，菲律宾
24	Au-1	格里姆角，澳大利亚	31	As-Ind	Bukit Kototabang，印度尼西亚
25	Au-2	达尔文，澳大利亚	32	As-Ch	纳木错，西藏，中国
			33	SA-Br2	圣彼得和圣保罗，巴西

7.5.2　结果与讨论

1. GAPS-2007 年数据的聚类分析

聚类分析得到 7 个分组，见彩图 14 和表 7-6。表 7-6 也给出了被动采样器吸附 POPs 总量的数据，这样可以同时评估 POPs 浓度水平和组成特征。有 3 个分组，包括较多的点位，被认为是清洁的。在前面的应用实例中，我们发现六氯苯是均匀分布的[3,8]。在清洁的点位，六氯苯占有较高的份额；在污染的点位，六氯苯所占份额较低。如表 7-6 所示，这个规律表现得很充分。表 7-6 用黑体字把高值突出显示了，这样每个分组的特点也就突出了，组间差异也就清晰了。

表 7-6　全球大气被动采样网络 2007 年数据聚类分析 7 个分组的化学组成比较

分组	N	POPs 总量 /(ng/PAS)	CT	硫丹			HCHs		HCB
				α-	β-	硫酸盐	α-	γ-	
CT 主导	4	**281**	**0.695**	0.084	0.018	0.003	0.019	0.042	0.118
清洁组-HCB 居多	8	32	0.115	0.204	0.028	0.013	0.036	0.028	**0.506**
清洁组-HCB 占优	7	20	0.073	0.077	0.004	0.005	0.105	0.021	**0.701**
清洁组-HCB、六六六居多	6	43	0.232	0.068	0.007	0.004	**0.131**	0.039	**0.488**
硫丹、CT 主导	2	**458**	**0.321**	**0.469**	**0.124**	**0.021**	0.006	0.012	0.035
林丹主导	2	27	0.028	0.199	0.019	0.011	0.008	**0.495**	0.234
硫丹、六六六主导	3	43	0.025	**0.446**	0.044	**0.019**	**0.130**	0.056	0.268

注：N 为采样点位数目；CT 为百菌清（chlorothalonil）。表中数据栏目中相对高值用黑体标示。

表 7-6 中 3 个清洁分组共含 21 个点位。最后 2 列的 5 个点位也比较清洁。只有 6 个点位具有较高 POPs 污染水平。可见全球大气被动采样网络中大部分点位是清洁的。聚类结果表明，点位不是按照地理范围分组的。没有一个分组是由某一个大洲的点位组成的。但是，应该注意到一个有趣的现象，北美洲点位（NA）和欧洲点位（Eu）更多地聚为一组。例如，在"清洁组-HCB 占优"，"清洁组-HCB、六六六居多"和"CT 主导"三个组中，只有北美和欧洲点位，没有其他大洲的点位。北美洲和欧洲同处北半球，大气环流在上空吹过。这些点位在 POPs 组成上相似而相聚成组是合理的。

在图 7-12 可以方便地比较各个分组的 POPs 组成。上述 3 个只含有北美和欧洲点位的分组的组成特征是六氯苯（HCB）、六六六（α-HCH）和百菌清（chlorothalonil）含量高。而亚洲点位一般具有较高的硫丹含量。这和前期研究的结论是一致的[8]。

2. GAPS-2008 年数据的聚类分析

GAPS-2008 年数据的聚类分析得到 7 个分组，见彩图 15 和表 7-7。彩图 15 左侧的 3 个分组含有较多采样点位，一共有 20 个点位，是清洁的分组。图最右侧的分组含有 4 个点位，也比较清洁（56 ng/PAS）。图中右侧分支还有 9 个点位，是污染点位。表中高值用黑体标出。GAPS-2007 年结果的讨论，对于 GAPS-2008 年数据一般仍然成立。这里不再重复讨论。但是也可以发现一些不一致的地方。例如"林丹主导"分组在 2007 年 POPs 总量不高（27 ng/PAS），由 2 个点位构成，一个是中美洲的哥斯达黎加（CA-CR），一个是亚洲的印度尼西亚（As-Ind）。在 2008 年，As-Ind 点位仍然是清洁的，但是林丹的含量不高，归入"清洁组-HCB、硫丹居多"分组。而 CA-CR 点位 POPs 总量突升到 118 ng/PAS，成为"林丹主导"分组的唯一成员。可见特定点位 POPs 浓度与组成的年际差异敏感地反映了现实情况的动态变化。

表 7-7 全球大气被动采样网络 2008 年数据聚类分析 7 个分组的化学组成比较

分组	N	POPs 总量 /(ng/PAS)	CT	硫丹			HCHs		HCB
				α-	β-	硫酸盐	α-	γ-	
CT 主导	6	**132**	**0.606**	0.075	0.010	0.009	0.026	0.050	0.205
清洁组-HCB 占优	11	33	0.058	0.065	0.001	0.007	0.121	0.025	**0.701**
清洁组-HCB 居多	2	29	0.241	0.096	0.009	0.010	0.120	0.022	**0.480**
硫丹、六六六主导	4	56	0.050	0.332	0.029	0.080	**0.145**	0.069	0.279

续表

分组	N	POPs 总量 /(ng/PAS)	CT	硫丹			HCHs		HCB
				α-	β-	硫酸盐	α-	γ-	
硫丹主导	2	**623**	0.139	**0.579**	**0.132**	**0.093**	0.003	0.006	0.040
林丹主导	1	**118**	0.014	0.065	0.008	0.015	0.007	**0.782**	0.107
清洁组-HCB、硫丹居多	7	28	0.037	0.226	0.019	0.062	0.016	0.015	**0.586**

注：N 为采样点位数目；CT 为百菌清（chlorothalonil）。

7.5.3　小结：在全球尺度上观测区域差异

全球大气被动采样网络数据的结果表明，以聚类分析为核心的 POPs 组成探针技术有能力提供与展示众多监测点位的整体结构，以利于进一步地深入分析与研究。这个方法基于 POPs 化合物的相对组成数据的多维空间中的欧几里得距离的定量计算，每一个点位的数据均得到客观和系统的处理。

即便是在全球尺度上，区域差异也可以显现。北美洲与欧洲点位在组成上的相似性，以及和亚洲不同的组成特征，在聚类分析的结果中都清晰地表达出来了。

7.6　关于 POPs 相对组成探针技术方法的几点讨论

7.6.1　组成数据和浓度数据的比较

POPs 的分析测试数据一般以浓度数据表达，这是最重要的表达方式。但是，在实际应用中，一般是多种 POPs 化合物同时测定的，其相对组成也是基础性的重要信息。POPs 浓度受气象条件的影响，如强风、逆温层形成都会显著改变 POPs 浓度水平。由于大气传输过程中的扩散效应，从排放源区到受体地区 POPs 浓度会逐渐下降，而 POPs 组成仅仅稍有变化。例如，在中国北方的天津市，从工业区到郊区农村，POPs 浓度会有一个数量级以上的变化，而 POPs 组成在工业区、城区、郊区却相当相似[13,14]。

我们除了观测大气污染物的浓度水平、季节变化、空间分布，还希望能研究其来源、大气传输过程，所以我们集中注意力于持久性有机污染物（POPs），要求这些污染物能够持久地经历大气传输等环境过程，真正发挥"探针"的作用。由于在物理化学性质上的差异，POPs 的组成在大气传输过程中不可能一成不变，但是组成的相似性应该在一定程度上保留下来。大气 POPs 的化学组成反映了排放源的组成特征，可以作为一个点位或一个地区的排放源的一种指纹特征。源排放的组成特征一般都是用相对组成来表达的[10,15]。

这里我们用成都-卧龙区域性研究[16]作为实例来比较基于浓度数据和组成数据的聚类分析的结果，结果示于彩图 16 和彩图 3。在卧龙自然保护区设置了 7 个采样点位，在成都城区有一个采样点位。在各个点位都放置了大气被动采样器的平行样，只有垭口点位是例外。采样周期是 6 个月，一个"夏半年"一个"冬半年"正好覆盖了一整年。被动采样样品的代码由 3 部分组成。首先一个大写字母 S 或 W 表明是夏半年或冬半年的样品。其次，后 2 个字母（或数字）用以区分各个点位，例如，CD 代表成都，G 代表耿达小学。最后有一个小写字母 a 或 b 用以区分 2 个平行样。例如 WCDa 和 WCDb 表明是冬季成都点位的 2 个平行样。

基于浓度数据的聚类分析结果在彩图 16 看得很清楚，成都城区点位因为处于源区（成都平原）在夏、冬两个半年均处于较高浓度水平；而 POPs 的组成特征在这两个季节是很不相同的，分别是冬季的六氯苯较高［彩图 16（a）中"冬季-成都"］，夏季的六六六和滴滴涕较高［彩图 16（a）中"夏季-成都"］。另一方面，卧龙自然保护区的样品均处于较低的浓度水平，大多数归入两个主要"Mix"（混合）分组。一个分组含 13 个样品，以夏季样品为多；另一个分组含 11 个样品，以冬季样品为多。后者的 POPs 浓度水平略高于前者。一个比较意外的情况是冬季耿达小学的平行样独立成为一组，被称为"冬季-风大"（"Winter-windy"）分组。

从 POPs 总量看，"夏季-成都"和"冬季-成都"两个组是高度相似的，但是在彩图 16 中，"夏季-成都"分组首先和"冬季-风大"分组汇合，然后在更高的"不相似度"水平上和"冬季-成都"分组合并。这是因为欧几里得距离的计算是在 11 个化合物定义的多维空间里进行的，与简单地比较 POPs 总量从本质上就不同。

虽然同处于一个山谷，耿达小学样品的 POPs 浓度，不论是夏季还是冬季，总是比其他卧龙样品高一些。但是耿达小学样品的 POPs 组成却又和其他卧龙样品高度一致。由于具体的地形地貌，耿达小学的位置处于风口。这个点位的较高 POPs 浓度归因于被动采样器的风速效应[17,18]。这样的风速效应在加拿大西部山区研究的观望峰海拔剖面的 O5 和 O6 点位也观测到了；在天津-长岛研究的北长山监测站点位也观测到了。

特别值得重视的是，成都点位样品所在的"冬季-成都"和"夏季-成都"小组在彩图 16 和彩图 3 中的表现是非常不同的。在彩图 3 中，"夏季-成都"组成独特，独立成组。而"冬季-成都"小组不再存在，它的样品（WCDa，WCDb）融入"冬季样品"分组，和许多卧龙山区的样品同在一组。这很清楚表明了冬半年的大气传输与混合过程的结果。即便是夏半年的样品，虽然分成3个组，也在一个较高的"不相似度"水平汇合成一支（参见彩图 3）。在夏季季风季节大气传输过程仍然在起作用，但是同时发生的其他过程如一次排放、二次挥发、降解过程等都在温度升高的时候更加活跃。这导致了夏季的大气传输与混合过程的效果大大弱化了。

三道桥点位的夏季样品（SSa，SSb）和熊猫研究中心的夏季样品（SPCa，SPCb）在浓度聚类的彩图 16 中没有什么特别之处，可是在组成聚类的彩图 3 中可见它们的化学组成中六六六的份额高，其中尤以 β-HCH 最为突出。在彩图 3 中夏季三道桥样品（SSa，SSb）已经作为一个独立的分组被识别出来了。β-HCH 是六六六的几个异构体中最具持久性的，随着降解和老化过程，它的份额会增加，同时它又是水溶性最高的，不易被长距离传输，所以较高份额的 β-HCH 对于局地污染有指示意义。前期研究表明，卧龙自然保护区的三道桥和大熊猫研究中心点位存在局地的土壤污染[19]。

上述情况表明，组成数据及其聚类分析的结果可以揭示区域性大气传输的效果；特定点位的源排放情况也可以更清晰地反映出来。我们认为基于浓度数据和组成数据的聚类分析都是值得一做的。在数据处理和分析的过程中，人们的注意力首先是针对浓度数据的。在这里我们强调要同时关注组成数据。组成数据的聚类分析很可能提供新的信息，有时是新的发现。

7.6.2　平行样的作用

在彩图 16 和彩图 3 中的 30 个样品中包括 14 对平行样。这些平行样的绝大多数在聚类分析中表现良好，在树形图中"并肩而立"，至少能出现在同一个分组中。那我们为什么要用平行样，而不是两个平行样的均值呢？平行样是否是一种冗余的做法，把事情搞得更复杂了呢？

平行样是质量控制的措施，用以保障整个分析过程的质量，包括样品采集、保管运输、样品处理和仪器分析诸多步骤。一对平行样之间的差异显示了整个分析过程的不确定度。环境样品中的许多污染物处于痕量水平，甚至低于检出下限。浓度水平越低，分析测定的不确定度越大。对于大气被动采样数据的聚类分析应用，至关重要的是分析数据必须主要反映环境污染物浓度的真实差异与变化，而绝不能是分析过程的随机误差或不确定度。不幸的是这些随机误差是不可避免的，而且总是存在于数据之中。最基本的一个要求就是分析误差必须是严加控制于尽可能低的水平。为了检查、验证这一要求，只要可能就应该让平行样参与聚类分析的计算过程和结果展示。

只有平行样的表现良好，聚类分析的结果才是可信的。如果有个别的平行样未能进入相同的分组，也许还可以勉强接受；但是必须查找原因，重新检查数据质量和整个分析过程。在彩图 3 中，我们发现卧龙山区 95 km 处的平行样品（W95a，W95b）未能进入同一个分组。检查发现这组样品的分析质量的确较差。如果 20％以上的平行样不符合要求，这可能表明分析数据的随机误差在欧几里得距离的计算中起到不能忽视的作用，聚类分析的结果是不能接受的。可见平行样所发挥的作用，提高了聚类结果的可靠性。

平行样在聚类分析中还可以发挥"内部校准器"的作用。平行样在一定的"不相似度"水平上汇合。树形图中各个分组形成的水平、分组之间融合的水平都可以和平行样的汇合水平相比较。这就方便了聚类结果的解读与分析。

POPs 的分析数据中常有一个或几个浓度较高的"高权重"化合物，其不确定度优于其他浓度较低的化合物。如果尝试不包括"高权重"化合物的聚类分析，必须十分小心谨慎。数据的整体质量有可能因此而下降。必须检查平行样的表现，以期保证所得到的聚类结果确实是可以接受的。

7.6.3 关于高权重化合物的讨论

在一项研究中，常有一个或几个 POPs 化合物浓度较高，表现为"高权重"化合物。例如，在成都-卧龙山区的研究中六氯苯就可以称为"高权重"化合物[16]。六氯苯的份额平均值为 71.1％，具体范围从 52.7％ 到 83.6％。份额的差距高达 30.9％，这表明六氯苯在欧几里得距离的计算中有很大的权重。

这就产生一个问题，聚类分析的结果是否由六氯苯一个化合物决定了呢？人们会考虑，如果六氯苯不参加聚类分析的计算，会导致什么结果呢？我们再做一次聚类分析，仍然基于相同的组成数据，但是六氯苯不参加聚类分析中欧几里得距离的计算，结果示于图 7-4。图 7-4 和彩图 3 很相似，仍然得到 5 个分组。但是这次的聚类结果，冬季样品和夏季样品区分得更清楚。原有的混合组（"Mix"）不再存在。两个夏季样品（SPCa，SPCb）现在独立成组；两个冬季样品（WP，W95b）成为全部冬季样品组（"All winter samples"）之中的一个小组。关于彩图 3 的讨论现在仍然成立。事实上图 7-4 完全支持和确认彩图 3 及其有关讨论的所有要点。这就表明聚类分析的结果并不是六氯苯单独决定的，而是基于 POPs 的整体的组成。

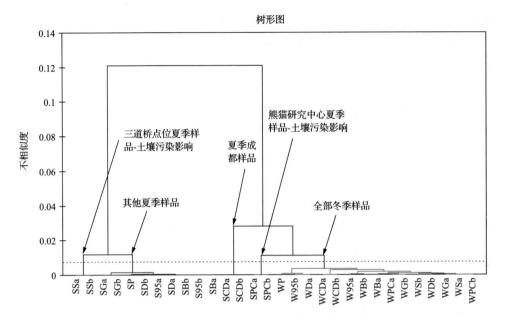

图 7-4 成都-卧龙研究的组成数据的聚类分析（不含六氯苯）树形图与组成图示

树形图表明聚类分析得到 5 个分组。最右侧的"全部冬季样品"分组含所有 15 个冬季样品。

其他 4 个分组，含 2、9、2、2 个样品，共 15 个样品，全部是夏季样品

排除六氯苯之后进行聚类分析还有一种可能性，就是六氯苯不参加归一化计算，重新计算出相对组成数据。在一项青藏高原的研究中就是这样做的[2]。研究识别了 3 个主要的分组。当六氯苯参加计算时，识别了"长距离传输"和"城镇"两个组。当六氯苯不参加计算时，识别了"长距离传输"和"农业"两个组。两次聚类分析得到新的附加的信息[2]。

"高权重"化合物浓度高，测量的精度一般也相应较高。它们在聚类中具有较高权重也是合理的。另一方面，再做一次聚类分析，检查、核对排除个别"高权重"化合物后聚类分析的结果也是值得的。两次聚类分析的结果可能会有差别，但是必须兼容一致。这样的做法能够增强聚类分析结果的可信度，也有可能得到新的信息。

7.6.4 如何比较不同的区域性研究的结果

在成都-卧龙山区研究中，我们比较了冬半年样品和夏季样品的不相似度，前者相似度很高，后者差了 6 倍［参见彩图 3（a）］。这种比较只能在同一个树形图中进行。不同区域性研究的树形图之间不能直接比较。因为各项研究所依据的 POPs 化合物的数目以及被测化合物本身都不相同。计算得到的欧几里得距离也

就没有可比性。即便是完全一样的 POPs 化合物，一样的化合物数目，合成的数据得到的聚类分析结果也很可能不是原始的两组单独数据的聚类结果的简单叠加。要想比较不同研究的被动采样数据，首先要基于那些共同被测量的 POPs 化合物，构造一个新的合成的数据集合，然后进行聚类分析。一个实例是加拿大西部山区、智利山区、博茨瓦纳三项研究的合成数据[3,4,5]。有 10 个 POPs 化合物在这三项研究中都测定了，即作为合成数据聚类分析的数据基础。它们是六氯苯（HCB）、2 种六六六（α-HCH，γ-HCH），反式氯丹（TC），反式九氯（TN），狄氏剂（dieldrin），3 种硫丹（endo-I，endo-II，endosulfate）和百菌清（CT，chlorothalonil）。

关于采样点位的代码，必须略作调整。博茨瓦纳点位仍然是 2 个系列，E 系列和 O 系列；智利山区仍然是 3 个系列，N 系列，C 系列和 S 系列；加拿大西部山区的 R 系列和 Y 系列不变，但是 O 系列改为 P 系列，以免和博茨瓦纳的 O 系列混淆。

结果见图 7-5 和表 7-8。如图 7-5 可见加拿大西部山区的 17 个样品中 16 个都在同一个组，并且几乎是单一的加拿大来源。这显然和这些点位（样品）的地理位置比较集中有关。加拿大样品以 α-HCH 含量高为特征。博茨瓦纳的样品归入 2 个分组，一个比较清洁组（博茨瓦纳-清洁组），一个受到污染组（博茨瓦纳-污染组）。前者硫丹含量较高，后者 γ-HCH 含量较高。博茨瓦纳也是一个比较简单的情况。智利山区的情况就比较复杂了。20 个点位来自 3 个地理上相距遥远的海拔

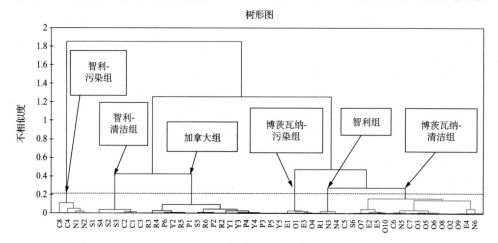

图 7-5　三个区域性研究的合成数据的聚类分析树形图与组成图示

树形图表明聚类分析得 6 个分组。加拿大山区的 17 个样品有 15 个在"加拿大组"中。博茨瓦纳的 15 个样品分别归入 2 个组，"博茨瓦纳-清洁组"和"博茨瓦纳-污染组"。智利山区的 20 个样品有 15 个归入 3 个组，"智利-污染组"、"智利-清洁组"和"智利组"。其他 5 个样品混入其他分组中

剖面。南北剖面相聚 3000 km。点位的海拔差异也很大，从 10 m 到 4400 m。智利点位进入了 5 个分组。但是污染点位和清洁点位是可以很清楚地区分开的。而且南部剖面和中部剖面的 7 个点位（S1，S2，S3，S4，C1，C2，C3）形成了一个纯粹智利来源的清洁分组（智利-清洁组）。这个分组 HCB 份额高，表明很低的 POPs 浓度水平。而智利的污染点位主要是狄氏剂和百菌清含量高。总而言之，三个遥远国度的样品仍然保持和体现了自身的组成特点，反差明显，相映成趣。

表 7-8　合成数据（10 个 POPs 化合物）聚类分析 6 个分组的化学组成比较

分组	N	HCB	α-HCH	γ-HCH	Die	TC	TN	α-End	β-End	End-s	CT
1	4	0.129	0.012	**0.364**	0.031	0.040	0.016	0.294	**0.047**	0.008	0.059
2	15	0.309	0.015	0.058	0.027	0.047	0.015	**0.410**	0.028	0.011	0.079
3	4	0.097	0.005	0.050	**0.105**	0.010	0.001	0.050	0.008	0.001	**0.674**
4	5	0.301	0.023	0.040	0.009	0.016	0.002	0.276	0.017	0.007	0.309
5	7	**0.684**	0.009	0.056	0.032	0.003	0.003	0.133	0.004	0.003	0.069
6	17	0.450	**0.151**	0.038	0.035	0.038	0.002	0.223	0.018	0.010	0.034

注：N 为采样点位数目，Die：狄氏剂，TC：反式氯丹，TN：反式九氯，α-End：α-硫丹，β-End：β-硫丹，End-s：硫丹硫酸盐，CT：百菌清。第 1 组：博茨瓦纳-污染组，第 2 组：博茨瓦纳-清洁组，第 3 组：智利-污染组，第 4 组：智利组，第 5 组：智利-清洁组，第 6 组：加拿大组。

三个区域性研究的合成数据的聚类结果表明，每个区域的点位（样品）并非一定自成一组，相互之间清楚切割。这取决于多方面因素。如果点位的属性相同又来自一个有限的地理区域，它们有较大的机会自成一组，例如，加拿大西部山区的情况以及博茨瓦纳比较清洁的一组。如果一项研究的点位的属性多种多样（背景点，农村点，农业点，工业点，城镇点），地理特征差异较大（海岸，内陆，平原，高山），空间尺度较大（区域尺度，国家尺度，大洲尺度，全球尺度），那么点位很可能归入不同的分组，因为 POPs 来源贡献情况的多样性必然影响到各点位的大气 POPs 组成。

本章小结

　　POPs 相对组成探针技术的核心是聚类分析方法，同时我们强调作为研究对象的大气污染物必须具有持久性，强调以相对组成数据为基础展开聚类分析。本章主要报道了基于 Frank Wania 教授研究团队 5 项研究的大气被动采样数据，运用 POPs 相对组成探针技术得到研究结果。结果表明 POPs 相对组成探针技术可以在POPs来源与大气传输等环境过程两方面得到一批新的信息与认知。这一技术可以便捷地把样品分为两大类，一类是受到局地排放源显著影响的样品，另一类是没有这类影响的样品；可以识别与决定哪些点位具有区域代表性及其POPs组成的"指纹"特征；可以识别与研究大气传输现象及其对于POPs空间分布的影响；可以揭示水体、土壤等环境介质的二次排放过程的重要贡献。

参 考 文 献

[1] Wang X P, Gong P, Yao T D, et al. Passive air sampling of organochlorine pesticides, polychlorinated biphenyls, and polybrominated diphenyl ethers across the Tibetan Plateau. Environmental Science & Technology, 2010, 44 (8): 2988-2993

[2] Gong P, Wang X P, Sheng J J, et al. Sources and atmospheric transport of POPs in the Tibetan Plateau using relative composition probe. Research of Environmental Sciences, 2013, 26: 350-356 (in Chinese with English abstract)

[3] Shunthirasingham C, Mmereki B T, Masamba W, et al. Fate of pesticides in the arid subtropics, Botswana, Southern Africa. Environmental Science & Technology, 2010, 44: 8082-8088

[4] Daly G L, Lei Y D, Teixeira C, et al. Pesticides in Western Canadian mountain air and soil. Environmental Science & Technology, 2007, 41: 6020-6025

[5] Shunthirasingham C, Barra R, Mendoza G, et al. Spatial variability of semivolatile organic compounds in the Chilean atmosphere. Atmospheric Environment, 2011, 45: 303-309

[6] Shen L, Wania F, Lei Y D, et al. Hexachlorocyclohexanes in the North American atmosphere. Environmental Science & Technology, 2004, 38: 965-975

[7] Shen L, Wania F, Lei Y D, et al. Atmospheric distribution and long-range transport behavior of organochlorine pesticides in North America. Environmental Science & Technology, 2005, 39: 409-420

[8] Shunthirasingham C, Oyiliagu C E, Cao X S, et al. Spatial and temporal pattern of pesticides in the global atmosphere. Journal of Environmental Monitoring, 2010, 12: 1650-1657

[9] Liu X D, Wania F. Cluster analysis of passive air sampling data based on the relative composition of persistent organic pollutants. Environmental Science: Processes & Impacts, 2014, 16: 453-463

[10] Lavin K S, Hageman K J. Contributions of long-range and regional atmospheric transport

on pesticide concentrations along a transect crossing a mountain divide. Environmental Science & Technology, 2013, 47: 1390-1398

[11] Harner T, Shoeib M, Kozma M, et al. Hexachlorocyclohexanes and endosulfans in urban, rural, and high altitude air samples in the Fraser Valley, British Columbia: Evidence for trans-Pacific transport. Environmental Science & Technology, 2005, 39 (3): 724-731

[12] Ding X, Wang X M, Xie Z Q, et al. Atmospheric hexachlorocyclohexanes in the North Pacific Ocean and the adjacent Arctic region: Spatial patterns, chiral signatures, and sea-air exchanges. Environmental Science & Technology, 2007, 41 (15): 5204-5209

[13] Zheng X Y, Chen D Z, Liu X D, et al. Spatial and seasonal variations of organochlorine compounds in air on an urban-rural transect across Tianjin, China. Chemosphere, 2010, 78: 92-98

[14] Liu X D, Chen D Z, Zheng X Y, et al. Passive air sampling and compositional characteristics of atmo-spheric organochlorine pollutant in Tianjin. Journal of Chinese Mass Spectrometry. Society, 2011, 32 (2):65-70 (in Chinese with English abstract)

[15] Receptor Model Source Composition Library. EPA-450/4-85-002. [2014-11-10]. http://www. epa. 8001.

[16] Liu W J, Chen D Z, Liu X D, et al. Transport of semivolatile organic compounds to the Tibetan Plateau:Spatial and temporal variation in air concentrations in mountainous Western Sichuan, China. Environmental Science & Technology, 2010, 44: 1559-1565

[17] Tuduri L, Harner T, Hung H. Polyurethane foam (PUF) disks passive air samplers: Wind effect on sampling rates. Environmental. Pollution, 2006, 144: 377-383

[18] Zhang X M, Brown T N, Ansari A, et al. Effect of wind on the chemical uptake kinetics of a passive air sampler. Environmental Science & Technology, 2013, 47: 7868-7875

[19] Zheng X Y, Liu X D, Liu W J, et al. Concentrations and source identification of organochlorine pesticides (OCPs) in soils from Wolong Natural Reserve. Chinese Science Bulletin, 2009, 54 (5): 743-751

第8章 持久性有机污染物被动采样与大气传输：前景展望

本章导读

在履行《斯德哥尔摩公约》的背景下，POPs 大气长距离传输研究近年来取得长足进展。采样和分析技术有突破，在现场观测和模型研究两方面都取得创新性成果，形成了鲜明的学科方向和活跃的学术前沿，体现出良好的研究态势，展现了在履约工作中实际应用的前景。结合这个领域的现状和进展，可以预期在以下几方面将有新的发展空间和进展。

8.1 大气被动采样的原理、技术开发与完善

8.1.1 被动采样原理的研究

当前被动采样技术提供的 POPs 相对含量是准确的、定量的（如 PCBs 的同系物组成，HCHs 异构体比例，DDT 和它的降解产物比值，手性化合物比值等）；但是由于采样速率的估算误差较大，对于 POPs 大气绝对浓度的估计和真实浓度之间可能有 30% 到 2～3 倍的偏差，得到的数据是半定量的。所以在这一方面还有可观的改进空间，成为一个技术前沿。

被动采样的原理和吸附动力学值得进一步研究，需深入研究影响采样速率的环境和气象因素，探索更有效的校准方法和技术。Zhang 和 Wania[1] 指出"双膜吸附假设"忽视了吸附剂多孔材料中有机物的扩散过程，提出"三过程假设"进行模型研究与计算。在这方面，现在的"知识缺口"（knowledge gap）在于各种有机化合物在特定吸附剂表面的吸附速率（k_{Sorb}）数据。对于被动采样原理的深入研究将有利于定量计算各种化合物的被动采样速率；进而和现场观测、现场校正的实验数据比较。这将有力提升被动采样技术获取大气绝对浓度定量数据的技术水平。

8.1.2　被动采样器设计的改进

PUF-PAS 和 XAD-PAS 在 2002 年和 2003 年分别正式报道以来已经有十年时间，各种性能评估的研究均基于其设计原型，采样器的基本结构没有改进。根据 XAD-PAS 外筒尺寸和芯管位置的优化研究，发现有机污染物的吸附和采样主要发生在吸附剂芯管的下部，于是出现了高度减半的改进型 XAD-PAS[2,3]。作者还指出吸附主要发生于吸附剂芯管的外表面，芯管中心部的吸附剂较少发挥作用[3]。

采样器保护外套除了保护内部的吸附剂免于阳光直射、风雨侵扰和颗粒物的沾染之外，还有一个重要方面是减轻风速改变引起的采样速率的变化。一些野外现场的研究发现，在防范颗粒物沾染方面，XAD-PAS 的圆筒形外罩比较 PUF-PAS 的双碗形外罩更有效[4]。XAD-PAS 的早期研发曾经报道风洞实验的结果，说明采样速率可以不受风速的影响，但是后续的野外现场实验数据均表明高风速会导致采样速率的增加。是否可以从被动采样器设计上采取改进措施来减轻风速的影响，在野外条件下，重现或接近风洞实验的理想情况，这方面的工作值得探索，却未见报道。

8.1.3　被动采样技术与绿色化学的理念

绿色化学的理念正在向各个化学领域扩散和渗透，环境化学首当其冲。大气被动采样技术无需动力供应，是一项节能的技术；但是另一方面，大气被动采样的样品处理和分析过程消耗数量可观的高纯有机溶剂，不尽符合"环境友好技术"的理想和要求。Schummer 等[5]采用加速溶剂萃取（ASE）技术替代索氏抽提方法，然后用固相微萃取（SPME）技术富集进样，显著减少了有机溶剂的用量，而且时间上也比索氏抽提方法更快捷。在挥发性有机化合物（VOC）的采样和分析方面，有 Tenax 吸附剂直接热脱附的技术方法，避免了有机溶剂的使用。但是用于 POPs 被动采样的两种吸附剂（XAD 和 PUF）还不适用于这种方法。

8.1.4　被动采样技术与先进分析技术的组合

先进分析技术的运用一方面提高了分析方法本身的性能指标如分析精确度和准确度、检测下限等，另一方面也可以简化样品处理的程序和要求，从而减少有机溶剂的使用量，降低分析的成本，对环境更友好。高分辨率质谱技术的运用可望达到这样的效果。大气被动采样样品在索氏抽提后，可以不经柱分离净化，经过转溶和氮吹后，直接进样分析。高分辨率质谱技术可以选择性检测有机氯目标化合物，获得定量数据。全二维色谱-飞行时间质谱技术具有很高的分离能力，通过两根性能不同的色谱柱的优化组合，可以在二维空间展开众多的被测物，更好地实现 POPs 色谱峰的基线分离和定量检测[6]。

8.2 应用研究的探索与创新

8.2.1 新的 POPs 化合物的观测与研究

《斯德哥尔摩公约》所规定的 POPs 化合物的清单从起初的 12 种类，到 2018 年已经扩展到 33 种类，而且这个清单还会继续扩展。新型 POPs 的大气长距离传输研究也会随之开展，例如，全氟烷基化合物（PFASs）及其进入各环境介质后转化或降解生成的其他氟代化合物如全氟辛基磺酸盐（PFOS）和全氟辛酸铵（PFOA）等。新型 POPs 的物理化学性质及其在环境中的行为会受到更多关注。Loewen 等[7]在加拿大西部落基山脉采集了挥发性全氟类化合物的大气被动采样样品，测定了高山湖泊水样中全氟类化合物的水溶性降解产物，观测其沿海拔梯度的浓度变化，探讨了有关的环境过程和可能的原因。

多氯萘（polychlorinated naphthalenes，PCNs）不论分子结构还是理化性质都和多氯联苯相似，现已为列入公约附录的新型 POPs 名单中。关于 PCNs 的研究与观测也逐渐展开，包括大气被动采样和大气传输的研究工作。Hogarh 等[8]在非洲大陆西海岸的加纳的 13 个点位放置了 PUF-PAS，覆盖了加纳的全境。在加纳的北部和中部人口密度不大，各设置了 3 个点位；南部沿海地区人口较多，经济活动活跃，设置了 7 个点位。作者识别了 PCNs 的三个来源，城市固体废弃物、工业排放和港口地区，并且讨论了它们的 PCNs 组成特征。随着主导风向，从南向北，PCNs 的组成中的低氯取代成分逐渐增加，表征了大气传输过程的影响。

短链氯化石蜡（short-chain chlorinated paraffins，SCCPs）是一类新型的 POPs，组成复杂，具有半挥发性有机化合物的性质。中国科学院生态环境研究中心的研究团队在浙江台州电子垃圾拆解地以及半径 60 km 的周边地区环境介质中短链氯化石蜡的系统研究中发现其浓度和组成规律性变化的趋势。土壤、水稻、福寿螺样品中短链氯化石蜡的浓度在拆解中心区最高，随着离开拆解中心区距离的增加，环境样品中的浓度下降，但是链长较短、氯原子取代个数较少的单体比例呈上升趋势，这说明挥发性较强的同系物具有更强的迁移能力。此项研究虽然没有包括大气样品，但是间接提示了 SCCPs 的大气传输能力以及通过大气传输对周边地区环境的影响。

Ruan 等[9]发现一种新的杂环溴代阻燃剂，三-(2,3-二溴丙基)异氰脲酸酯（TBC）在土壤样品中的浓度随着远离生产厂而逐渐下降，根据其理化性质推测这是区域性大气传输的表现。

8.2.2　来源研究的新思路：综合研究 POPs 和大气颗粒物（PM）的技术途径

在 POPs 大气传输研究中，对于一个受体地区的采样点，POPs 源自什么方向？什么地理方位？什么地理区域？源区的识别与确定是需要回答的重要问题之一。特定 POPs 的浓度水平和风向的关系，可以指示源区的方向；反向风迹的图示与统计分析也可以提供有用的信息。但是这两种技术途径主要提供的信息是指示性的和定性的。Lavin 等[10]尝试了一种基于化学组成的新途径。因为在大气颗粒物表征与来源的研究已经积累了丰富的数据和经验，为什么不能借助大气颗粒物（PM）的"一臂之力"呢？在采集半挥发性有机化合物（SVOC）的大流量采样器样品时颗粒物样品一般也是同时采集的。位于新西兰南岛 Temple 流域的采样点既可以受到东南方不远的坎特伯雷平原的影响，也可以受到西北方向隔海相望的澳大利亚的影响。这两个主要来源的大气颗粒物的组成是不同的，也是已知的，用二元模型就可以基于 PM 样品的化学组成定量解析出两个来源的贡献大小。由于复杂的气团运动，各种气象因素对于 PM 和 SVOC 的影响是相似的，所以无需关注气象细节，即可从 PM 的来源得知 SVOC 的来源，从而正确解读 SVOC 的浓度起伏和变化。SVOC 和 PM 也有不同之处，前者存在程度不同的降解现象。例如，毒死蜱（chlorpyrifos），其大气寿命（half-life，半衰期）只有一天，降解过程成为决定性的因素；来自南方的坎特伯雷平原的影响得以展现，而来自西北方向的澳大利亚的影响在大气传输过程中消于无形[10]。

8.2.3　有机氯污染物相对组成探针的应用

在本书的第 3、4、5 章，我们运用了有机氯污染物相对组成探针和聚类分析方法讨论了天津城区-郊区剖面、天津-长岛的渤海区域、成都-卧龙自然保护区区域的 POPs 大气传输现象及其区域性贡献。这几项应用实例的空间尺度在 100～500 km 的范围。这一技术方法有待更大空间尺度的实际应用来检验。

Wang 等[11]曾在青藏高原约 2000 km×1000 km 的范围内设置 16 个被动采样点，报道了青藏高原大气有机卤污染物的空间分布规律，并探讨了可能的本地排放和南亚次大陆 POPs 的长距离传输对青藏高原大气环境的影响。龚平等[12]基于这批监测数据，应用相对组成探针技术和聚类分析方法进一步探讨青藏高原大气POPs的分布、来源和长距离传输特征，为相对组成探针技术在数千千米的空间尺度上的适用性提供了案例。

龚平等[12]在构建有机氯污染物相对组成探针时，探讨了个别污染物的取舍对聚类分析结果的影响。六氯苯（HCB）是浓度最高的有机氯污染物，对聚类结果影响较大，以至于某种程度上掩盖了其他污染物的作用。作者对包含和排除 HCB的两种相对组成数据分别进行聚类分析。研究结果一方面明确了 HCB 的来源和重要影响，青藏高原大气 HCB 主要来自于本地燃烧，其中人类活动较为频繁的城镇（波密、格尔木、玉树、拉萨、工布江达、拉孜、那曲）具有较高的 HCB相对组成；另一方面也揭示了其他有机氯农药的分布特征和大气传输贡献，青藏高原南缘的采样点（珠峰、然乌、萨嘎）以南亚正在使用的农药：六六六（HCHs）和硫丹（α-endo）为特征。这凸显了南亚污染排放经长距离传输对青藏高原的影响。剔除 HCB 的影响后，高原中部、东南部河谷地区各点（鲁朗、拉孜、拉萨、日喀则、工布江达、昌都）及那曲、狮泉河因较高相对组成的 o,p'-滴滴涕（o,p'-DDT）而聚为一组，这些采样点可能受到本地污染排放的影响。该结果在聚类分析中得到客观的反映。

研究结果表明，有机氯污染物相对组成探针和聚类分析方法在获取较大空间尺度上 POPs 的来源和传输特征方面有剥茧抽丝、条分缕析的作用，在青藏高原尺度上具有较好的适用性。相对组成探针和聚类分析方法在更大空间尺度，如东亚、欧洲、北美、跨太平洋等空间尺度上的适用性如何，本书第 7 章我们给出了几个应用实例，同时也期待进一步的研究、应用与验证。

8.2.4 区分当地点源排放和区域性长距离传输的贡献

早期的 PAS 研究与应用更多关注边远地区，要求获得有区域代表性的大气浓度数据，强调避免点源排放的影响。多伦多城区-农村剖面的研究[13]已经把应用领域拓展到更广泛的区域。东亚地区广大区域的被动采样网络更是包括了乡村和城市采样点位[14]。实际上在边远地区发现点源的存在，识别其局域性贡献也是很有意义的，可以深化我们对研究区域的 POPs 浓度与分布的认识和理解。在第 3、4、5、6 章中都有这方面的讨论和分析。随着越来越多大气被动采样的应用研究付诸实现，人们开始关注如何区分当地点源排放和区域性长距离传输贡献的问题。Barthel 等[2]报道了在加拿大东部的一项应用研究，既描述了 PAHs 和 PCBs的区域性分布情况，也观测了交通道路的机动车排放的局域贡献。要想实现这一目标，在采样点的选择和设计上就要兼顾这两个方面。作者选择的 5 个池塘和沼泽，从萨德贝雷到渥太华形成了从西向东展开的区域性剖面；在每个池塘，又在垂直与道路走向的、从边缘向中心 500 m 的小尺度剖面上安排了 4～8 个点位，来观测道路机动车排放的影响。Halse 等[15]基于挪威全境的大气被动采样网络 22 个点位以及挪威和瑞典 12 个背景点位的数据估算了 POPs 背景浓度，这个背景浓度是单纯的大气长距离传输的贡献。然后对于每一个点位用该点位测出的 POPs 浓度除以 POPs 背景浓度，都可以计算出一组比值 R。如果 R 大于 1，就表明有当地源排放的贡献存在；如果 R 大于 2，就表明当地源排放的重要影响；如果 R 小于等于 1，则表明长距离大气传输贡献是主要或单一的来源，同时也提示有关的 POPs 背景浓度可能是高估了。应用这一方式，作者辨别出了 POPs 确有点源当地排放的贡献。PCBs 的高值主要在较大城市的点位。PAHs 和 HCB 的高值一般与现实的或以往的工业过程有关。一个点位的 γ-HCH 高值和林丹的近期使用有关。海边点位普遍存在较高的 α-HCH 浓度应该归因于源自海洋的二次挥发过程。以上 2 项研究成果再一次表明大气被动采样技术在 POPs 来源研究与大气传输研究方面的潜力，在《斯德哥尔摩公约》的履约和 POPs 监测方面的应用前景。

8.3 关于技术途径和研究思路的展望

8.3.1 同位素指纹技术应用的可能性

尽管和其他有机化合物比较，POPs 具有难降解的特征，在环境介质中，在大气传输过程中，降解反应在一定程度上还是发生了。降解反应在化合物的同位素丰度比指纹上会有所反映，留下"蛛丝马迹"。一个化学键断裂的能量受到有关原子同位素质量的影响。一般来说，较重的同位素有稍高的反应活化能，因而反应速率略慢，最终导致在反应之后，反应物中较重同位素的丰度有所上升，表现为富集，相应的在产物中较轻同位素的丰度有所上升。这是一般的主流的情况，称为"正常同位素分馏（normal isotope factionation）"；如果在个别的情况中，出现了相反的分馏效应，则称为"逆分馏（inverse factionation）"[16]。

由于气相色谱-同位素比值质谱（GC-IRMS）技术的应用，可以测定单个化合物的碳（$^{13}C/^{12}C$）、氮（$^{15}N/^{14}N$）、氢（$^2H/^1H$）的同位素丰度比值。同位素指纹是化合物自身直接和本征的实验数据和证据。如果天然来源和人为源排放的一种化合物有不同的同位素指纹的话，观测环境样品中的同位素比值，有可能研究了解环境污染物的来源，有可能了解污染物经历的环境化学和物理过程。对于氯的同位素丰度比，目前尚没有用 GC-IRMS 技术测定的报道，但是已经有了用 GC-MS 方法进行测定的研究报道，测试的精度达到 0.4‰ 至 2.1‰，可以和 GC-IRMS 媲美[17]。Laube 等[18]报道了平流层中观测到的氯同位素分馏现象。随着海拔高度从 14 km 增加到 34 km，一种氟氯烃化合物，CF_2Cl_2 的 ^{37}Cl 同位素逐渐升高、富集。作者认为，在光解反应和与原子氧的反应中两种氯同位素的反应速率的差异是导致同位素分馏的主要原因。作者预言这个研究方向应该有进一步的应用与发展[18]。这对于 POPs 的大气传输研究应该有启发。

8.3.2　多介质协同的综合性研究

POPs 长距离大气传输本身就是一个多环境介质之间交换与分配的过程，要想比较客观、全面地研究和表征这个过程也必须采用多介质协同的综合研究的技术路线。许多前期研究之所以获得成果也得益于此。现在研究工作利用两个介质比较多，但是同时考虑两个以上介质的研究还比较少见，例如，在土壤-大气研究中如果也考虑植被介质和湿沉降介质，可望获得更精细的图像和更全面的理解。

进一步的研究工作要考虑：如何应对边远地区的严酷自然环境，克服无电力供应、无人力值守的实际困难，开发新的各类环境样品（如雨水、雾水、雪水、降尘、大气颗粒物等）的被动和主动采样的技术和专用设备，包括太阳能驱动的采样设备，以期获取以前无法得到的有区域代表性的样品。

8.3.3　现场观测、模型计算与实验室模拟研究的紧密结合

现场观测和模型研究有很强的互补性。在模型研究预测的启发和引导下开展现场观测将会更有效；用现场观测数据评估和验证的模型研究的结果，模型将会改进得更完善、性能更优异；可以预期今后会有更多的研究把现场观测和模型研究紧密结合起来。

8.3.4　从"时空分布"到"环境过程"研究

通过众多现场观测项目的多年研究和大型调查项目的通力合作，目前已经积累了可观的 POPs 时空分布的数据，这具有十分重要的意义。在多介质环境数据的基础上，越来越多的研究团队进一步研究 POPs 长距离大气传输所涉及的环境过程，从"知其然"的层面出发，向"知其所以然"的境界努力探索。可以预期在这方面会不断有新成果问世。

8.3.5　POPs 时空分布基础数据的积累与分析、使用：对履约工作的技术支持

《斯德哥尔摩公约》的履约需求将会继续有利驱动这个领域的研究和应用，可以预期国际、国内会有更多区域性的、长期实施的 POPs 监测工作，将会产生丰富的 POPs 时空分布的基础数据；这些数据的使用和开发也会推动有关的长距离大气传输研究更加深入；区域尺度和全球尺度的 POPs "源区-受体" 关系会更清晰、更明确，对履约工作的技术支持也会更具体、更有力。充分利用政府的环境管理和大型调查所得到的有关数据也是一个重要的方面。让国家的投入转变成更多、更全面的产出，这是符合国家和人民的利益的。

8.3.6　加强国内协作和国际合作的机制

面对 POPs 长距离大气传输领域复杂的多介质研究对象、大尺度的地理区域，实施跨学科的技术途径，今天比以往任何时间都更需要协作和合作。处于网络时代，协作和合作也有了新的技术平台，并且已经取得许多重要成果都是以这种方式取得的。国内协作和国际合作实际上已经成为 21 世纪科研工作的一个重要机制。

本章小结

本章针对持久性有机污染物的被动采样与大气传输研究的前景，从大气被动采样的原理、技术开发与完善，从应用研究的新的尝试和探索方向，从技术途径和研究思路等方面进行简要和初步的展望。大气被动采样的应用方兴未艾。POPs 大气传输作为一个活跃的研究前沿新成果将不断涌现。各个方面的 POPs 研究成果将为《斯德哥尔摩公约》的履约工作提供不可或缺的技术支持和科学依据。

参 考 文 献

[1] Zhang X M，Wania F. Modeling the uptake of semivolatile organic compounds by passive air samplers：Importance of mass transfer processes within the porous sampling media. Environmental Science & Technology，2012，46（17）：9563-9570

[2] Barthel P，Thuens S，Shunthirasingham C，et al. Application of XAD-resin based passive air samplers to assess local（roadside）and regional patterns of persistent organic pollutants.

Environmental Pollution，2012，166：218-225

[3] Zhang X M，Wong C，Lei Y D，et al. Influence of sampler configuration on the uptake kinetics of a passive air sampler. Environmental Science & Technology，2012，46（1）：397-403

[4] Schrlau J E，Geiser L，Hageman K J，et al. Comparison of lichen，conifer needles，passive air sampling devices,and snowpack as passive sampling media to measure semi-volatile organic compounds in remote atmospheres. Environmental Science & Technology，2011，45（24）：10354-10361

[5] Schummer C，Tuduri L，Briand O，et al. Application of XAD-2 resin-based passive samplers and SPME-GC-MS/MS analysis for the monitoring of spatial and temporal variations of atmospheric pesticides in Luxembourg. Environmental Pollution，2012，170（0）：88-94

[6] Manzano C，Hoh E，Simonich S L M. Improved separation of complex polycyclic aromatic hydrocarbon mixtures using novel column combinations in GC×GC/ToF-MS. Environmental Science & Technology，2012，46（14）：7677-7684

[7] Loewen M，Wania F，Wang F，et al. Altitudinal transect of atmospheric and aqueous fluorinated organic compounds in Western Canada. Environmental Science & Technology，2008，42（7）：2374-2379

[8] Hogarh J N，Seike N，Kobara Y，et al. Atmospheric polychlorinated naphthalenes in Ghana. Environmental Science & Technology，2012，46（5）：2600-2606

[9] Ruan T，Wang Y，Wang C，et al. Identification and evaluation of a novel heterocyclic brominated flame retardant tris(2, 3-dibromopropyl) isocyanurate in environmental matrices near a manufacturing plant in Southern China. Environmental Science & Technology，2009，43（9）：3080-3086

[10] Lavin K S，Hageman K J，Marx S K，et al. Using trace elements in particulate matter to identify the sources of semivolatile organic contaminants in air at an Alpine site. Environmental Science & Technology，2012，46（1）：268-276

[11] Wang X P，Gong P，Yao T D，et al. Passive air sampling of organochlorine pesticides，polychlorinated biphenyls，and polybrominated diphenyl ethers across the Tibetan Plateau. Environmental Science & Technology，2010，44（8）：2988-2993

[12] 龚平，王小萍，盛久江，等. 运用相对组成探针技术研究青藏高原大气持久性有机污染物的来源与长距离传输. 环境科学研究，2013，26：350-356

[13] Harner T，Shoeib M，Diamond M，et al. Using passive air samplers to assess urban-rural trends for persistent organic pollutants. 1. Polychlorinated biphenyls and organochlorine pesticides. Environmental Science & Technology，2004，38（17）：4474-4483

[14] Jaward F M，Zhang G，Nam J J，et al. Passive air sampling of polychlorinated biphenyls，organochlorine compounds，and polybrominated diphenyl ethers across Asia. Environmental Science & Technology，2005，39（22）：8638-8645

[15] Halse A K, Schlabach M, Sweetman A, et al. Using passive air samplers to assess local sources versus long range atmospheric transport of POPs. Journal of Environmental Monitoring, 2012, 14 (10): 2580-2590

[16] Elsner M. Stable isotope fractionation to investigate natural transformation mechanisms of organic conta-minants: Principles, prospects and limitations. Journal of Environmental Monitoring, 2010, 12 (11): 2005-2031

[17] Jin B, Laskov C, Rolle M, et al. Chlorine isotope analysis of organic contaminants using GC-qMS: Method optimization and comparison of different evaluation schemes. Environmental Science & Technology, 2011, 45 (12): 5279-5286

[18] Laube J C, Kaiser J, Sturges W T, et al. Chlorine isotope fractionation in the stratosphere. Science, 2010, 329 (5996): 1167

第 9 章　近年有关研究进展实例

本章导读

以再版为契机，和第 8 章"前景展望"相呼应，本章回顾了 2014～2019 年间国内外在 POPs 大气被动采样技术研究与应用以及区域大气传输领域的一些新进展，回看"前景展望"中的种种期许哪些有了新的成果。我们选择了具有代表性的 5 项近期研究来反映、折射这个蓬勃发展的学科方向。

第一项是以 XAD 树脂为吸附剂的被动采样器（XAD-PAS）的改进及其效果（9.1 节）。

第二、三项是青藏高原大气被动采样网络 16 个点位连续 5 年的监测数据及其聚类分析的结果（9.2 节）以及根据《斯德哥尔摩公约》履约工作的要求对于 POPs 浓度水平长期趋势的观测（9.3 节）。

第四项是翻越喜马拉雅山脉的 POPs 大气传输综合性研究（9.4 节）。

第五项是天津市大气六氯苯氯同位素丰度比测定的初步探索（9.4 节）。

9.1　以 XAD 树脂为吸附剂的被动采样器 （XAD-PAS）的设计改进

十几年来，以聚氨酯泡沫（PUF）为吸附介质的被动采样器（PUF-PAS）和以 XAD 树脂为吸附剂的被动采样器（XAD-PAS）分别投入使用[1,2]，得到了广泛的应用[3-6]，在外场环境和影响参数方面开展了观测与研究[7,8]，在吸附原理方面也有了更深入的探讨[9-11]，但是在采样器的构造方面基本上一直沿用了最初的设计，没有明显的改进。作为一种技术方法，大气被动采样器具有明显优势，也有其局限。被动采样器无需电力驱动，无人值守，结构简单、造价低廉，特别适合于边远地区，也适合于大面积协同监测；但是被动采样器的采样速率没有准确的计量，采样气体体积只能间接推算或采用经验公式估算，从而引入较大的误差，直接影响到 POPs 绝对浓度数据的准确性。能否在保持其优点的前提下，突破其局限，有所改进，是国内、国际使用者的共同心愿。

9.1.1　大气被动采样的风速效应

Wania 团队研发的大气汞被动采样器增添了一层扩散障碍层，使得采样速率的精度达到 2%±1.3%的高水平，这主要归因于高密度聚乙烯材质的微孔扩散阻碍层所发挥的气体扩散限制性作用。但是这种新型的大气汞采样器的采样速率骤减至 0.12～0.16 m³/d，这对于背景地区低浓度汞的后续分析仍然是可行的，但是对于 POPs 化合物的测试就不够了，会导致太多测量值低于检出下限，无法得到有意义的结果[12]。

影响采样速率的因素包括各种环境参数如温度、压力、风速和风向等。对于温度和压力，前期的研究已经从理论上做出一些储备。认为采样速率和温度的 1.75 次方成正比，和压力成反比。野外现场实际观测的数据也支持这个理论分析[13,14]。图 9-1 的数据局限于一些风速不大（小于 2 m/s）的应用实例。如果风速较大，特别是风速大于 4 m/s 时，采样速率会迅速增加，明显偏离理论分析所预期的区间[11]。

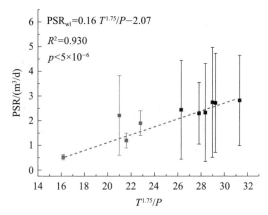

图 9-1　实测被动采样速率（PSR）和温度-压力组合项（$T^{1.75}/P$）的关系图示

黑色数据点为青藏高原拉萨和鲁朗的数据，灰色数据点为北极、北美大湖区和热带的文献数据。
实测被动采样速率（PSR）系从平行放置的主动采样（大流量采样器）设备的 POPs 化合物吸附量和
采样体积校正、计算得到[14]

风速对于采样速率的影响可以有以下几种情况。第一种情况是风速较大时，形成紊流，空气不再是从采样器底部开口处扩散进入采样器，更多空气紊乱流入采样器，造成采样速率增加。第二种情况是采样器在长期野外放置的苛刻条件下，逐渐偏离了原始的垂直位置；这种偏斜的状态使得更多的气流进入采样器，导致采样速率升高。第三种情况是野外放置受条件限制，地表不平，产生向上的气流，以非扩散方式进入采样器底部开口，引起采样速率变大[14]。这里所谓"地表不平"包括多种情况，例如，采样器放置在坡地上，或安置在倾斜的屋顶上，或固定在楼顶边缘处，这些都会在风力增强时，采样速率迅速升高。以上三种所发生的采样速率升高的情况，统称为被动采样器的"风速效应"。如果没有意识到"风速效应"的存在，就会低估采样速率和采样体积，在用公式 $[C=A/(R \cdot t)$，其中 C 是 POPs 化合物浓度，A 是该化合物被采样器吸附的总量，t 是采样器放置的天数，R 是采样速率，即每天采集空气的体积数] 计算 POPs 浓度 C 数值时就会高估，从而偏离了真实情况。

在本书前几章的应用实例中，我们多次发现"风速效应"，而在没有意识到它的存在时，引起很大的困扰。例如，在四川卧龙自然保护区的诸多点位中，总体上浓度水平有较好的一致性，只有耿达小学点位的平行样品中所有 POPs 目标化合物呈现较高浓度。如果计算相对组成，耿达小学点位又和其他所有点位高度一致。经过到现场调研，询问当地居民，了解气候和地形地貌条件，最终发现此处风大，POPs 表观浓度较高是被动采样器的风速效应（参见 5.1.5 节）。又例如，在加拿大西部山区 3 个海拔剖面的研究中，观望峰的 6 个采样点中海拔最高的 2 个点位也出现了所有 POPs 目标化合物均有较高浓度，如果计算相对组成，又和其他 4 个点位高度一致。仔细核对情况，发现这两个高海拔点位处于林线以上，风力强劲。这是风速效应的又一个实例（参见 7.2.1 节）。更复杂的是还有其他气象情况也可能导致类似的现象，例如逆温形成，会导致逆温层之中的大气 POPs 化合物浓度整体升高。这时的风速一般不高，被动采样器没有明显的风速效应。

风速效应的另一个问题是影响了 POPs 均值数据的代表性。在第 2 章已经指出，我们要求 POPs 被动采样器在吸附曲线的线性部分工作（参见 2.1.3 节）。这时用公式 $C=A/(R \cdot t)$，算出的 POPs 化合物大气浓度是整个采样期间的平均浓度，具有重要意义。整个采样时段（几周、几个月或一整年）的 POPs 浓度一般会有波动起伏和季节变化。这里隐含着一个假设即每一天的采样速率和采样体积是恒定的、不变的。在计算均值时，每一天都具有相同的权重。显然，风速效应使得采样器在高风速时段或季节采集了更多的空气，从而在计算均值时获得更多的权重，使得均值数据向高风速时段或季节的特征浓度水平偏移。可见，这使均值的代表性受到负面影响。

9.1.2 大气被动采样器的改进方案

回顾 XAD-PAS 的研发过程，在最初的发表物中，室内的模拟实验表明没有明显的风速效应[2]。可是在后续的几项野外现场观测中都发现了风速对于采样速率的可观影响[7,8]。为什么会有这种不一致的情况呢？原来室内模拟实验的装置比较简单，直接把一个被动采样器垂直安装在一个矩形的风道上，改变风道内的风速并没有引起吸附量的明显变化。可见这还不是严格意义上的风洞实验。在野外现场的环境风场和气流会相当复杂，紊流也会发生，无法保证"气流水平通过采样器的下端开口而气体扩散进入采样器筒体"这样理想的情况。不过室内模拟实验还是给出一些启示。如果对于野外现场的气流进行一些限制、约束和引导，使之尽量水平通过采样器下端开口，有可能减弱或消除其"风速效应"。

中国科学院青藏高原研究所王小萍研究团队提出了改进的方案，在采样器下开口处添加 4 片导流片，对气流有所引导和规范，尽可能让气体扩散进入，尽量避免气流直冲进入采样器；同时避免影响采样速率，仍然保证有足够的 POPs 化合物被 XAD 树脂吸附[14]。如图 9-2 所示，4 片导流片具有一样的外形尺寸，但是在直径 10.5 cm 的中心部分开孔数目不同，从下到上分别是 24 孔、32 孔、43 孔、58 孔。随着开孔数目的增加，通气的面积逐渐增加，导流的作用逐渐减弱，总之是兼顾了导流和通气两个方面的要求。

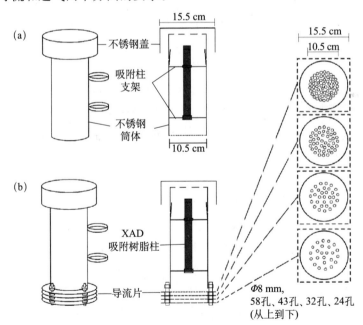

图 9-2　XAD-PAS 设计和结构的改进

(a) 初始的设计；(b) 改进的设计。初始设计的筒体下端是粗网格敞开口。改进的设计增添了 4 片导流片。导流片的外径 15.5 cm，大于下开口的直径 10.5 cm。导流片的中央部分（直径 10.5 cm）有直径 8 mm 圆孔若干，从上往下，数目递减。在尽可能保留扩散截面的前提下，4 片导流片引导气流水平通过采样器筒体下端开口[14]

在研究开发的过程中，实际测量采样器外部和内部的风速为优化设计参数提供了依据（图 9-3）。在外部风速不大于 2 m/s 时，两种设计的结果相差无几；但是当风速大于 2 m/s 时，导流片的作用显现，不加导流片的原设计的内部风速增加很快；在外部风速 5 m/s 时，内部风速达到 1.3 m/s；而改进型设计的内部风速一直没有超过 0.25 m/s。借助于采样器外部和内部风速的实际测量，研究人员对于导流片的数目和间隔距离也进行了优化，最终确定了用 4 片导流片，片与片间隔为 1 cm 时，可以较好实现气流的控制与引导，明显遏制紊流现象，降低采样器内部风速，从而避免高风速情况下采样速率的急剧增长[14]。

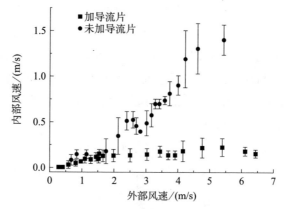

图 9-3　XAD-PAS 被动采样器外部风速与内部风速实际测量值关系图示
圆形数据点为原始设计，未加导流片；方形数据点为改进设计，加 4 片导流片[14]

计算机模拟风场也有助于理解设计方案的实际效果；最终确定导流片数目为 4 片，导流片的间距为 1 cm。这样的设计严格控制了采样器内部风速（小于 0.2 m/s），尽量避免气流以非扩散的方式进入采样器内部（彩图 17 和彩图 18）。比较计算机模拟风场图示彩图 17 可以发现以下特点：在外部风速 4.4 m/s 的情况下，彩图 17（a）中红色与黄色代表的紊流区紧邻采样器下部开口，采样器内部呈现蓝色与绿色，存在较大风速变化范围；彩图 17（b）中红色与黄色代表的紊流区仍然在采样器左下方出现，紧邻 4 片导流片，和采样器筒体开口不直接相邻接，采样器内部以蓝色为主，比较均匀，内部风速较低，变化范围较小；开口下方的尾羽显示气流受到导流片的约束和引导[14]。

9.1.3　改进型大气被动采样器使用情况

在青藏高原野外环境下，XAD 吸附树脂被动采样器原型和改进型的使用情况见彩图 18 和彩图 19。图中所示被动采样速率（PSR）均系采用同时同地点放置的大流量采样器的采样体积和 POPs 分析数据校正计算得到。所谓 PSR 均值是对各种 POPs 化合物校正计算所得 PSR 数据求得的均值。从图彩图 18 可见,在纳木错的夏季,风速不高(均值为 3.1 m/s),采样器原型机的四种"地形-放置"组合的 PSR 在 5～10 m³/d 之间,没有明显差异。但是在秋季和冬季,风速较高,秋季均值为 4.4 m/s,冬季均值为 4.1 m/s。这时四种"地形-放置"组合的被动采样速率(PSR)都变大了。秋季 PSR 均值在 20～40 m³/d 之间,冬季均值在 10～30 m³/d 之间。在四种"地形-放置"组合之中,一般"平面-垂直"组合的 PSR 较低,而"坡面-垂直"组合的 PSR 较高,其他两种组合的 PSR 居中。可见被动采样器原型机的被动采样速率(PSR)对于风速是高度敏感的[14]。

如彩图 19 所示,被动采样器改进型的性能有了很大的改观。在夏季,改进型采样器的 4 种"地形-放置"组合的 PSR 之间差别不大,但是均小于采样器原型的 PSR。从图 9-2 可见,导流片对于气流扩散进入采样器筒体会有影响。而图 9-3 的数据表明,在纳木错夏季风速(均值为 3.1 m/s)条件下,更多气流进入采样器原型的筒体内部,内部风速增大,PSR 升高。在秋季和冬季高风速的条件下,改进型采样器的 PSR 有所升高,4 种"地形-放置"组合的 PSR 之间差别不大,均处于小于或等于 5 m³/d 的水平,明显低于被动采样器原型的 PSR(彩图 19 中红色数据)。和用经验公式 PSR=0.16 ($T^{1.75}/P$) −2.07(其中 T 为温度、P 为压力)推算的 PSR 数值比较,彩图 19 中夏、冬季的 PSR 略低,而秋季的 PSR 略高,但是都没有超出经验公式计算值的 50%～125% 的范围。而在高风速的秋季和冬季原型机的 PSR 可以高达经验公式计算值的 600% 和 300%。可见对于改进型采样器,风速效应得到遏制,紊流的影响大大降低。在 4 种"地形-放置"组合所代表的各种高风速条件下,改进型采样器的被动采样速率(PSR)比较稳定,变化不大,达到预期的效果[14]。

9.2 POPs 被动采样网络的新应用

9.2.1 青藏高原 POPs 大气被动采样与监测

在《关于持久性有机污染物的斯德哥尔摩公约》中,有机氯农药(OCPs)和多氯联苯(PCBs)是作为持久性有机污染物(POPs)来分类和管理的。虽然这些化学物质的大规模使用已经被禁止好几十年了,在全球环境中却仍然广泛存在。大气环境在其全球扩散转播中起到重要的作用。

　　POPs 的空间分布取决于三个因素。一方面，POPs 的全球分布状况和其排放密切相关，在历史上或当下广泛使用过的城市和农业地区其浓度较高。另一方面，长距离大气传输导致了 POPs 的全球扩散和分布，使边远地区也受到可观的污染[15]。第三个因素，POPs 的二次排放也影响了其全球空间分布，因为 POPs 在大气和陆地或海洋表面之间反复地交换、穿梭、跳跃[16]。后两个因素受到气候变化（温度、风、降水以及其他）的强烈影响。

　　温度变化是决定 POPs 大气浓度的重要因素[17,18]。温度升高加剧了 POPs 的热挥发排放，强化了 POPs 的传输过程[17,19]。风，大气的流动有力地驱动和影响着 POPs 传输的强度和路径[18]。北极涛动（AO）、北大西洋涛动（NAO）以及太平洋北美模式（PNA）是北半球气候变化的三个主要来源。北大西洋涛动（NAO）期间，强劲的西风吹过北大西洋，增强了 POPs 从加拿大草原向大湖区的传输[20]。当太平洋北美模式（PNA）强化时，沿着加拿大西海岸的西南风增强，引起 POPs 向北极地区的极向传输[20,21]。

　　湿沉降是从大气清除污染物的重要机制。模型研究的结果表明，清除 POPs 最有效的是湿沉降最盛行的地方，例如，热带辐合带（intertropical convergence zone，ITCZ）以及降雪量丰富的地区[22]。因为气候变化的缘故，热带辐合带随着季节而移动，强降雪事件也常有发生[23]。这些都会影响 POPs 的全球分布。

　　和北极、南极有几分相似，青藏高原是研究气候变化和 POPs 污染的热点地区。青藏高原的平均海拔为 4700 m，起到一面"墙"的作用把中纬度的西风气流分成两支[13]。青藏高原的面积约有 250 万平方千米，加剧了陆-海热力差异，强化了印度季风（Indian monsoon）。青藏高原的气候存在空间差异，高原的北部和西部被西风控制，南部和东部是印度季风主导[24]。由于不同的气候系统（传输路径）和迥异的来源区域，污染物在青藏高原的传输因而变得复杂。例如，青藏高原不同区域的雪芯中的全氟烷基酸组成也不同[25]。青藏高原东南部大气中滴滴涕（DDTs）浓度呈现季节性变化和印度季风的季节性完全同步，这表明印度季风持续不断地把 POPs 输送到青藏高原[26]。虽然已经观测到气候循环和污染物传输之间的关联，上述研究局限于个别采样点位。实际上，西风和印度季风之间的相互作用一直很受关注，因为它们影响到区域尺度和全球尺度的水汽、热力交换、人类活动。由此可见，为了研究、了解 POPs 空间分布和气候系统相互作用之间的关联，进行青藏高原区域性的大气采样与监测具有重要意义。

　　依托"青藏高原观测与研究平台"（TORP）[27]，一个覆盖青藏高原的大跨度和长期监测大气 POPs 的研究项目已经实施了 5 年（2007～2012 年），采用了以

XAD-2 树脂为吸附剂的大气被动采样器。其中第一年（2007～2008 年）的数据和结果已经报道[13]。现在把 5 年的数据汇总后进行研究，可望得到更可靠的 POPs 空间分布，并且研究高原气候系统对于形成这样的空间分布所发挥的作用[28]。这 5 年 POPs 大气浓度水平的长期趋势也得以研究。对于上述科学问题的更好的理解有益于我们正确认识全球气候系统是如何影响 POPs 空间分布的，近年来区域性背景地区的 POPs 浓度水平是如何演变的。

9.2.2　现场监测和分析测试方法

上述监测网络包含 16 个监测点位，覆盖了青藏高原整个区域，也考虑到长距离大气传输研究的需求（彩图 20）。图中最北边的是慕士塔格（Muztaga）北纬 38°，最南边是珠穆朗玛峰（Mount Qomolangma）北纬 28°，最西边是慕士塔格（Muztaga）东经 75°，最东边是察隅（Chayu）东经 97°。大多数采样点的海拔处于 2720～5200 m 的范围，只有察隅在海拔 500 m。

大气被动采样器采用了 XAD-2 树脂为吸附剂的原因是其吸附容量大，特别适合以一年为周期的不间断的监测采样，以期获得 POPs 浓度的年度均值。在 6 个采样点位放置了 PAS 平行双样。每年在 6 个采样点采集现场空白样品。从 2008 年 9 月到 2011 年 8 月，在鲁朗还特地放置了一台大气主动采样器（大流量空气采样器，AAS），用以核对、检查主动和被动两种采样技术之间可能的差异[28]。

在这项研究中目标化合物是多氯联苯中的几种指示性化合物（PCB28、52、101、138、153 和 180），六氯苯（HCB），滴滴涕类化合物（o,p'-DDE、p,p'-DDE、o,p'-DDT、p,p'-DDT）以及六六六的四种异构体（α-HCH、γ-HCH、β-HCH、δ-HCH）。有关样品制备、提取和色谱分析的细节，质量控制和质量保证方面的情况均可以从文献 [28] 及其支持材料中查询，这里不再一一介绍。

为了和其他研究成果的数据进行比较，评估 POPs 长期变化的趋势，有必要了解分析数据的不确定度。不确定度的来源主要包括样品提取和净化过程中的损失，分析仪器的漂移，所用标准物质的准确度以及其他化合物的干扰。其中第一项是不确定度的主要来源，估计大约是 25%～30%；而整个化学分析过程的不确定度估计在 25%～35% 的范围。

采样速率 R，即被动采样器每天采集的空气体积（单位：m³），可用下列经验公式估算[13]。

$$R = 0.16(T^{1.75}/P) - 2.07 \tag{9-1}$$

　　该公式可以从一个采样点当地的温度和压力的数值方便地算出采样速率（见表 9-1）。当被测化合物的吸附量（单位：ng）已知后，大气绝对体积浓度（单位：pg/m³）即可算出。

表 9-1　青藏高原 POPs 监测网络 16 个采样点位的被动采样速率 R

采样点位	温度（T）/K	压力（P）/hPa	$T^{1.75}/P$	采样速率 R/（m³/d）
日喀则	280	638	30.0	2.7
纳木错	271	570	31.7	2.9
拉萨	281	652	29.6	2.6
拉孜	280	624	30.7	2.8
鲁朗	279	680	27.9	2.3
珠穆朗玛峰	277	603	31.3	2.9
那曲	272	587	31.1	2.8
昌都	281	682	28.2	2.4
萨嘎	280	578	33.1	3.2
然乌	271	584	31.0	2.8
波密	282	732	26.5	2.1
工布江达	279	667	28.6	2.4
格尔木	278	725	26.2	2.0
噶尔	274	604	30.5	2.7
察隅	285	769	25.7	2.0
慕士塔格	277	700	26.8	2.2
均值				2.6
标准偏差				0.3

　　为了检验依据式（9-1）计算的采样速率是否合理，有必要直接比较被动采样器和主动采样器所得到的目标化合物的浓度数据，而主动采样器的采样空气体积是比较准确的。这两种采样方法在鲁朗点位是同时放置的，所以可用鲁朗的数据进行比较。大气主动采样器（大流量空气采样器，AAS）在鲁朗放置的时段是 2008 年 9 月到 2011 年 8 月，和被动采样的时间重叠。根据主动采样的数据计算出均值，就可以和被动采样比较。从图 9-4 可见，一般被动采样的数据低于主动采样，但是对于六氯苯（HCB）情况相反。两种技术的 DDTs 的数据比较一致，差别不大；但是 α-HCH 和 γ-HCH 差别略大。考虑到两种采样方法都有误差，多次现场比较的前期研究表明，两种采样技术之间有 2～3 倍的差别是可以接受的[29]。这表明依据式（9-1）计算的采样速率是合理、适用的。

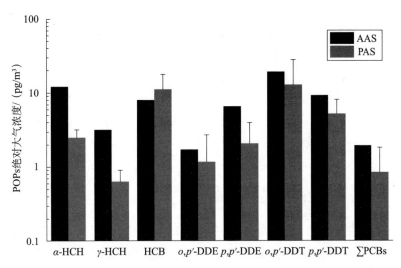

图 9-4　鲁朗点位的被动采样和主动采样 POPs 绝对大气浓度数据的比较

9.2.3　青藏高原大气中 POPs 浓度水平

　　从浓度水平上看，青藏高原大气中 POPs 首先是六氯苯（HCB），随后是 DDTs，特别是 o,p'-DDT 和 p,p'-DDT。和地球上其他边远的背景地区相比较，青藏高原的数据是处于相似的水平。如果和周边的国家如印度、巴基斯坦、尼泊尔比较，青藏高原的数据就低很多，有数量级的差别。有机氯农药在这些国家曾经大量使用过，通过长距离大气传输的机制，特别是某些气候系统的推波助澜，很可能沾染青藏高原的原生态环境。确实有些 POPs 的浓度水平在青藏高原表现出可观的点位和地区差异，搞清楚哪些因素导致这样的空间分布是很有必要的。

　　对于每一个采样点位，依据 5 年的 POPs 年均值进一步求出均值具有更强的代表性，可以更好地观察 POPs 的空间分布特征。首先，DDTs 从藏东南到藏西北表现出递减的趋势。较高浓度出现在察隅、波密、工布江达，沿着雅鲁藏布江的河谷，正好是南亚污染物进入高原的通道。同样，在波密和工布江达其 HCHs 浓度也比较高。DDTs 和 HCHs 都是印度大气中的主要污染物，而雅鲁藏布江的河谷又像是喜马拉雅山脉"高墙上的裂口"，让污染物在印度季风的帮助下乘虚而入藏东南。那曲接近高原腹地，是农牧交错区，出现 HCHs 的高值，应该是当地 HCHs 零星使用的结果。其次，六氯苯（HCB）展现了另一种空间分布特征，较高浓度出现在高原的西部和北部。第三种空间分布是多氯联苯（PCBs）呈现的那种全区域均匀一致的低浓度，表明青藏高原的 PCBs 一次排放极少。这是边远区域的典型表现。

从土壤二次挥发贡献会是青藏高原大气中POPs的重要来源吗？王小萍团队计算了土壤和大气之间的逸度平衡状况，发现DDTs化合物处于净沉降状态，界面交换方向是从大气向土壤。HCHs、HCB和两种低氯联苯化合物（PCB28、52）处于净挥发状态，界面交换方向是从土壤向大气。进一步计算交换的通量，发现数值较低，不可能是大气POPs的重要来源。这是因为青藏高原土壤中POPs浓度处于低水平，高原的气温、地温较低。这是两条基本的事实。据此判断，和长距离大气传输相比较，土壤二次挥发贡献不是青藏高原大气中POPs的主要来源[28]。

9.2.4 POPs分布的空间差异：来源和传输

一个地方的大气POPs成分和相对组成很大程度上由其来源和传输过程（天气系统）决定，可以看成一种指纹特征。一个区域的若干地点，由于其来源和传输过程（天气系统）大同小异，其大气POPs成分和相对组成表现出相似性。和本书的其他若干项研究类似（参见3.5节、4.6节、5.5节以及第7章），将青藏高原POPs监测网络连续5年POPs数据运用聚类分析方法进行分析。更具体一些说，是运用分层聚类的方法来分析数据。虽然实验室分析数据是以每个样品多少纳克的单位报告的，但这里聚类分析的输入数据是POPs的相对组成数据，而不是POPs的绝对浓度数据。更多的聚类分析方法学的细节信息可以参见文献[30]。在聚类分析中，POPs指纹特征相似性强的样品就会聚成一类，构成一组[30]。

计算POPs相对组成是一个归一化的过程。把所有目标化合物的浓度数据加和作为分母，以单一化合物的浓度为分子，得到的分数，即为其相对组成。而所有目标化合物的相对组成的加和必然为整数1。

以POPs相对组成数据为基础的聚类分析结果见彩图21。16个采样点位的5年监测得到的所有样品被聚类进入3个大组，图中从左到右分别为第1组、第2组、第3组。

第1组包括28个样品。其中察隅的所有4个样品（另有1个样品缺失）都在这个组。鲁朗的5个样品有4个分在这个组。工布江达、波密和然乌的5个样品有3个在这个组。这5个采样点位是第1组的代表性点位，都位于藏东南地区。虽然噶尔、日喀则和拉萨有1～2个零星样品出现在第1组，由于检出频率低，它们并不能算是第1组的代表性点位。第1组的相对组成中滴滴涕类化合物占了压倒的优势，56.5%（34.9%～79.1%）。可见藏东南地区的大气POPs突出特点是DDTs浓度高、组成份额大。POPs的传输非常依赖印度季风，主要影响到高原的南边，继续北进则受到阻碍。聚类分析帮助我们划出了印度季风在青藏高原的影响范围，指出藏东南地区的几个点位具有相同的 POPs 来源。

第 2 组包括 17 个样品。慕士塔格所有 3 个样品都在这个组。格尔木的 5 个样品有 4 个分在这个组。噶尔的 5 个样品有 3 个在这个组。这 3 个采样点位是第 2 组的代表性点位，都位于高原的西部和北部地区。第 2 组的相对组成中六氯苯（HCB）占了绝对优势，77.1%（69.0%～88.4%）。HCB 的绝对浓度在这几个点位也是比较高的。我们知道青藏高原的西部和北部地区是西风主导的。上风向的 POPs 来源地区包括欧洲和中亚。一般的规律是相对组成中 HCB 的份额越大，POPs 的总体浓度越低，大气越清洁。全球大气被动采样（GAPS）监测网络的数据[31]以及欧洲监测和评价项目（EMEP）数据[32]都表明欧洲大气中 HCB 低浓度、高份额以及均匀一致的分布。第 2 组实际上反映了欧洲清洁空气的区域性指纹特征。

其他 30 个样品都归入了第 3 组。拉孜、那曲、拉萨、珠穆朗玛峰和昌都在这个组有较高的检出频率。但是上述介绍过，那曲具有当地 HCHs 零星排放和污染，所以不算为第 3 组的代表性点位。第 3 组的相对组成中六氯苯（HCB）和 DDTs 构成了绝对优势，前者是 54.6%（29.3%～67.6%），后者是 24.7%（5.6%～43.3%）。上述代表性点位拉孜、拉萨、珠穆朗玛峰和昌都主要位于高原中部。从地理方位和 POPs 组成特征上看，在高原中部展现的是区域性大气混合的壮观情景，印度和欧洲的来源贡献都可以识别、检出。日喀则、纳木错和萨嘎点位的样品散布在这 3 个组中，没有集中地出现在一个特定的分组中。从地理位置看，这 3 个点位都接近第 3 组的代表性点位，同处于高原的中部，最可能的归属是第 3 分组。

平行样在实验室分析过程中是行之有效的质量控制技术；在聚类分析中平行样仍然可以发挥类似的作用。在所有 23 对平行样中，19 对被分类进入相同的分组中，只有 4 对（珠穆朗玛峰、纳木错、纳木错、拉孜）进入不同的分组。仔细查看，发现这 4 对平行样品跨组只有"1 组-3 组"和"2 组-3 组"的区域地界相邻的情况，没有"1 组-2 组"的区域远隔的情况。这表明，虽然有机痕量分析的难度大、技术要求高，此项研究的聚类分析所依据的是可靠的采样方法与分析数据，提取的是客观与真实的环境参数的差异性（或相似性）信息。实验分析误差处于受控和可接受的水平。这就是平行样放置技术告诉我们的重要信息。

根据上述聚类分析的结果，整个青藏高原可以划分为大气 POPs 指纹特征各异的 3 个部分；藏东南受到印度季风的影响，DDTs 成分突出；高原西部和北部由清洁的西风主导，HCB 成分显著；高原中部是过渡带，两大气候系统在这里交汇、混合，HCB 和 DDTs 互不相让。这种空间格局应该归因于大气环流天气系统（印度季风和西风）的直接影响和相互作用。从图 9-5 中可以看出，北纬 30°以南，东经 92°以东是印度季风区；北纬 35°以北是西风区；这两者之间（北纬 30°～35°，东经 92°以西）是过渡区，受到印度季风和西风天气系统的交替影响。

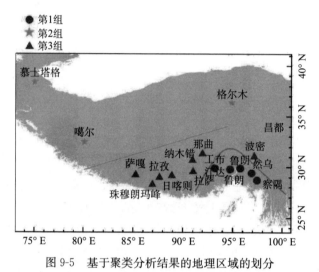

图 9-5　基于聚类分析结果的地理区域的划分

（第 1 组对应于印度季风区，第 2 组对应于西风区，第 3 组对应于过渡区）

降水的氧同位素比值（$\delta^{18}O$）是大气过程的综合性指标，已经运用于研究青藏高原天气系统的相互作用[33]。基于青藏高原 20 个观测站的降水氧同位素比值的长期数据，姚檀栋及其同事也发现在印度季风区和西风区之间有一个过渡带[34]。这和上述 POPs 相对组成聚类分析得到的结果很类似。这表明 POPs 的组成指纹特征和氧同位素比值一样，可作为一个指标参数来研究天气系统之间的相互作用。降水样品的采集是劳神费力、代价不菲的，每一个降水或降雪事件都不能遗漏。与此相比，大气被动采样（PAS）经济实惠、简便易行。只要 PAS 的网络具有足够的空间分辨率和覆盖度，青藏高原的 POPs 指纹特征空间差异将会更清晰，印度季风区、西风区和过渡区的边界将可以更准确地描画出来。对于像青藏高原这样的边远地区，PAS 技术提供的 POPs 指纹特征将对了解、理解真实、宏观的大气运动模式大有助益。现在研究者的注意力集中在气候变化如何影响 POPs 的循环。其实，逆向的思路是如何利用 POPs 指纹特征来跟踪、揭示气候变化和全球尺度污染扩散的事件。

9.3　POPs 大气监测的新数据和长期趋势判断

9.3.1　青藏高原 POPs 浓度变化趋势

长期监测可以提供 POPs 浓度水平演变趋势，用以评估有关管理措施的有效性。青藏高原 5 年间的观测数据也成为一个进度"标尺"，用以和后续的同类数据对照、比较。因为和中亚、东亚、南亚毗邻，青藏高原 POPs 演变趋势也可以用以评判这些邻接区域的污染状况的演进。彩图 22 给出了年度均值的变化情况。可见，α-HCH、γ-HCH、PCBs 和 HCB 的浓度均呈现显著下降趋势，这和全球范围的研究（如 GAPS）的结果是一致的[31]。这表明《斯德哥尔摩公约》在减少亚洲国家 POPs 排放的有效性在背景地区反映出来了。但是 DDTs 的 2 种母体化合物的浓度在 5 年间呈现上下波动的状况。进一步的统计分析表明，p,p'-DDT 和 p,p'-DDE 在藏南地区（印度季风区）这 5 年间没有显著的变化。因为这一地区是印度排放源的受体地区，这样的结果表明印度的 DDTs 减排和管理效果有限[35]。除了控制疟疾流行的 DDTs 使用，可能还有其他非法的使用。

9.3.2　山东长岛有机氯污染物浓度变化趋势

在第 4 章我们报告了 2007 年 2 月至 2008 年 6 月山东长岛地区有机氯化合物的大气浓度。这批数据的特点是季节性，是季节均值数据，可以反映有机氯化合物浓度的季节性变化。现在我们又得到了 2013 年 12 月至 2014 年 3 月的相应数据。时隔 5 年，有机会比较有机氯化合物浓度水平的变化，定性观察浓度变化的趋势。彩图 23 用不同颜色标识了各个季节的数据。我们聚焦于 2 个相同季节的时间段，即 2007 年 12 月至 2008 年 3 月的冬季（海蓝色数据）以及 2013 年 12 月至 2014 年 3 月的冬季（黑色数据）。彩图 23 直接比较被动采样器的吸附量（ng/PAS），纵坐标是对数刻度，依据的是长岛的 4 个采样点的数据。α-HCH、γ-HCH、HCB 的浓度水平较高，但是点位差异较小，数据比较集中；这反映了这 3 个化合物的基本事实，即以气态形式存在，长岛本地排放很少，主要来自于长距离传输的贡献。滴滴涕类的 4 个化合物具有相反的特点，浓度水平稍低，点位差异大，数据离散；这反映了滴滴涕类化合物，主要存在于颗粒态，气态形式较少，长岛本地排放突出，而且主要体现在港口附近，船舶防护漆集中使用的地方。比较彩图 23 中 2 个冬季的数据（海蓝色和黑色）可见，时隔 5 年，7 种有机氯化合物的大气浓度均有明显下降，有的接近 10 倍，有的大于 10 倍。由于山东长岛地理位置特殊，处于亚洲季风离开大陆的路径之上，以及有机氯污染物长距离传输贡献的突出作用，长岛的数据能够反映京津冀地区乃至整个华北平原的总体情况，这对于评估有机氯污染物的水平和趋势以及我国 POPs 国际公约的履约情况是非常有意义的。

9.4 翻越喜马拉雅山脉的 POPs 大气传输

基于青藏高原的持久性有机污染物（POPs）时空分布研究发现，在印度季风的驱动下，南亚排放的 POPs 和其他大气污染物可以翻越喜马拉雅到达青藏高原[36]。但到目前为止，"POPs 如何翻越喜马拉雅"这一科学问题尚未得到明确的解答。针对这个问题，中国科学院青藏高原研究所/中国科学院青藏高原地球科学卓越中心龚平副研究员、王小萍研究员与合作者在尼泊尔和青藏高原南部海拔梯度五千多米的翻越喜马拉雅山脉的大气 POPs 观测断面（彩图 24）上进行了连续三年的观测，并结合气象和遥感资料，建立了精细化的二维多介质传输模型，定量探讨了 POPs 翻越山脊和沿河谷传输的过程[37]。

9.4.1 翻越喜马拉雅山脉的大气 POPs 观测断面

大气 POPs 观测断面位于喜马拉雅山脉的中段，由 9 个采样点位组成，从尼泊尔的低地越过喜马拉雅山脊直到喜马拉雅山脉的北坡，大部在尼泊尔境内。最南端的 2 个点位 [锡马拉（Simara，135 m）和黑道达（Hetauda，470 m）] 位于尼泊尔亚热带平原农业和工业区域的城镇。海拔居中的 3 个点位是首都加德满都（Kathmandu，1330 m），赛亚布贝斯（Syabru Besi，1475 m）和达曼（Daman，2280 m）。从塞亚布贝斯往北，属于人烟稀少的朗塘（Langtang）国家公园，采样点位海拔急剧增加，瑞姆奇（Rimchhe，2789 m），克岩晶岗姆巴（Kyanjin Gumba，3850 m），亚拉峰（Yala Peak，5100 m）。而希夏邦马（Xixiabangma，5806 m）已经位于喜马拉雅山脉的北坡了（彩图 24）。还有一个采样点位设置在吉隆镇附近。因为吉隆河从西藏吉隆横切喜马拉雅山脉抵达尼泊尔的赛亚布贝斯（Syabru Besi），这是青藏高原和南亚之间重要的连通渠道之一。这条河流流经的山谷很可能也是 POPs 越过喜马拉雅山脉的一个传输通道（彩图 24）[37]。

以苯乙烯-二乙烯基苯共聚物（XAD-2）树脂为吸附剂的被动采样器（XAD-PAS）用于采集气态的 POPs。为了评估采样的精度，在 3 个采样点位放置了被

动采样器的平行样。从 2012 年 5 月至 2014 年 11 月，以 6 个月为周期，采集了 5
轮大气样品。其中有 3 轮对应于印度季风季节（5～10 月），有 2 轮对应于非季风
季节（11 月至来年 4 月）。同时也考虑了现场空白样品，这对于数据的质量保证
和质量控制也很重要。POPs 检测下限等重要参数也是从现场空白样品的测试中
获取的。

　　传统的多介质逸度模型 Mountain-POP 考虑了土壤、大气、降水等环境介质。
在此基础上，这项研究开发的模型（MCMPOP）进一步考虑了植被、冰、雪等
环境介质，来模拟计算 POPs 在喜马拉雅山谷中［从 Syabru Besi（赛亚布贝斯）
到吉隆］和山坡上［从 Syabru Besi（赛亚布贝斯）到 Yala Peak（亚拉峰）到希
夏邦马峰］的迁移、转化、归趋过程[37]。

9.4.2　POPs 浓度分布与相对组成的演变

　　观测结果显示，沿观测断面的传输过程中发生了大气 POPs 绝对浓度衰减
和相对组成逐步变化的情况（彩图 25）。其中，森林区大气 POPs 浓度的降幅最
大，这主要由雨水冲刷与森林吸收的联合作用造成的。模型模拟的大气和土壤
中 POPs 的浓度和野外现场观测的数据之间的偏差不超过 1 个数量级，这表明
两大类数据一致性良好，能够互相支持。POPs 相对组成变化揭示了分馏效应，
即挥发性良好的 HCB（六氯苯）的份额随着海拔升高越来越大，挥发性较差的
化合物的份额则越来越小。这也是 POPs 从尼泊尔低地向高海拔地区不断传输的
结果。

　　如果这种传输过程就是 POPs 进入喜马拉雅山脉高处的主要渠道，那么
HCHs 和 DDTs 的异构体丰度比值应该大体恒定，不随海拔高度而有明显变化。
如图 9-6 所示，p,p'-DDE/p,p'-DDT 比值和 β-HCH/α-HCH 比值的确是相对稳
定的［图 9-6（a）、（b）］；但是 o,p'-DDT/p,p'-DDT 的比值随海拔有所增加
［图 9-6（c）］，这应该反映了 o,p'-DDT 较之 p,p'-DDT 更强的大气传输能力。在
尼泊尔低地点位较高的 γ-HCH/α-HCH 比值［图 9-6（d）］归因于那个地区新鲜
的 γ-HCH 排放。总而言之，上述典型 POPs 的分子比值的稳定表现，表明尼泊
尔低地源区排放的 POPs 能够迅速地传输到高海拔地区。喜马拉雅南坡点位和北
坡点位（希夏邦马和吉隆）的非常相近的比值数据（图 9-6），也表明 POPs 能够
翻越喜马拉雅山脊而抵达其北侧，即西藏。进一步的数据分析和讨论揭示印度季
风正是 POPs 翻越喜马拉雅山脉的驱动力量[37]。

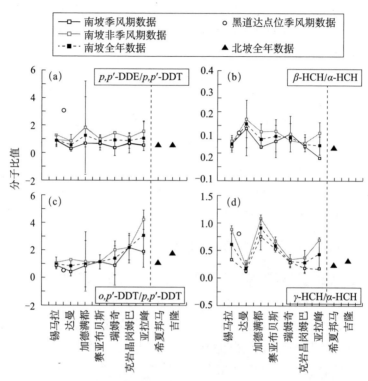

图 9-6　沿喜马拉雅山脉观测断面点位的 DDTs 和 HCHs 的分子比值[37]

9.4.3　POPs 在主要环境介质中的分配

　　虽然已经沿观测断面采集了大气和地表环境介质的样品，要厘清 POPs 翻越喜马拉雅山脉过程中关键的环境变化过程与控制因素确非易事。开发应用 MCM-POP 模型正是为了全面的理解和研究 POPs 的分配、传输和归趋。

　　整个观测断面可以细分为三段。第一段是从赛亚布贝斯（Syabru Besi）往北的 20 km，地表为树木森林，POPs 浓度下降很快。第二段（20～40 km）地表为草甸，POPs 浓度缓慢下降。第三段（40～80 km）高海拔山区，地表为冰、雪、裸露岩石，POPs 浓度较低且持平。植被通常认为是 POPs 的一种"汇"，POPs 可以存储于此。POPs 能否从尼泊尔低地向高海拔山区迁移也取决于大气与各种地表介质之间的交换与分配。MCMPOP 模型计算了沿观测断面的大气沉降通量，计算了大气与地表植被、土壤、水体、雪堆之间的交换通量。结果表明，不论是季风期还是非季风期，森林树木覆盖的第一段，由于植被茂盛、降水量大，POPs 从大气有效沉降而存储于地表介质中。土壤中存储的 POPs 比其他环境介质至少高出一个数量级。

90％以上的 POPs 沉积存储于地表介质中。另一方面，大气中是仅次于土壤的环境介质，大气中 POPs 仍有机会向高海拔传输，越过喜马拉雅山脉[37]。

9.4.4 翻越喜马拉雅山脉的大气 POPs 传输通道与传输通量

MCMPOP 模型计算的重要产出是传输通量的结果。模型考虑了两种传输通道，沿山谷传输和沿山坡翻越山脊的传输。结果表明，大气 POPs 沿山谷向北传输时其浓度降幅较缓，远低于沿山坡向高海拔山区的传输。单位宽度上沿山谷的穿越喜马拉雅传输通量是翻越山脊的通量的 2～3 倍，这说明山谷是 POPs 跨喜马拉雅传输的主要通道之一。但考虑到切割喜马拉雅山脉的山谷总宽度只是喜马拉雅山体长度的约 1/30，整个喜马拉雅山体上翻越山脊传输的 POPs 总量比沿山谷传输的总量高约 1 个数量级（图 9-7 左图），因此翻越山脊传输是南亚 POPs 向青藏高原迁移的最重要途径。经估算，主要 POPs 类化合物（包括六六六、滴滴涕、六氯苯、多氯联苯等）的翻越喜马拉雅山脉传输总通量为 2～100 t/a（图 9-7 右图）[37]。

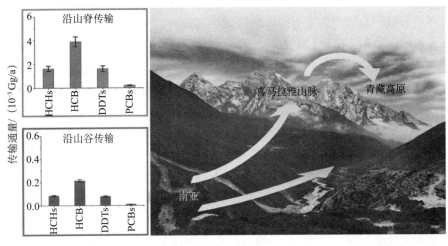

图 9-7 POPs 的翻越喜马拉雅山脉传输通量（左图）和图示（右图）[37]

传输通量的结果是 MCMPOP 模型计算的重要产出。结果表明，大气 POPs 沿山谷向北传输时其浓度降幅较缓，远低于沿山坡向高海拔山区的传输。单位宽度上沿山谷的翻越喜马拉雅山脉传输通量是翻越山脊的通量的 2～3 倍，这说明山谷是 POPs 跨喜马拉雅传输的主要通道之一。但考虑到切割喜马拉雅山脉的山谷总宽度只是喜马拉雅山体长度的约 1/30，整个喜马拉雅山体上翻越山脊传输的 POPs 总量（左上图）比沿山谷传输的总量（左下图）高约 1 个数量级，因此翻越山脊传输是南亚 POPs 向青藏高原迁移的最重要途径。经估算，主要 POPs 类化合物（包括六六六、滴滴涕、六氯苯、多氯联苯等）的翻越喜马拉雅传输总通量为 2～100t/a（右图）

9.5 六氯苯氯同位素丰度比的测定

9.5.1 氯同位素丰度比测定的探索

有机氯农药等持久性有机污染物（POPs）在国际上受到广泛关注，2004 年正式实施了《斯德哥尔摩公约》，共同应对这一全球性环境问题。多氯联苯（PCBs）具有众多同系物，随着氯取代数目的增加，其物理化学性质发生规律性的变化，因此可通过同系物相对组成的变化研究多氯联苯经历的环境过程[38,39]。滴滴涕（DDTs）有明确的降解产物 DDE、DDD，母体与降解产物的比值可作为指纹参数来表征其污染历史与降解过程[40,41]；六六六的 4 个异构体 α-HCH、β-HCH、γ-HCH、δ-HCH，物理化学性质各有差异，可适当选择 2 种异构体的比值形成指纹参数[42,43]；六氯苯（HCB）难以降解，持久性突出，是全球大气中检出频率和检出浓度均较高的有机氯污染物，因此受到特别的关注[44]，但目前却没有适当的指纹参数来观察、研究其来源与各种环境过程。

环境有机污染物的来源不同，经历的物理迁移、化学转化过程不同，会在其组成元素的同位素丰度比值上有所反映。化学键断裂所需的能量与相关原子的质量有关，而同位素的质量差异也会导致特定化学反应的活化能有细小的区别。一般而言，较轻的同位素组成的化学键较易断裂，这就意味着较轻同位素会富集于反应产物中，而较重的同位素会富集于剩余的反应物中。目前，已有采用气相色谱-同位素比值质谱法（GC-IRMS）分析碳、氮、氢稳定同位素的指纹技术，并广泛应用于环境中有机污染物的来源与化学转化机理的研究[45]，但是相应的氯同位素丰度比值测定尚无报道。在现实需求的推动下，气相色谱-质谱联用法（GC-MS）已被用于测定大气平流层氯氟烃、水中氯乙烯污染物的氯同位素丰度比值，并取得了初步的成果。氯氟烃从地面到 35 km 的平流层高空，浓度逐步衰减，氯同位素丰度比值（$^{37}Cl/^{35}Cl$）渐渐增大，表现出同位素分馏效应[46]。氯乙烯是重要的水环境污染物，有报道表明，GC-MS 方法的测试结果可以得到较好精度的氯同位素丰度比值数据[47]。但总体上，有机污染物的氯同位素丰度比值的数据仍比较少，而且局限于分子质量较小、氯原子数较少的化合物。

本研究拟采用气相色谱-高分辨飞行时间质谱法（GC-HR-TOFMS）测定天津市大气样品中六氯苯的氯同位素丰度比值，希望通过观测不同采样点位样品的氯同位素丰度比值的差异，探索氯同位素丰度比值的变化与大气传输过程以及降解过程的关联。

9.5.2　氯同位素丰度比测定的实验部分

1. 样品采集与处理

天津是高度工业化的城市之一，其中，塘沽和汉沽为工业点位，临近渤海，有机氯污染物浓度高；于桥位于天津远郊，属于农村站点，有机氯污染物浓度较低。因此，选取比较有代表性的塘沽、汉沽和于桥 3 个点位的夏季样品（2007 年 6～8 月）进行氯同位素丰度比值的测定。参照文献［2］，采用 XAD-2 树脂为吸附介质的被动采样器，在 2006 年 7 月至 2008 年 6 月两年期间分 6 个时间段采集了天津大气中典型有机氯污染物（OCPs）。向收集回的 XAD-2 吸附树脂中加入已知量的回收率指示物 2,4,5,6-四氯间二甲苯（TMX）和 PCB209，用 260 mL 二氯甲烷索氏提取 24 h。提取液经旋转蒸发后转溶为异辛烷，氮吹定容至 1 mL，封存于棕色进样瓶，待色谱分析。

2. 主要仪器和试剂

Pegasus GC-HRT 气相色谱-高分辨飞行时间质谱联用仪：美国 LECO 公司产品，气相色谱部分为 Agilent 7890，数据处理软件为 LECO 公司的 Chroma TOF-HRT V1.81。该质谱仪的质量分析器采用多反射式通道技术，采集速度高达每秒 200 张谱图，质谱系统提供了两种分辨率运行模式：高分辨模式（HR），分辨率达 25 000；超高分辨模式（UHR），分辨率高达 50 000。实验所用溶剂均为农残级。

3. 实验条件和数据处理

1）色谱条件

色谱柱为 Rtx-5MS 柱（30 m×0.25 mm×0.25 μm）；进样口温度 280 ℃；分流进样，分流比 10∶1；升温程序：50 ℃保持 0.2 min，以 5 ℃/min 升至 150 ℃，再以 10 ℃/min 升至 280 ℃，保持 10 min；载气为氦气，流速设定为 1 mL/min。

2）质谱条件

Pegasus GC-HRT 质谱采用高分辨模式，离子源温度 250 ℃，EI 源电离，电离电压 70 eV，质量扫描范围 m/z 50～500。全氟三丁胺（PFTBA）作为高分辨质谱的校正液，在样品分析时进行实时质量校正。

3）质谱数据处理

原始数据由 Chroma TOF 软件进行处理，经过软件的自动峰查找和解卷积（high resolution deconvolution，HRD™），扣除掉噪声和背景干扰，进而得到目标物干净的质谱信息。塘沽样品六氯苯在软件解卷积前后的质谱图示于图 9-8，其中，图 9-8（a）为解卷积前的质谱图，图 9-8（b）给出了解卷积后的质谱图。通过与 NIST 质谱库比对，解卷积后得到的质谱相似度为 908（最高值为 999），目标物同位素峰的峰面积经软件计算给出。塘沽样品中的六氯苯同位素峰质谱图以及分子离子峰放大质谱图示于图 9-9，可见，在高分辨模式下，六氯苯的分子离子峰为 281.812 55，分辨率为 32 833，质量精度达到 -0.07×10^{-6}。其他样品中检测出的六氯苯与 NIST 质谱库比对，匹配度均大于 90%，分子离子峰的平均质量精度为 0.38×10^{-6}。结果表明，在环境样品大量基质干扰的情况下，目标物仍然得到了准确的解析，定性结果可靠。

4）氯同位素丰度比值的计算

六氯苯分子离子和碎片离子的廓线含有 $N+1$ 质谱峰，其中 N 为氯原子数目。以分子离子为例，六氯苯有 7 个质谱峰。质谱峰的面积取决于氯同位素丰度，服从以下二项式公式：

$$(a+b)^6 = 1a^6 + 6a^5b + 15a^4b^2 + 20a^3b^3 + 15a^2b^4 + 6ab^5 + 1b^6 \tag{9-2}$$

二项式系数为 1、6、15、20、15、6、1，由此，可以从峰面积反推计算氯同位素丰度比值 R（$^{37}\text{Cl}/^{35}\text{Cl}$），计算公式列于表 9-2。对于氯原子数目小于 6 的碎片离子，可依同理推导出 R 的计算式，例如，文献［47］给出了含 4 个氯原子的氯乙烯的计算式。

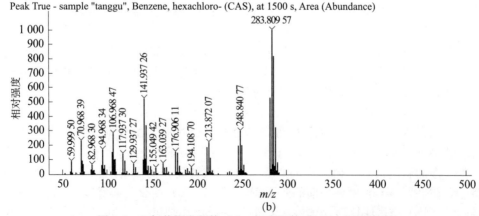

图 9-8　六氯苯解卷积前（a）、解卷积前后（b）的质谱图

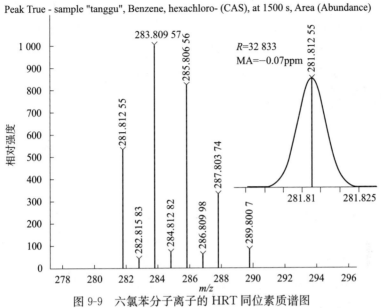

图 9-9　六氯苯分子离子的 HRT 同位素质谱图

表 9-2　由六氯苯分子离子质谱峰面积计算氯同位素丰度比值 R

谱线 1 面积	谱线 2 面积	相邻谱线比	谱线比值	R 计算式
P_M	P_{M+2}	P_{M+2}/P_M	$6\,(b/a)$	$(1/6)\,(P_{M+2}/P_M)$
P_{M+2}	P_{M+4}	P_{M+4}/P_{M+2}	$(15/6)\,(b/a)$	$(6/15)\,(P_{M+4}/P_{M+2})$
P_{M+4}	P_{M+6}	P_{M+6}/P_{M+4}	$(20/15)\,(b/a)$	$(15/20)\,(P_{M+6}/P_{M+4})$
P_{M+6}	P_{M+8}	P_{M+8}/P_{M+6}	$(15/20)\,(b/a)$	$(20/15)\,(P_{M+8}/P_{M+6})$
P_{M+8}	P_{M+10}	P_{M+10}/P_{M+8}	$(6/15)\,(b/a)$	$(15/6)\,(P_{M+10}/P_{M+8})$
P_{M+10}	P_{M+12}	P_{M+12}/P_{M+10}	$(1/6)\,(b/a)$	$6\,(P_{M+12}/P_{M+10})$

注：$b = {}^{37}Cl$ 的丰度；$a = {}^{35}Cl$ 的丰度；$R = b/a$。

计算结果会存在一些误差，引入误差的主要原因有：离子化的过程中可能引起同位素丰度比值的改变；测量和计算某化合物的氯同位素丰度比值，理论上应该考虑所有的含氯的质谱峰，进行加权平均，如果只考虑部分质谱峰可能会引入偏差；如果质谱峰面积较小，其数据精度下降，也会影响同位素丰度比值的计算精度。在实际应用中，应该考虑尽可能多的强度较高的质谱峰。

9.5.3　氯同位素丰度比测定的结果与讨论

1. 质谱峰的定性

六氯苯分子离子和碎片离子的定性依据是精确质量数。以六氯苯分子离子为例，廓线中峰强度较高的 4 个谱线的质量数数据列于表 9-3。可见，理论计算值和实际测量值的精确质量数偏差低于 1×10^{-6}，标准溶液和 3 组环境样品的差值均在同一水平，方法的一致性良好。

表 9-3　六氯苯分子离子谱线质量数测量值与计算值的比较

六氯苯分子离子谱线		M	M+2	M+4	M+6
计算值/(m/z)		281.812 57	283.809 63	285.806 69	287.803 76
标准溶液	均值/(m/z)	281.812 74	283.809 66	285.806 45	287.803 53
	质量偏差/10^{-6}	0.61	0.12	−0.83	−0.79
塘沽	均值/(m/z)	281.812 52	283.809 53	285.806 55	287.803 7
	质量偏差/10^{-6}	−0.17	−0.34	−0.48	−0.20
汉沽	均值/(m/z)	281.812 68	283.809 73	285.806 79	287.803 8
	质量偏差/10^{-6}	0.40	0.37	0.36	0.15
于桥	均值/(m/z)	281.812 66	283.809 53	285.806 69	287.803 61
	质量偏差/10^{-6}	0.33	−0.34	0.01	−0.51

2. 质谱数据的取舍

六氯苯分子离子由 7 个质谱峰组成廓线，其中质量数较小的前 4 个峰占了廓线总峰面积的 96.45%，后 3 个峰仅占 3.55%，这些峰或者未检出，或者因为峰面积小没有纳入计算。参加同位素丰度比值计算的谱峰称为有效峰，其数目小于等于理论值（氯原子数＋1）。以于桥样品为例，分子离子（6Cl—6C）的峰面积占 49%，5Cl—6C 和 2Cl—6C 各占 13%，4Cl—6C、3Cl—6C 和 1Cl—6C 各占 6%～9%。本实验选取了 2 个系列计算氯同位素丰度比值：系列 1 包括了 6 组离子，均保留 6 个碳原子的苯环，共 17 个质谱峰；系列 2 含 8 组离子，除了系列 1 中的 6 组离子之外，另有 2 组碳数小于 6，即 1Cl—5C 和 1Cl—3C，共 21 个质谱峰。

3. 氯同位素丰度比值测定

六氯苯氯同位素丰度比值计算所用的质谱峰总面积列于表 9-4。3 个点位按总峰面积从高到低排列，这也是从工业区到远郊区的顺序，即排放源到远处受体的顺序。2 个系列 3 个点位的氯同位素丰度比值的计算结果列于表 9-5。

表 9-4　计算六氯苯氯同位素丰度比值所选的质谱峰总面积比较

采样点位	系列 1	系列 2
塘沽	795 640	866 466
汉沽	193 783	209 730
于桥	50 475	54 680

表 9-5　天津市 3 点位六氯苯氯同位素丰度比值比较

点位		系列 1	系列 2
	均值	0.3193	0.3187
塘沽	标准偏差	0.0016	0.0021
	RSD/%	0.50	0.67
	均值	0.3207	0.3193
汉沽	标准偏差	0.0008	0.0019
	RSD/%	0.24	0.60
	均值	0.3239	0.3229
于桥	标准偏差	0.0008	0.0011
	RSD/%	0.25	0.33

对于天津市的 3 个采样点位，氯同位素丰度比均值从工业区到远郊区表现出逐步上升的趋势，示于图 9-10。基于系列 2 的数据，得到同位素丰度比值的精度分别为 0.67%、0.60% 和 0.33%；基于系列 1 的数据得到的精度分别为 0.50%、0.24% 和 0.25%。可见丰度比值计算中如果排除 1Cl—3C 离子（70.968；72.965）和 1Cl—5C 离子（94.968；96.965），虽然谱峰总峰面积略有下降，但测量精度在 3 个点位均有改善，而 3 个点位均值相对大小的趋势也没有变化。

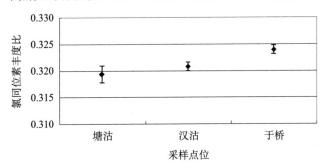

图 9-10　天津市 3 个点位六氯苯氯同位素丰度比值（基于表 9-5 系列 1 数据）

4. 氯同位素丰度比值的比较

为验证表 9-5 所列 3 个采样点位的六氯苯氯同位素丰度比均值在统计意义上是否有差异，进行了 t 检验计算[48]。结果表明，在 0.05 显著性水平上，2 个工业区点位（汉沽和塘沽）的均值之间没有差异，而汉沽与于桥、塘沽与于桥之间有差异。用六氯苯标准物质溶液配制了与天津3点位样品相似的浓度系列样品。该系列配制溶液中，六氯苯氯同位素丰度比均值在统计意义上没有差异，这表明图9-10所反映的氯同位素丰度比的差异系环境因素所致。因为，丰度比值测定的精度直接影响 t 检验的计算结果，可考虑采取软电离技术，获得更多的分子离子、较少的碎片离子，减小碎片化过程的影响，从而改进测定精度。这有待于进一步实验的研究与证实。

将本实验测得的3个点位的六氯苯氯同位素丰度比值与文献值[47,49]进行比较，结果示于图9-11。需要指出，由于适用测试技术的缺乏，现有的氯同位素丰度比值数据，特别是有机化合物的数据非常有限。图9-11中，标准原子质量、标准平均海洋氯化物（SMOC）、CH_3Cl 和有机溶剂（三氯乙烯等）的数据源自国际理论与应用联合化学会（IUPAC）报告[49]，三氯乙烯、四氯乙烯的数据来自文献［47］。IUPAC 报告给出的氯同位素丰度比值变化范围是16‰，氯元素标准原子质量所对应的丰度比区间约为11‰，SMOC 的比值为 0.319 63[49]。Laube 等[46]于2010年报道了 CF_2Cl_2 的大气浓度和氯同位素丰度比值，相对于对流层近地面的比值，平流层最高处的比值为＋27‰，而浓度降低为近地面的1/7，这个比值范围已经溢出了前期研究数据的范围。本实验获得的数据范围是14‰，其中工业区塘沽、汉沽的比值和前期数据吻合较好，而远郊区于桥的比值较高，处于图9-11中数据的高端。

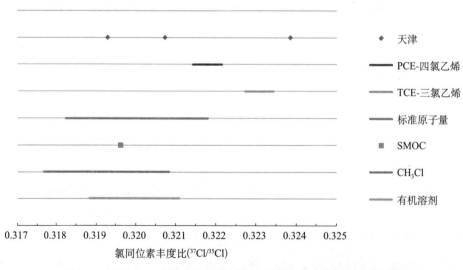

图 9-11　天津市 3 个点位六氯苯氯同位素丰度比数值与文献值比较

5. 氯同位素丰度比值的环境意义

以塘沽和汉沽为代表的天津老工业区是六氯苯以及其他典型有机氯污染物的重要源区，影响到整个天津市、周边区域以及更大的区域[50]。本实验的 3 个采样点位中，工业点位塘沽和汉沽的六氯苯浓度较高，其中塘沽最高，大约是汉沽的 2～4 倍，是于桥点位的 4～8 倍。随着污染物浓度的下降（距离污染源渐远），六氯苯的氯同位素丰度比值有上升的趋势，这和降解反应的假设是一致的。即，氯的轻同位素（^{35}Cl）反应活化能略低于重的同位素（^{37}Cl），其生成降解产物的速率高于 ^{37}Cl，导致产物的丰度比（$^{37}Cl/^{35}Cl$）低于原污染物（六氯苯），同时导致尚未反应的污染物（六氯苯）的丰度比值稍高。这也可以用"歧化"过程来描述，即和初始状态的丰度比值比较，降解产物和剩余反应物的氯丰度比值表现为一低一高的情况。因此，可以看出，六氯苯的氯同位素丰度比值的空间变化可以和污染物的浓度水平合理地关联，和采样点位的属性合理地关联，和大气传输过程以及降解过程合理地关联[30,50,51]。

9.5.4　氯同位素丰度比测定的初步结论

质谱数据解卷积处理有利于排除干扰，得到六氯苯污染物的单一谱峰。高分辨飞行时间质谱有利于分子离子和碎片离子的定性识别和谱峰面积定量。经过本实验验证，GC-HR-TOFMS 方法可用于大气有机氯污染物（如六氯苯）氯同位素丰度比值的测定，并有望用以表征和研究有机氯污染物的降解、大气传输等环境过程。

本章小结

本章的内容分别属于大气被动采样技术、应用研究的探索与创新、技术途径与研究思路 3 个方面。POPs 大气被动采样技术是有关 POPs 研究工作成果不断深化的产物，也是《斯德哥尔摩公约》的迫切需求所催生的。XAD-PAS 和 PUF-PAS 均为加拿大科学家为主的团队研究开发的，世界各国的科研人员包括我国的科学家及时、迅速地采用了这个新技术，不断取得新成果。在科研实践中，我们能不能敏锐地发现问题，进而率先解决问题，改进和提高这个广泛推广和深受欢迎的技术方法，中国科学院青藏高原研究所的科学家给出了自己的答案（9.1 节）。PUF-PAS 和 XAD-PAS 各有擅长的应用领域；前者适用于较短时段（一般不超过 3 个月），即时间分辨率较高的被动采样；后者常用于为期一年的长期被动采样，特别适合于交通不便、人迹罕至的边远地区。青藏高原被动采样监测网络 16 个点位连续 5 年的 XAD-PAS 样品采集和数据积累要求研究者有足够的耐心和定力，摒除杂念，潜心研究科学问题，追求有广度和深度的研究成果（9.2 节，9.3 节）。翻越喜马拉雅山脉的 POPs 大气传输研究把野外现场观测和模型模拟计算紧密结合起来，瞄准关键科学问题开展综合性研究，历时 7 年，取得可喜成果（9.4 节）。碳、氢、氮、氧等同位素丰度比的测量技术应用广泛、成果丰硕；但是氯同位素丰度比的测量还处于探索阶段。值得注意的是 POPs 化合物大多数都是含氯化合物。POPs 研究领域很可能成为氯同位素丰度比测量技术的一个热门应用领域。本章的有关内容（9.5 节）只是初步的探索，后续研究值得期待。

参 考 文 献

[1] Shoeib M, Harner T. Characterisation and comparison of three passive air samplers for persistent organic pollutants. Environmental Science & Technology, 2002, 36 (19): 4142-4151

[2] Wania F, Shen L, Lei Y D, et al. Development and calibration of a resin-based passive sampling system for monitoring persistent organic pollutants in the atmosphere. Environmental Science & Technology, 2003, 37 (7): 1352-1359

[3] Pozo K, Harner T, Lee S C, et al. Seasonally resolved concentrations of persistent organic pollutants in the global atmosphere from the first year of the GAPS study. Environmental Science & Technology, 2009, 43 (3): 796-803

[4] Jaward F M, Zhang G, Nam J J, et al. Passive air sampling of polychlorinated biphenyls, organochlorine compounds, and polybrominated diphenyl ethers across Asia. Environmental Science & Technology, 2005, 39 (22): 8638-8645

[5] 张干，刘向. 大气持久性有机污染物被动采样. 化学进展，2009, 21 (2/3): 297-306

[6] Esteve-Turrillas F A, Pastor A, de la Guar M. Passive sampling of atmospheric organic contaminants, Chapter 1.11// Pawliszyn J. Comprehensive Sampling and Sample Preparation. Academic Press

[7] Tuduri L, Harner T, Hung H. Polyurethane foam (PUF) disks passive air samplers: Wind effect on sampling rates. Environmental Pollution, 2006, 144 (2): 377-383

[8] Liu W J, Chen D Z, Liu X D, et al Transport of semivolatile organic compounds to the Ti-

betan Plateau: Spatial and temporal variation in air concentrations in mountainous western Sichuan, China. Environmental Science & Technology, 2010, 44 (5): 1559-1565

[9] Zhang X M, Tsurukawa M, Nakano T, et al. Sampling medium side resistance to uptake of semivolatile organic compounds in passive air samplers. Environmental Science & Technology, 2011, 45 (24): 10509-10515

[10] Zhang X M, Wong C, Lei Y D, et al. Influence of sampler configuration on the uptake kinetics of a passive air sampler. Environmental Science & Technology, 2012, 46 (1): 397-403

[11] Zhang X M, Brown T N, Ansari A, et al. Effect of wind on the chemical uptake kinetics of a passive air sampler. Environmental Science & Technology, 2013, 47 (14): 7868-7875

[12] McLagan D S, Mitchell C P J, Huang H Y, et al. A high precision passive air sampler for gaseous mercury. Environmental Science & Technology Letters, 2016, 3 (1): 24-29

[13] Wang X P, Gong P, Yao T D, et al. Passive air sampling of organochlorine pesticides, polychlorinated biphenyls, and polybrominated diphenyl ethers across the Tibetan Plateau. Environmental Science & Technology, 2010, 44 (8): 2988-2993

[14] Gong P, Wang X P, Liu X D, Wania F. Field calibration of XAD-based passive air sampler on the Tibetan Plateau: Wind influence and configuration improvement. Environmental Science & Technology, 2017, 51 (10): 5642-5649

[15] von Waldow H, MacLeod M, Jones K, et al. Remoteness from emission sources explains the fractionation pattern of polychlorinated biphenyls in the Northern Hemisphere. Environmental Science & Technology, 2010, 44 (16): 6183-6188

[16] Lohmann R, Breivik K, Dachs J, et al. Global fate of POPs: Current and future research directions. Environmental Pollution, 2007, 150 (1): 150-165

[17] Lamon L, von Waldow H, MacLeod M, et al. Modeling the global levels and distribution of polychlorinated biphenyls in air under a climate change scenario. Environmental Science & Technology, 2009, 43 (15): 5818-5824

[18] Pelley J. POPs levels linked to climate fluctuations. Environmental Science & Technology, 2004, 38 (9): 156A

[19] Dalla Valle M, Codato E, Marcomini A. Climate change influence on POPs distribution and fate: A case study. Chemosphere, 2007, 67 (7): 1287-1295

[20] Ma J, Hung H, Blanchard P. How do climate fluctuations affect persistent organic pollutant distribution in North America? Evidence from a decade of air monitoring. Environmental Science & Technology, 2004, 38 (9): 2538-2543

[21] Gao H, Ma J, Cao Z, et al. Trend and climate signals in seasonal air concentration of organochlorine pesticides over the Great Lakes. Jouranl of Geophysical Research: Atmospheres, 2010, 115: D15307

[22] Jurado E, Jaward F, Lohmann R, et al. Wet deposition of persistent organic pollutants to the global oceans. Environmental Science & Technology, 2005, 39 (8): 2426-2435

[23] Yancheva G, Nowaczyk N R, Mingram J, et al. Influence of the intertropical convergence zone on the East Asian monsoon. Nature, 2007, 445: 74-77

[24] Schiemann R, Lüthi D, Schär C. Seasonality and interannual variability of the westerly jet in the Tibetan Plateau region. Jouranl of Climate, 2009, 22 (11): 2940-2957

[25] Wang X, Halsall C, Codling G, et al. Accumulation of perfluoroalkyl compounds in Tibetan mountain snow: Temporal patterns from 1980 to 2010. Environmental Science & Technology, 2014, 48 (1): 173-181

[26] Sheng J, Wang X, Gong P, et al. Monsoon-driven transport of organochlorine pesticides and polychlorinated biphenyls to the Tibetan Plateau: three year atmospheric monitoring study. Environmental Science & Technology, 2013, 47 (7): 3199-3208

[27] Ma Y, Kang S, Zhu L, et al. Roof of the world: Tibetan observation and research platform: Atmosphere land Interaction over a heterogeneous landscape. Bulletin of the American Meteorological Society, 2008, 89 (10): 1487-1492

[28] Wang X P, Ren J, Gong P, et al. Spatial distribution of the persistent organic pollutants across the Tibetan Plateau and its linkage with the climate systems: A 5-year air monitoring study Atmos. Chemical Physics, 2016, 16 (6): 6901-6911

[29] Gouin T, Wania F, Ruepert C, et al. Field testing passive air samplers for current use pesticides in a tropical environment. Environmental Science & Technology, 2008, 42 (17): 6625-6630

[30] Liu X, Wania F. Cluster analysis of passive air sampling data based on the relative composition of persistent organic pollutants. Environmental Science: Processes & Impacts, 2014, 16 (3): 453-463

[31] Shunthirasingham C, Oyiliagu C E, Cao X, et al. Spatial and temporal pattern of pesticides in the global atmosphere. Journal of Environmental Monitoring, 2010, 12 (9): 1650-1657

[32] Halse A K, Schlabach M, Eckhardt S, et al. Spatial variability of POPs in European background air, Atmos. Chemical Physics, 2011, 11 (4): 1549-1564

[33] Tian L, Yao T, MacClune K, et al. Stable isotopic variations in west China: A consideration of moisture sources. Jouranl of Geophysical Research-Atmospheres, 2007, 112: D10112

[34] Yao T, Masson-Delmotte V, Gao J, et al. A review of climatic controls on ^{18}O in precipitation over the Tibetan Plateau: Observations and simulations. Reviews of Geophysics, 2013, 51 (4): 525-548

[35] Sharma B M, Bharat G K, Tayal S, et al. Environment and human exposure to persistent organic pollutants (POPs) in India: A systematic review of recent and historical da-

ta. Environment International, 2014, 66 (5): 48-64

[36] Cong Z, Kawamura K, Kang S, et al. Penetration of biomass-burning emissions from South Asia through the Himalayas: new insights from atmospheric organic acids. Scientific Reports, 2015, 5: 9580

[37] Gong P, Wang X, Pokhrel B, et al. Trans-Himalayan Transport of Organochlorine Compounds: Three-Year Observations and Model-Based Flux Estimation. Environmental Science & Technology, 2019, 53 (12): 6773-6783

[38] Zhang Z, Liu L Y, Li Y F, et al. Analysis of polychlorinated biphenyls in concurrently sampled Chinese air and surface soil. Environmental Science and & Technology, 2008, 42 (17):6514-6518

[39] Shen L, Wania F, Lei Y D, et al. Polychlorinated biphenyls and polybrominated diphenyl ethers in the North American atmosphere. Environmental Pollution, 2006, 144 (2): 434-444

[40] Li J, Zhang G, Guo L L, et al. , Organochlorine pesticides in the atmosphere of Guangzhou and HongKong: Regional sources and long-range atmospheric transport. Atmospheric Environment, 2007, 41 (18): 3889-3903

[41] Qiu X H, Zhu T, Yao B, et al. Contribution of dicofol to the current DDT pollution in China. Environmental Science & Technology, 2005, 39 (12): 4385-4390

[42] Shen L, Wania F, Lei YD, et al. Hexachlorocyclohexanes in the North American atmosphere. Environmental Science & Technology, 2004, 38 (4): 965-975

[43] Ding X, Wang X M, Xie Z Q, et al. Atmospheric hexachlorocyclohexanes in the North Pacific Ocean and the adjacent Arctic region: Spatial patterns, chiral signatures, and sea-air exchanges. Environmental Science & Technology, 2007, 41 (15): 5204-5209

[44] Barber J L, Sweetman A J, Van Wijk D, et al. Hexachlorobenzene in the global environment: Emissions, levels, distribution, trends and processes. Science of the Total Environment, 2005, 349 (1/2/3): 1-44

[45] Elsner M. Stable isotope fractionation to investigate natural transformation mechanisms of organic contaminants: Principles, prospects and limitations. Journal of Environmental Monitoring, 2010, 12 (11): 2005-2031

[46] Laube J C, Kaiser J, Sturges W T, et al. Chlorine isotope fractionation in the stratosphere. Science, 2010, 329 (5996): 1167

[47] Jin B, Laskov C, Rolle M, et al. Chlorine isotope analysis of organic contaminants using GC-qMS: Method optimization and comparison of different evaluation schemes. Environmental Science & Technology, 2011, 45 (12): 5279-5286

[48] Massart DL, VanDeginste BGM, Deming SN, et al. Chemometrics: A textbook. 1st edition. 1988, Elsevier Science: 33-57

［49］Coplen T B，Bohlke J K，De Bievre P，et al. Isotope-abundance variations of selected elements（IUPAC technical report）. Pure and Applied Chemistry，2002，74（10）：1987-2017

［50］刘咸德，陈大舟，郑晓燕，等. 天津地区大气有机氯污染物的被动采样和化学组成特征. 质谱学报，2011，32（2）：65-70

［51］Zheng X Y，Chen D Z，Liu X D，et al. Spatial and seasonal variations of organochlorine compounds in air on an urban-rural transect across Tianjin，China. Chemosphere，2010，78（2）:92-98

第 10 章 POPs 研究所体现的先进研究理念

本章导读

在 POPs 大气环境监测和大气传输研究领域的历史发展过程中，科学家们开发了创新性的技术方法，开拓了富有前瞻性的研究方向，这个领域的研究特色也充分反映了 POPs 环境研究的重要特点和先进理念，涌现出一批发挥引领作用的先进研究团队，例如英国科学家 K. C. Jones 研究团队、美国科学家 R. Hites 团队、加拿大科学家 F. Wania 团队和 T. Harner 团队。

本章对于 POPs 研究的重要特点和先进理念尝试做一点探讨性的描述，主要是：国际合作体现了大局观（10.1 节）；在国际公约大背景下展开研究（10.2 节）；永恒的主题是开拓与创新（10.3 节）。其中结合有关研究成果，试图展示其逐步深化的历史沿革和过程。

和其他研究领域相比，POPs 研究具有一些鲜明的特点，这些特点在国际、国内一些先进科研团队的长期实践中清晰地表现出来，可以说是 POPs 研究的先进理念。所谓理念就是基本的想法、发挥引导作用的观念。POPs 研究的一些重要特点发挥着基础性和根本性的作用，形成了背景，决定了基调。本章将结合本书"POPs 被动采样与区域大气传输"的主题，围绕 POPs 研究的先进科研理念，做一点探讨性的描述。

10.1 国际合作和全球视野

在 20 世纪 70 年代，国际环境保护领域流行一个口号，"Think Globally, Act Locally"，主张人们一方面要考虑整个地球的命运和大局，另一方面要从自己所在的城市、社区做起，立即行动起来。同一时期，中国有一句口号，"胸怀天下，立足本职"。具体到 POPs 领域，POPs 不仅仅是一个突出的环境问题，而且是一个全球性环境问题。科研人员固然首先会关注其所在国家的 POPs 污染，但是，如果各自为战的话，就不能全面准确地认识、及时有效地应对 POPs 问题。人们认识到全球性的环境问题，应该有全球性的解决方案，应该通过全球性的国际合作来解决。先进的 POPs 研究团队总是尽可能地使 POPs 研究具有较大的空间尺度，致力于区域性甚至全球性的研究，表现出一种全球视野和大局观。和局地的研究课题相比较，区域型的研究投入更多、难于协调、风险更大、耗时更长，但是他们迎难而上，执着地开展区域性甚至全球性的研究工作。下面的 4 个实例充分体现了这个特点、这种理念。

英国兰开斯特大学 K. C. Jones 的团队和挪威科学技术大学 E. Steinnes 的长期国际合作是一个很好的范例。在这项合作研究中设立的 12 个采样点位构成了一个纬度剖面；其中位于英国国土的 5 个点位从北纬 50.75°到 58.05°，跨越了 7.3 个纬度，位于挪威国土的 7 个点位从北纬 58.53°到 78.92°，跨越了 20.4 个纬度；整个纬度剖面覆盖了 28.17 个纬度，从北半球的中纬度地区延伸到北极圈（北纬 66.57°）之内。从年均气温来评估，英国境内的温差是 2.8℃，挪威境内的温差是 8.8℃，整个纬度剖面的温差达到 12.4℃[1]。英伦诸岛和欧洲本土之间有宽阔的北海阻隔，这也提供了一个独特的地域优势来观察 POPs 在区域尺度和全球尺度上的大气传输现象。

在这个充分延展的 28 个纬度的剖面上，研究人员同时开展了 12 个采样点位的土壤介质和大气介质的观测。这些采样点位尽量远离人为源排放和污染，具有背景环境的属性，特别是挪威的点位非常符合这个要求。这项合作研究开始于 1994 年，显然是把 1993 年才明确提出的 POPs 全球分馏效应假说作为一个研究与验证的目标[2]。这个项目一直延续到 2008 年，其研究目标是多方面的，包括 POPs 来源、演变、有关环境过程，以及气候变化影响等。大气环境的观测是依托被动采样技术开展的，POPs 的浓度水平和组成特征表现出规律性变化。多氯联苯化合物总量的绝对浓度随着纬度的增加而降低，但是和五氯联苯比较，其低氯同系物（三氯联苯、四氯联苯）相对组成逐步升高，其高氯同系物（六氯至十氯联苯）相对组成逐步减少，表现出纬度分馏（全球分馏）效应。六氯苯的绝对大气浓度随着纬度的增加，即距离污染源区越来越远，有升高的趋势，表现出"冷捕集效应"或"冷凝结效应"。六氯苯的挥发性在 POPs 化合物中是比较强的。如果把所有 POPs 化合物作为一个整体来观察，六氯苯的这种表现正是纬度分馏效应的体现[1]。

土壤介质中的 POPs 又是什么表现呢？合作研究的结果表明 POPs 的土壤浓度受到许多因素的影响。首先，土壤的组成与性质差异很大，针叶林土壤、阔叶林土壤、草地土壤的有机质含量都不同，树冠对于空气中 POPs 的过滤与吸附以及后续的转入土壤的过程都在发挥作用。如果以土壤干重计算浓度，低氯取代的 PCBs 的浓度有 1～2 个数量级的差异，高氯取代的 PCBs 的浓度有 2～3 个数量级的差异；如果以土壤有机质含量计算浓度，这些浓度差异能够减小一个数量级，由此可见土壤有机质含量的重要影响。在欧洲区域尺度上，低氯取代的 PCBs 和土壤有机质已经趋向平衡，而高氯取代的 PCBs 则优先沉降在源区及其周边地区。三氯联苯和四氯联苯相对组成随纬度逐步升高，而高氯化合物（七氯联苯和八氯联苯）相对组成逐步减少，表现出纬度分馏（全球分馏）效应。土壤数据的一个特点是回归直线的斜率比较小，数据也比较离散，意味着许多有关的环境和土壤因素在共同施加影响。可以观察到温度主导的分馏效应发挥着重要作用，但是其他因素也需要综合考虑，不应忽略[3,4]。在另一项研究工作中，全球分布的 191 处背景土壤样品的 PCBs 数据分析表明，80％以上的 PCBs 处于北半球温带地区（北纬 30°～60°）——所谓的"全球源区"及其紧邻的北部富含有机质的土壤中；纬度分馏效应在"全球源区"以北的特定数据集合中可以发现，但没有在全球性的总体数据集合中观察到[5]。这也说明了英国-挪威的合作研究是精心设计的，具有科学洞察力。

这项合作研究持续了多年，从发表的数据看，土壤数据覆盖了 1998～2008 年期间，大气数据覆盖了 1994～2008 年期间。这么丰富的科学数据为 POPs 来源、时空分布、演变趋势、气候变化影响以及各种环境过程的研究提供了适当的基础[3,4]，推动了 POPs 研究领域的重大进步。能长期坚持一个研究方向，把研究做深、做透，也是先进团队的一个特点。如果偏爱"短平快"课题，把赶时髦作为捷径，浅尝辄止，"打一枪换一个地方"，是不可能取得突出的成果的。

英国兰开斯特大学 K. C. Jones 研究团队组织多项国际合作项目，具有显著国际影响。从那里培养出来的博士、博士后很多成为新一代的研究骨干分布在世界各国。也有许多中国学者去兰开斯特大学进修、合作研究。中国科学院青藏高原研究所王小萍研究员说："走进他的办公室首先映入眼帘的就是一张大幅的世界地图。"K. C. Jones 团队巧妙地利用牛油（butter）作为一种采样介质，来间接地反映大气中 POPs 的区域性、全球性分布，这也是一个很好的范例。POPs 通过大气沉降进入到牧草饲料，再经过食物链富集到乳制品中。来自 23 个国家的 63 个牛油样品中 PCBs 浓度大约有 60 倍的变化范围。北半球温带地区（北美和欧洲）的样品中浓度最高，南半球的澳大利亚和新西兰的样品浓度最低，这和已知的 PCBs 的全球使用历史情况和排放量的估计是一致的。PCBs 的数据还反映出 PCBs 单体长距离传输的不同性质和倾向。六氯苯（HCB）在全球大气中是比较均匀一致的。p,p'-DDT、p,p'-DDE 和 HCHs 异构体的浓度有好几个数量级的变化，最高浓度出现在当前使用的地区，DDTs 类污染物出现在印度和南美、中美洲，HCHs 类污染物出现在印度、中国和西班牙[6]。受到启发，中国科学院生态环境研究中心和中国科学院青藏高原研究所的 2 个研究团队也都先后利用牛油作为一种特殊的采样介质来获取信息，并开展青藏高原的有关环境研究[7,8]。

第 3 个实例是 R. Hites 团队依靠七十多位同事和朋友的帮助，收集了全世界五大洲以及大洋洲 90 个地点的 209 个树皮（tree bark）样品，这些样品也是作为大气 POPs 的被动采样介质，分析了其中的 22 个有机氯污染物的浓度。这项研究也体现了全球视野，是"大手笔"。正如土壤样品的 POPs 数据需要进行土壤有机质的校正一样，树皮的数据也需要进行树皮脂质的校正。这个校正在很大程度上也补偿了树种不同所引起的差异。树皮 POPs 全球性数据集合揭示了 POPs 的普遍存在，包括边远地区；也指出了特定 POPs 各自的高浓度区域（源区），或者是历史上使用过，或者是当下仍然在使用。数据回归分析表明，POPs 的全球分布特征可以分为两大类：一类是挥发性比较好的，如六氯苯（HCB）、六六六（HCHs）、五氯苯甲醚（pentachloroanisole），其浓度随纬度而上升，表明其挥发性和长距离传输的能力；另一类挥发性比较差，以硫丹（endosulfan II）为代表，其浓度不随纬度而变化，表明其容易沉降的理化性质，多存在于源区和周边[9]。

从上述两项基于牛油样品和树皮样品的全球性研究，可以感受到 20 世纪末以及 20 与 21 世纪之交的那段历史时期的大气 POPs 数据的匮乏，不得不借助间接的途径来勉为其难地定性了解大气 POPs 的背景浓度水平和背景区域的空间分布情况。这也从侧面反映出 POPs 研究对大气被动采样技术和方法的迫切需求及其重要意义。在 2002 年和 2003 年两种新型大气被动采样技术（PUF-PAS 和 XAD-PAS）推出后，很快就被用于实施全球性 POPs 监测项目（如 Global Atmospheric Passive Sampling，GAPS），其早期成果也迅速发表，第 1 年的监测数据在 2006 年发表[10]，前 4 年的监测数据在 2010 年发表[11]。这项研究的特点是精心选择的采样点位，材质均一、性能稳定吸附介质，直接测量的大气 POPs 浓度，高水平的数据质量和观测结果。GAPS 项目也充分反映了国际先进团队的合作意识和全球视野。这是我们的第 4 个实例。

正是由于这些具有国际视野的 POPs 科学研究、学术活动和合作，越来越多的公众关注，从而引起了政府层面的高度重视，政府间的合作和协作越来越密切频繁，一系列具有法律约束力的国际公约被陆续推出。

10.2　在国际公约大背景下展开研究

一系列的环境问题，使人们认识到全球性的环境问题，应该有一个全球性的解决方案，而且必须有一个高层次，具有约束力的机制，那就是国际公约。在国际公约大背景下展开研究是环境科学的一大特点。例如，对于 POPs 研究领域，就是在《斯德哥尔摩公约》的大背景下不断推进和深化研究的。目前，至少有 3 个国际公约是针对一种或一类化学物质制定的，即《蒙特利尔议定书》、《斯德哥尔摩公约》和《关于汞的水俣公约》（简称《水俣公约》）[①]。

《蒙特利尔议定书》全名为《蒙特利尔破坏臭氧层物质管制议定书》（*Montreal Protocol on Substances that Deplete the Ozone Layer*），是联合国为了避免工业产品中的氟氯碳化物对地球臭氧层继续造成恶化及损害，承续 1985 年《保护臭氧层维也纳公约》的大原则，于 1987 年 9 月 16 日邀请所属 26 个会员国在加拿大蒙特利尔所签署的环境保护公约。该公约自 1989 年 1 月 1 日起生效[②]。

《斯德哥尔摩公约》通过于 2001 年 5 月 22 日，2004 年 5 月 17 日生效，11 月 11 日对中国生效。内容主要是为了保护人类健康和环境采取包括旨在减少和/或消除持久性有机污染物排放和使用的国际行动。《斯德哥尔摩公约》最初仅仅列出 12 种/类持久性有机污染物，但是规定了一个机制，可以按一定的程序添加污染物，经过几次增添，到了 2018 年已经有 33 种/类有机污染物成为公约所管理与控制的持久性有机污染物[③]。

《水俣公约》以日本城市水俣命名，一方面反映了 20 世纪中期那里曾发生严重汞污染事件的历史事实，另一方面也表现了日本在推动汞污染防治国际合作的积极态度。2013 年 1 月 19 日，联合国环境规划署通过了旨在全球范围内控制和减少汞排放的国际公约，即《水俣公约》，就具体限排范围作出详细规定，以减少汞对环境和人类健康造成的损害[④]，于 2017 年 8 月 16 日生效。

这 3 个国际公约中最早的是 1989 年生效的保护臭氧层的公约。1995 年诺贝尔化学奖授予德国科学家克鲁岑、美国科学家莫利纳和罗兰，他们因阐述了对大气臭氧层的形成与破坏的大气化学机理，揭示氟氯碳化物对地球臭氧层损害的机理，证明了人造化学物质对臭氧层构成破坏作用的重大研究成果而获得了诺贝尔化学奖[⑤]。他们的研究与发现直接推动了保护臭氧层的国际公约的制定。

保护臭氧层的国际努力已经取得阶段性成果。从 1987 年《蒙特利尔议定书》签订至今已经 30 余年了。科学家终于发现南极上空的臭氧洞已经开始"愈合"[12]。美国麻省理工的科学家采用了多种技术，包括卫星遥感、地面观测仪器、

---

① http://www.unep.org/chemicalsandwaste/conventions

② http://ozone.unep.org/en/treaties-and-decisions/montreal-protocol-substances-deplete-ozone-layer

③ http://www.pops.int/

④ http://www.mercuryconvention.org/

⑤ http://www.nobelprize.org/

专门测量臭氧的气象气球。他们从 3 个方面来评估南极臭氧洞的"愈合"，即从地表到高空空气柱中臭氧的总量在增加，臭氧的浓度数据有提升，臭氧洞在缩小。和 2000 年最严重的情况比较，2015 年 9 月份的臭氧洞减少了 400 万平方千米，减少面积大于印度的国土面积。他们运用三维大气模型，证明臭氧洞的缩小是氟氯烃等损害臭氧层的化学品减排的结果，而不是气象条件的变化，也不是火山喷发活动的变化所引起的。模型解释了 2015 年 10 月南极臭氧洞变大的反常表现应该归因于那年早几个月智利南部卡尔布科火山的喷发。虽然南极臭氧洞开始愈合，但是损害臭氧层的化学物质均有较长的大气寿命，臭氧洞的完全闭合最早也得等到 2050 年左右[13]。

与保护臭氧层的《蒙特利尔议定书》不同，《斯德哥尔摩公约》针对许多目标化合物。在 2004 年生效时，只有 12 种类 POPs。到了 2018 年已经扩展到 33 种类了。《斯德哥尔摩公约》第 16 条规定了专门针对公约实施成效性评估的内容，每 6 年需要评估一次。其中自公约生效之日起，第一次成效评估为公约的执行提供了浓度的基线数据（baseline），2008～2013 年为第二次成效评估周期，目前处于第三个成效评估周期。评估的内容包括两个方面，即 POPs 减排的进展和长期监测数据所反映的 POPs 趋势①。长期的 POPs 研究的科学结论和丰硕成果已经发挥了历史性的重要作用，帮助世界各国形成共识，为国际公约奠定了坚实的基础；而国际公约的签署与实施反过来又极大地推动了 POPs 研究向全球每一个大洲和区域的推广与深化。为了评估成效性，需要在了解 POPs 的初始浓度水平，即基线浓度基础上，判断随着时间的推进，POPs 浓度的变化趋势，是降低还是上升，或是走平；进而分析这个变化趋势背后驱动的原因是什么？能否归因于《斯德哥尔摩公约》的政策引导和世界各国的管理措施？每一种类 POPs 都有自身的历史情况和特点，都可能有不同的表现。而且在不同的地理区域，POPs 的情况也会不同。这使得成效评估的内容很丰富，同时也涉及许多科学前沿问题，反过来又推动了 POPs 研究的深化与进展。在众多环境介质中，《斯德哥尔摩公约》为长期监测工作选择了核心介质，一个是大气，一个是人体，具体说是母乳和血液样品。选择大气是因为 POPs 大气浓度能够最敏感、最及时地反映 POPs 排放情况的变化，反映各种政策和控制措施的效果。选择人体样品是因为《斯德哥尔摩公约》的最终目的是保护环境和人群健康，母乳和血液样品中 POPs 浓度最能说明公约的最终效果和成效。结合本书的主题，我们侧重从大气环境介质来介绍公约的有效性评估的一些结论。

---

① http://www.pops.int/

虽然《斯德哥尔摩公约》有 179 个缔约方（2013 年数据）参加，但是缔约方之间在 POPs 监测的能力上有很大的差异。西方工业化国家的各方面基础和条件都更好一些，所以一些工业化国家组成了一个"西欧和其他区域团组（WEOG）"，汇总提供 POPs 监测的区域性报告。西欧和其他区域团组（WEOG）由西欧、北美和大洋洲的 28 个国家组成。大洋洲是澳大利亚和新西兰；北美是加拿大和美国；西欧有 24 个国家参加。可见在地域上它们不是一个连续的地理单元，分属于 3 个大洲，南北两个半球。可是，加拿大和美国覆盖的宽广的纬度范围和西欧相当；而澳大利亚和新西兰在南半球也占据了大体相似的纬度区域[14]。

这个报告主要依托几个现有的研究项目，尽管其原定目标并不相同，却都有潜力提供高质量的 POPs 长期监测数据。例如，北美大湖区的 IADN 项目（IADN），加拿大北极地区的 AMAP 项目，西欧地区的 EMEP 项目以及联合国环境规划署（UNEP）主导的全球大气被动采样项目（GAPS）。WEOG 于 2009 年提交了第一份监测报告，汇总了 12 种历史遗留 POPs 的基线浓度（baseline concentrations）；于 2015 年又提交了第二份监测报告，首次提供了公约最初登录的 12 种 POPs 的浓度水平变化以及后续登录的其他 POPs 的基线浓度。上述大气监测项目提供了观测、判断 POPs 长期趋势和特定区域的空间点位之间比较的机会；然而 POPs 浓度数据在不同监测项目之间却不能进行直接比较，主要是由于采样方法不同（主动采样或被动采样）、化学分析方法不同、采样频率不同、目标化合物不同、质量保证和质量控制的措施不同。

边远地区或清洁背景点位的大气中主要检出的六六六异构体是 α-HCH 和 γ-HCH；其他两种异构体 β-HCH 和 δ-HCH 浓度很低一般难以检出。图 10-1 是 1992～2010 年北极地区和北美大湖区的 γ-HCH 大气浓度长期趋势图，纵坐标是大气浓度的自然对数值。在北极地区的 4 个长期监测点位，α-HCH 和 γ-HCH 浓度持续下降。浓度减半的时间（$t_{1/2}$）对于 α-HCH 是 4.8～5.7 年；对于 γ-HCH 是 4 年左右，但是 Storhofdi 点位是 7.7 年，是个例外。在大湖区的核心监测站点，α-HCH 浓度减半的时间（$t_{1/2}$）是 2.9～4.8 年，γ-HCH 是 2.5～5 年。工业品六六六已经在 20 世纪 80 年代开始就迅速地禁止使用了；而林丹（γ-HCH）于 2004 年在加拿大禁用，2009 年在美国也禁用。从图 10-1 可以看出，在北美洲禁用之后，γ-HCH 浓度下降的速率加快[15,16]。

季节变化的细节可以提供很多信息。从图 10-1 可以观察到 γ-HCH 浓度的季节变化。如大湖地区夏季出现一个明显的峰值，表明温度驱动的 γ-HCH 从地球表面介质挥发的现象起到了重要作用。在北极地区观察到春、秋季出现高值的

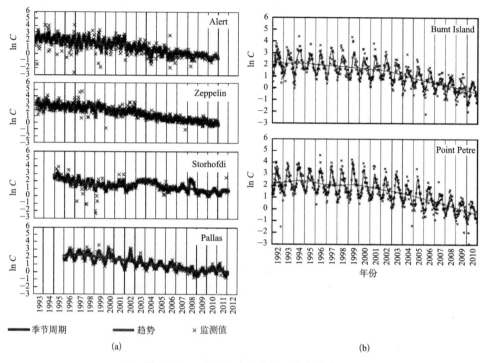

图 10-1 γ-HCH 浓度的长期变化趋势

（a）北极 4 个监测点位；（b）北美洲大湖区 2 个监测点位[14]

"双峰"模式，这主要归因于多种因素共同发挥作用的结果。主要包括北极南方"源区"的春秋季的农业活动，夏季加剧的光降解反应，繁茂植被起到吸附和过滤的作用等等。

欧洲的 EMEP 项目同样揭示了六六六包括 γ-HCH 的浓度下降趋势。被动采样的全球监测网络 GAPS 项目虽然时间不长，也同样报告了 2005 年至 2011 年间 α-HCH 和 γ-HCH 的大气浓度下降趋势[10,11]。

已经禁用二三十年的 POPs 污染物，例如，滴滴涕类化合物、氯丹等均表现为浓度下降趋势，不过这种下降趋势近年来变缓，表明大气和地表介质之间趋近一种稳定状态，二次源排放的重要性在增加。二噁英类污染物非人为生产，主要是燃烧过程或工业过程的副产物。由于控制措施和减排措施发挥了作用，这类污染物的大气浓度也表现出下降的趋势[14]。

西欧和其他区域团组（WEOG）所在区域所有监测点位的多氯联苯（PCBs）的大气浓度自 20 世纪 90 年代以来整体呈下降的趋势。随着浓度水平的下降，其浓度减半的时间变长，近年来这种下降趋势减缓了。在有些点位，例如，

Storhofdi 点位 PCB52 和 PCB101 浓度在 2000 年以后表现出逐渐增加的趋势（图 10-2）。Storhofdi 临近冰岛的冰盖，位于冰岛的海岸。冰岛周边的海冰减少，以及北极地区升温引起的冰川消融加剧都会引起以前积存于海洋和冰雪之中的 PCBs 再次释放进入大气，从而导致低氯取代的多氯联苯如 PCB52 和 PCB101 的浓度上升。六氯苯（HCB）也有类似的表现[12]。

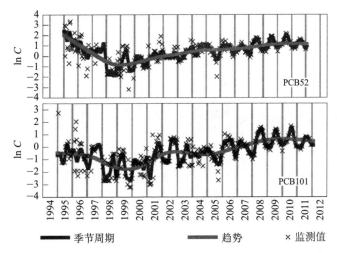

图 10-2　位于冰岛的 Storhofdi 监测站的 PCB52 和 PCB101 的浓度长期趋势[14]

从整体上来说，最初确定的 12 种 POPs 的大气浓度的长期趋势总体看是继续下降，或者走平；然而北极大气中六氯苯和多氯联苯在特定点位出现了增加或波动的趋势。对于后续登录的 POPs 的长期变化趋势有多种情况，因地而异，有些化合物还处于积累基线浓度的状况，谈论长期趋势为时过早[14]。

以上所列均为大气环境长期监测的 POPs 数据。大气的浓度数据最直接、最迅速地反映了 POPs 的排放和传输的情况。应该指出，人体血液样品等也是重要的环境介质，可以反映 POPs 污染对于生态环境和人体健康的影响。1985 年德国建立了一个长期稳定的机构——环境样品库，来系统地采集、保存、管理和分析表征德国环境样品，包括海洋、地表水、陆生生态系统和人体样品。血清、尿液和毛发等人体样品系每年由 4 个城市（Münster，Halle/Saale，Greifswald，Ulm）的 100 位大学生志愿者提供。由于德国的人员移动和家庭搬迁比较频繁，可以认为这些样品基本上代表了德国的一般情况[17]。依托这个环境样品库保存的样品，回顾性的分析就具有了可行性。把每个城市每一年的样品汇总后分析，所得到的数据就可以绘制人体血液样品中六氯苯和 PCB153 浓度长期趋势图。从图 10-3 和图 10-4 可以看出六氯苯和 PCB153 血清浓度均为持续下降的长期趋势[18]。

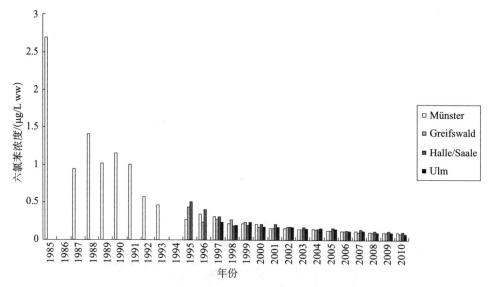

图 10-3　德国环境样品库 4 城市大学生志愿者血清样品中六氯苯的浓度的
长期趋势（1985～2010 年）[18]

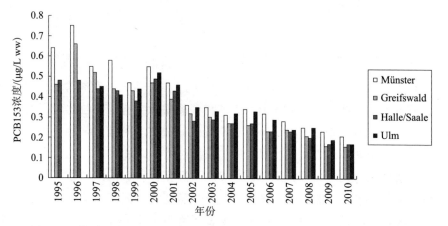

图 10-4　德国环境样品库 4 城市大学生志愿者血清样品中 PCB153 的浓度的
长期趋势（1995～2010 年）[18]

　　POPs 研究能够有《斯德哥尔摩公约》作为全球性的框架和平台，是历史形成的，也是科学发展史上非常罕见的，故而成为 POPs 研究的一个突出的特色和特点。POPs 研究的前期成果为国际公约的形成打下了坚实的科学基础；而国际公约的实施又反过来有利推动了全球范围 POPs 研究的继续深化与发展。如果把两者的关系理解为一种"供需"关系，历史的过往和眼前的现实都见证了两者之间的相互促进和良性互动，必将成为一种典范。

10.3　开拓与创新是永恒的主题：以全球分馏假设为例

POPs 领域的科学研究也反映了科研界普遍的规律，以创新为源泉和动力。结合本书的主题，我们认为，被动采样器的研究与开发是一个很好的技术创新；而"全球分馏假设"也是一个很好的科学创新。本书第 2 章中我们已经介绍了"履约需求催生 POPs 大气被动采样技术"，这里不再重复。应该强调的是 POPs 大气被动采样技术虽然已经得到广泛应用，其性能仍有改进、提升与发展的空间。本节集中回顾、介绍"全球分馏假设"的提出，后续的深化研究过程，以及与之有关的山区冷捕集效应的研究。

从 20 世纪 70 年代开始，一些环境研究项目和环境监测计划原本是打算确定北极这样边远和清洁的地区的有机化合物的背景浓度水平，不料却发现一些有机污染物常常被检出，而且其浓度水平还相当高，不亚于中低纬度有其使用历史地区的浓度。一般的规律是一种化学品在其生产或使用的地区（源区）浓度较高，随着距离的增加其浓度渐渐减少。北极地区从来没有这些化学品的生产和使用，为什么会有如此广泛的分布，并且浓度如此之高呢？这种反常现象在大气样品，海水，降水和雪，植被样品如苔藓等，动物组织样品如鱼、海豹等各种环境介质中都陆续发现。为什么会是这样的呢？这引起环境科学家不断地叩问和思索。

最早明确提出"全球分馏假设"的论文应该是 1993 年发表在 *Ambio* 期刊上的论文 *Global Fractionation and Cold Condensation of Low Volatility Organochlorine Compounds in Polar Regions*，作者是 Frank Wania 和 Donald Mackay[2]。在这篇论文中作者有一段文字专门回顾了此前 20 年前期工作的一些结论，引用 5 篇文献。其中提到 Rappe 在 1974 年就指出"农药在温暖的气候带使用，然后挥发，又被传输到寒冷地区，在那里冷凝下来[19]"。Otta 假设"一种系统的传输把更持久的化合物从较温暖地区带到较寒冷地区，最终导致这些化合物在北温带和北极地区的积累[20]"。这种积累被称为"冷手指"效应[21] 或"冷捕集"效应[22]。第一次创造性使用"全球蒸馏"这个词汇的是 Goldberg，用以描述 DDTs 从大陆到海洋的大气传输[23]，后来又扩展到从较温暖地区到较寒冷地区的传输。

这些早期的研究已经初步意识到这个有趣的、奇特的现象，触及这个令人困惑的、神秘的科学问题。Wania 和 Mackay 的综述[2] 全面汇总了北极地区和中低纬度典型区域的大气、降水、土壤、植被、生物等各个环境介质的充分的 POPs

科学数据，第一次系统地比较、分析、讨论了全球分馏整个过程的方方面面，成为后续二十多年间这一领域引用频次最高的早期重要文献之一。那时 Wania 正在多伦多大学 Mackay 教授指导下进行博士论文研究，论文题目是 *Temperature and Chemical Behavior in the Environment：Towards an Understanding of the Global Fate of Persistent Organic Chemicals*，期间发表了这篇影响力深远的综述。

Wania 和 Mackay 的这篇综述[2]归纳了典型 POPs 在大气样品（大流量采样器）、降水和雪、植被样品（苔藓等）、动物组织样品（鱼，海豹等）的浓度水平、相对组成特征；阐述了空间分布及多年趋势；之后又讨论了来源和传输途径这两个关键问题；最后总结了两个最重要的因素：化合物挥发性和环境温度，提出"全球分馏"的假设。作者明确指出"全球分馏过程很可能发生，依据其不同的挥发性在不同的环境温度下'凝结'了，有机化合物沿纬度方向分馏"。多介质模型的结果也用于论证了这个假设。半挥发性化合物的不同理化性质导致分馏效应，也导致多种 POPs 的相对组成规律性的变化，挥发性较强的化合物的份额会随着纬度升高而增加。作者指出"全球分馏"导致的极地冷捕集现象具有全球意义，首先极地国家应该重视，其次温带和热带的国家作为排放源区也有责任正确应对。这是一个国际问题，一个全球性问题，在科学、工业、社会、政治层面都是一个严肃的挑战。

这方面的研究结果直接反馈到了相关的国际事务中，那时在这个领域加拿大和斯堪的纳维亚国家发挥着引领的作用，最终导致了一些国际的共识，例如，《斯德哥尔摩公约》。那时学术研究和国际政策之间存在一种直接和迅速的联系，这也是很罕见的。这也有几分幸运和偶然。关键在于有人能把握和理解这些科学发现并且将其转化到政策层面。在加拿大扮演这个角色的是加拿大联邦政府印第安和北部事务部的大卫·斯通博士（Dr. David Stone）①。

这个假设由加拿大科学家首先提出也是有原因的。加拿大的国土有相当大一部分处于北极圈内，是地球上温度最低的地区之一。加拿大政府很早就开展了北极地区环境研究和监测计划[24]。在清洁背景地区发现环境中和食物链中反常的高浓度有机污染物到达了影响原住民身体健康的程度，这引起了科学家和政府部门的严重关切。聚焦这个问题也反映了人类的良知和人文关怀。

1993 年 *Ambio* 的一篇文章[2]是由多伦多大学一位年轻的博士生和他的论文导师联合署名的，反映了创新性研究的基本属性。一方面是对于科学前沿新问题、

---

① https://www.amazon.ca/Changing-Arctic-Environment-Messenger/dp/1107094410

新现象的敏锐观察，对于传统观念的大胆突破，年轻学者有优势；另一方面是对于科学问题的深厚积累、长期思考和不懈追求，资深专家更擅长。"全球分馏"现象的蛛丝马迹分散在众多科学文献的形形色色的数据中，这些研究工作各有侧重，其原定目标并不是为了观测全球分馏效应；不同的实验室，不同的分析方法，不同的样品性质，诸多因素会导致这些数据的可比性、系统性比较差，不确定性相当高。要从这些前期研究纷纭复杂的数据中分析、归纳出一些规律性谈何容易。

此后的一些研究项目是有目的地来验证"全球分馏"假设：覆盖一个较大的纬度范围，选用一个经验丰富的实验室，采用相同的分析方法和质量控制措施来分析同一批样品，如此这般得到的数据质量就大大提高了。前面提到的英国-挪威合作项目[3]以及北美洲大气被动采样网络是典型的研究实例[25]。

以六氯苯（HCB）为代表的具有较强挥发性和持久性的 POPs，其大气浓度在全球尺度相当均匀一致，而地表介质中其浓度沿纬度升高而增加，在极地最高；在海水中的实例是 α-HCH；均表现出典型的冷捕集效应。在一种 POPs 被禁用之后的情景中，其浓度水平很大程度取决于其被清除的速度。在北极降解速率要比中低纬度地区慢很多，其浓度自然出现"反转"[26-28]。

研究全球分馏效应，最好是观察多个污染物的相对组成的消长变化。多氯联苯（PCBs）是理想的一大类化合物。随着分子中氯取代数目的增加，PCBs 各同系物的性质会有系统的变化，挥发性逐步减弱；在一年四季地球环境温度周期性变化的范围内，PCBs 这些性质的差异之大能够把大气长距离传输过程中的组成改变以及"全球分馏"效应清晰地展现出来[29]。10.1 节已经介绍了英国-挪威合作项目的大气和土壤的 PCBs 数据所揭示的"全球分馏"效应[1, 3]。

北美洲大气被动采样网络对 PCBs 也进行了研究，该研究的数据具有年度均值的属性，不受季节变化和短期采样不确定性的影响。这个网络的 40 个采样点覆盖了 72 个纬度和 72 个经度的空间尺度[29]。按照纬度划分区域时，考虑了 33 个采样点。另有 3 个采样点的 PCBs 浓度高于均值与一个标准偏差之和，表明受到局地源排放的可观干扰；还有 4 个采样点处于落基山山区，属于高海拔点位；这 7 个点位没有参加按纬度分组的计算。把 33 个点位按照其纬度高低划分为 7 个组。PCBs 的 17 个化合物按照其氯取代数目分为 5 个组（三氯，四氯，五氯，六氯，七氯），计算相对组成，做归一化处理，其加和为 1。

大气 PCBs 相对组成数据表现出很好的规律性。三氯联苯的组成大体持平，四氯联苯的组成随纬度增加而上升，五氯联苯和六氯联苯的组成从热带到北极随纬度增加而下降。这个结果和模型研究计算的长距离传输潜力（LRT potential）

数据是一致的[30]。在所有的环境介质中大气是迁移性能最好的，地表介质如土壤、植被、水体等更多地体现出"固定相"的属性。海水洋流也具有一定程度的移动特性。有机污染物长距离大气传输的能力和其沉降、交换进入地表介质的能力，以及其降解的能力处于一种相互竞争状态[28]。低氯取代的 PCBs 比较容易在大气传输过程中被降解清除，高氯取代的 PCBs 更多可能以颗粒态存在被沉降清除，而中等程度氯取代的 PCBs 由于挥发性和降解性适中，其大气寿命较长，被大气传输得更远，从而在高纬度北极地区的大气中具有较大的相对组成份额。北美洲大气被动采样网络的 PCBs 实际测量的研究结果和模型研究是高度一致的。彩图 26 给出了 PCBs 实测数据和模型计算数据的比较。

从理论上看多溴二苯醚（PBDEs）应该和 PCBs 一样能表现出"全球分馏"效应。但实际上，在北美洲大气被动采样网络研究中没有得到这样的结果，可能的原因有三个：一是 PBDEs 只检出了 5 个化合物，数目太少；二是 PBDEs 浓度水平很低，检出频率低；三是局地源排放影响较大。多项研究的结果说明 PCBs 是比较理想的一类 POPs 化合物，可来观测、研究 POPs "全球分馏"效应[29]。

在"全球分馏"研究中，诸多环境介质的科学数据提供了证据支持。全球分馏研究一般涵盖较大的空间尺度，如何使不同地点、不同气候带的样品具有可比性是一个必须面对的问题，常见的技术是进行适当的校正。例如，植被样品如苔藓、树皮等，用其树蜡、树脂含量进行校正；动物组织样品如鱼、海豹等，用其脂肪含量进行校正；土壤样品，用其有机碳含量进行校正。的确，在一定程度上校正技术明显改进了样品之间的可比性，使得全球分馏的规律性显现出来。在这一方面大气被动采样技术有明显的优势，由于采用统一的吸附介质，不论是聚氨酯泡沫（PUF）还是吸附树脂（XAD），都无需这类校正，数据质量更好。大气是全球尺度的连续均匀的介质；而土壤虽然组成和理化性质变化较大，仍然是区域尺度连续的介质。海水性质均一优于土壤，又远离点源排放的干扰，但是海水中低浓度 POPs 的分析测试是一大难题，数据质量可靠性很不确定。在"全球分馏"研究中，土壤和大气介质的数据是最具说服力的。

在"全球分馏"研究中，基于野外现场的研究、实验室性能测试和实验室模拟的研究，以及模型研究都发挥了重要的作用。野外现场的研究提供了最初的"有违常理"的实测数据，引起研究者的探究与思索。现场研究积累的大量的各个环境介质的 POPs 数据勾勒出渐渐清晰的图像，同时也为开展模型研究准备了必需的输入数据和验证数据。"全球分馏"现象和 POPs 的理化性质密切相关，而这些理化性质的重要参数有许多是经过实验室性能测试以及理论计算获得的[32,33]。"全球分馏"现象所涉及的多种环境过程，其中有些过程在野外难以跟踪和观测，而在实验室的模拟实验中可以更有效地实施并取得数据[34]。

野外现场研究的局限在于实际环境太复杂，有太多干扰因素同时起作用，往往掩盖了预定的观察对象和现象。在简化的模型研究中可以弥补这个缺陷，把研究对象隔离出来，加以观察。模型研究提供一个平台，可以充分发挥基础性理化数据的作用，综合考虑多个环境介质、种种环境过程，构建一个尽可能量化的、完整的图像。的确在"全球分馏"研究中，模型研究发挥了这样的作用[31,35]。尽管模型的复杂程度不断提高，模型研究的结果只能是帮助人们在一个系统的、一致的框架中定性或者半定量地理解复杂的诸多环境过程以及温度的影响。这适合于各种有机污染物环境行为的相对比较，而不是对其实际环境浓度的绝对值作出预测和估算[35]。

全球分布模型（Globo-POP）模拟研究了 11 个 PCBs（同系物编码为 8，28，31，52，101，105，118，138，153，180，194），计算覆盖了 1930 年到 2000 年的历史时期[31]。Globo-POP 模型把全球划分为 10 个纬度带（气候区），其中每一个都由相互关联的 9 个环境相组成，诸如大气、陆地、地表水、海洋等（参见本书 1.5.2 节，图 1-3）。PCBs 可以在一个气候区的各个环境相之间转移、传输，也可以以大气、洋流的形式在相邻的气候区之间南北向地运移。模型研究需要前期基础性工作的支持，例如多氯联苯（PCBs）的模型研究需要每一个同类物（congener）的降解速率和相分配平衡系数的理化数据，并且这些相分配平衡系数（k_{OW}, k_{AW}, k_{OA}）之间必须是自洽的、一致的，这些系数随温度变化而改变的规律也必须考虑[32]。另一方面，全球 PCBs 排放的历史情况，包括排放量、时间、地点等信息也必须掌握。满足这些前提条件，模型可以计算每一个环境相中这 11 个 PCBs 同系物浓度以及环境相之间的运移通量。

另一项全球分布模型，如 global multimedia fate model 研究具有较高的空间分辨率，把全球划分为高达 90 个的纬度区（气候带）。该研究的结论是 30 个纬度带是适当的，就可以满足研究需要了[35]。

野外现场的实测数据、模型研究的计算结果以及"全球分馏"假设的预言之间的一致，是对"全球分馏"假设的最好映证和支持。值得指出的是，对于土壤和大气介质，我们都得到了这样非常充分、具有说服力的结果（彩图 26 和彩图 27）。

"全球分馏"的研究推动了相关科学问题的研究，例如蚂蚱跳（grasshopper）效应，山区冷捕集效应。全球分馏假设是一个气势宏大的图像，涵盖了辽阔的空间尺度和漫长的时间尺度。蚂蚱跳效应形象地描述了半挥发性 POPs 化合物的大气-地表介质之间的交换行为，补充、增强了全球分馏研究。色谱过程被用来比拟蚂蚱跳效应，的确有几分相似。多种被测物在色谱柱的载气（气相）和固定相之间反复多次地交换，以不同的速率经过色谱柱，最后流出被检测。POPs 污染物，从低纬度向高纬度方向，在大气传输过程中也有机会在大气和地表环境介质之间不止一次地交换，以不同的速率向极地运移。但是挥发性各异的 POPs 污染物运移的距离是不一样的，只有挥发性较强、持久性较强的才有可能到达极地地区。和色谱过程不同的是，一个典型的色谱分离过程中多种被测物会先后流出色谱柱并且被检测；但是全球分馏过程中蚂蚱跳效应中不是所有的 POPs 组分分子都能"走完全程"的，由于降解反应以及其他多种环境过程的存在，有相当一部分进入土壤深处或水体深处或水系沉积物之中[36]。流动相在色谱柱中只有唯一的传输方向；而在全球大气中传输可以是任何的方向。在色谱柱中温度是均一的；而地球气候带的大气温度差异正是导致大气传输方向性的原因所在。对于 PCBs 的任何一个同系物而言，能进入北极地区的不到其全球总量的 10%，但是不影响 PCBs 相对组成沿纬度梯度表现出全球分馏效应[31]。

　　山区冷捕集效应也是 POPs 研究的另一个热门科学问题。不少山区研究发现了一些 POPs 化合物沿海拔升高浓度增加的现象。这种浓度反常的情况和全球分馏效应很相似。人们很自然会推测这是同一原理在不同情况下的类似表现，毕竟一个是沿纬度上升温度下降，一个是沿海拔高度上升温度下降，两者都是温度驱动的环境行为，过程非常相似。一些 POPs 能够以蚂蚱跳的方式到达遥远的极地地区，那同样可以跳上高耸的山岭。随着山区冷捕集研究的深入，各种研究案例的增加，出现了纷纭复杂的情况，让人困惑不解。例如在热带高海拔植物样品中观测到六氯苯的富集，在安第斯山区土壤样品中就没有发现[37]。这是因为样品类型不同吗？是因为不同山区的年平均温度和温度变化范围不同吗？是因为年降水量或是降水量沿海拔梯度分布的不同吗？同时人们也注意到"全球分馏"和"山区冷捕集"的不同之处。以土壤 PCBs 为例，全球分馏效应是挥发性较强的组分（四氯联苯）随着纬度增加而富集；但是山区冷捕集效应是挥发性较弱的组分（六氯联苯）随着海拔高度增加而富集。同样是冷捕集效应，在高纬度北极和高海拔山地富集的是不同的 PCBs 组分[38]。

　　在 1993 年和 D. Mackay 教授一起提出"全球分馏"假设 15 年以后，这时 Frank Wania 已经是加拿大多伦多大学的教授了，他和博士生 John Westgate 发表的论文 *On the Mechanism of Mountain Cold-Trapping of Organic Chemicals*[38]，全面讨论了山地冷捕集的主要影响因素、主要环境过程，以及和"全球分馏"现象的差异。在此之前 Wania 教授的研究团队已经在加拿大西部山区、中美洲的哥斯达黎加山区开展了现场研究；并且和博士生 Gillian Daly 一起发表了

一篇综述 *Organic Contaminants in Mountains*（《山区的有机污染物》）。这篇综述指出"高纬度的冷捕集和高海拔的冷捕集的重要区别很可能在于降水过程的重要性[39]"。在加拿大西部山区的现场观测研究中，作者发现"温带山区土壤中发现的较高浓度有机氯农药和土壤有机质丰富和低温降水丰沛有关[40]"。哥斯达黎加山区的"现场研究提示，高海拔山区温度低，降水洗刷过程更强，效率更高，导致热带山地森林中有机氯农药积蓄的假设得到模型研究的支持[41]"。不同山区的研究工作都指向降水过程的重要作用。

　　Wania 教授研究团队提出山区冷捕集效应的假设，认为其主要形成机理是高山与低谷之间温度驱动的降水清除效率差异所致。有两类情况可以导致降水清除效率（W_{tot}）随温度而明显变化。一种情况是一个化合物在受影响的温度变化区间内，其水-大气分配系数（K_{WA}）的对数值在 3.5～5.5 的范围内变化。另一种情况是一个气态为主的化合物随温度下降，其颗粒物-大气分配系数（K_{PA}）明显改变，变成颗粒态为主，从而被降水有效清除。在温带山区不同的季节有不同的温度区间，在夏季的降雨和冬季的降雪引起冷捕集效应的化合物可能会是有所不同的。温带山区的季节变化引入新的变数，情况更复杂[38]。

　　基于对于机理的理解，两位作者指出："可以推测什么样的山区最可能发生山区冷捕集效应。首先有机污染物在潮湿、多雨的山区要比干旱的山区更容易富集。其次随着海拔升高，降水量增加的山区冷捕集效应应该更强。再者山谷和山峰之间温差大的山区也有利于冷捕集效应发生。这就是说，温带降水充沛的山区容易发生高海拔地区一些特定有机化合物富集的现象，例如欧洲的阿尔卑斯山脉、北美洲西海岸温带的山脉、亚洲青藏高原周边过渡带的山脉[38]。"

　　全球分馏（极地冷捕集）取决于大气-地表交换过程的温度敏感效应；山区冷捕集取决于降水清除过程和大气-颗粒物分配过程的温度敏感效应。其共性是气相和凝聚相之间的交换过程；其特异性是不同的过程在主导。在两种冷捕集效应中，分别是不同的化合物表现出温度敏感性。以 PCBs 为例，在极地富集的是低氯取代的同系物，在高海拔富集的是高氯取代的同系物。这是模型的计算结果，同时也得到了现场观测的支持[42]。

　　创新是每一个科学研究者的目标，但是能否实现这个目标却有着很大的不确定性。从 Wania 研究团队和其他先进的 POPs 研究团队的实践中，人们可以发现他们具有以下的富有启发性的特征或特点。

　　● 坚持一个研究方向，保持稳定，长期坚守。创新的火花不是随机产生的，必须以执着的追求为前提。

　　● 对前期工作的全面把握和深入思考、质疑、叩问；梳理成高质量的综述文章。

● 以坚韧不拔的毅力投入以 POPs 理化参数测试为代表的耐心、细致的基础性工作，在创新和探索道路上甘做铺路石子。

● 亲力亲为的野外现场采样和观测工作，可获得第一手的、丰富的感性认识。

● 综合各个方面的模型研究的长期积累，并不断改进、拓展。

● 研究团队内部活跃的交流和讨论。老师与学生优势互补，发挥出"教学相长"的协同效应。

本章小结

结合 POPs 研究特别是 POPs 大气环境监测与大气传输研究领域的研究成果与发展过程，本章从国内外 POPs 研究先进团队的科研实践中归纳出 POPs 研究先进理念的 3 个突出方面。一是各种形式、卓有成效的国际合作所体现的 POPs 研究的区域性、全球性特点和大局观；二是以《斯德哥尔摩公约》作为全球性的框架和平台，实现了 POPs 研究与 POPs 污染治理之间的相互促进和良性互动；三是以创新为源泉和动力，POPs 研究活跃的技术创新与执着的理论创新。

参 考 文 献

［1］Meijer S N, Ockenden W A, Steinnes E, et al. Spatial and temporal trends of POPs in Norwegian and UK background air: Implications for global cycling. Environmental Science & Technology, 2003, 37: 454-461

［2］Wania F, Mackay D. Global fractionation and cold condensation of low volatility organochlorine compounds in polar regions. Ambio, 1993, 22: 10-18

［3］Meijer S N, Steinnes E, Ockenden W A, Jones K C. Influence of Environmental variables on the spatial distribution of PCBs in Norwegian and U. K. soils: Implications for global cycling. Environmental Science & Technology, 2002, 36: 2146-2153

［4］Schuster J K, Gioia R, Moeckel C, et al. Has the burden and distribution of PCBs and PBDEs changed in European background soils between 1998 and 2008? Implications for sources and processes. Environmental Science & Technology, 2011, 45 (17): 7291-7297

［5］Meijer S N, Ockenden W A, Sweetman A, et al. Global distribution and budget of PCBs and HCB in background surface soils: Implications for sources and environmental processes. Environmental Science & Technology, 2003, 37 (4): 667-672

[6] Kalantzi O I, Alcock R E, Johnston P A, et al. The Global Distribution of PCBs and organochlorine pesticides in butter. Environmental Science & Technology, 2001, 35: 1013-1018

[7] Wang Y W, Yang R Q, Wang T, et al. Assessment of polychlorinated biphenyls and polybrominated diphenyl ethers in Tibetan butter. Chemosphere, 2010, 78 (6): 772-777

[8] Wang C F, Wang X P, Yuan X H, et al. Organochlorine pesticides and polychlorinated biphenyls in air, grass and yak butter from Namco in the central Tibetan Plateau. Environmental Pollution, 2015, 201: 50-57

[9] Simonich S L, Hites R A. Global distribution of persistent organochlorine compounds. Science, 1995, 269: 1851-1854

[10] Pozo K, Harner T, Wania F, et al. Toward a global network for persistent organic pollutants in Air: Results from the GAPS study. Environmental Science & Technology, 2006, 40: 4867-4873

[11] Shunthirasingham C, Oyiliagu C E, Cao X S, et al. Spatial and temporal pattern of pesticides in the global atmosphere. Journal of Environmental Monitoring, 2010, 12: 1650-1657

[12] Solomon S, Ivy D J, Kinnison D, et al. Emergence of healing in the Antarctic ozone layer. Science, 2016, 353 (6296):269-274

[13] Hand E. CFC bans pay off as Antarctic ozone layer starts to mend. Science, 2016, 353 (6294): 16-17

[14] Global Monitoring Plan for Persistent Organic Pollutants under the Stockholm Covention Article 16 on effectiveness Evaluation. 2nd Regional Report. Western Europe and Other Group (WEOG) Region, 2015

[15] Hung H, Kallenborn R, Breivik K, et al. Atmospheric monitoring of organic pollutants in the Arctic under the Arctic Monitoring and Assessment Programme (AMAP): 1993～2006. Science of the Total Environment, 2010, 408: 2854-2873

[16] Venier M, Hung H, Tych W, Hites R A. Temporal trends of persistent organic pollutants: A comparison of different time series models. Environmental Science & Technology, 2012, 46 (7): 3928-3934

[17] Gies A, Schröter-Kermani C, Rüdel H, et al. Frozen environmental history: The German environmental specimen bank. Organohalogen Compounds, 2007, 69: 504-507

[18] Umwelt Bundesamt. German Environmental Specimen Bank. 2013. Available at: http://www.umweltbundesamt.de/en/portal/german-environmental-specimen-bank

[19] Rappe C. Chemical behaviour of pesticides. In: Ecological Problems of the Circumpolar Area. Luleå, Sweden: Norbottens Museum, 1974: 29-32, 37

[20] Ottar B. The transfer of airborne pollutants to the Arctic region. Atmospheric Environment,. 1981, 15: 1439-1445

[21] Weschler C J. Identification of selected organics in Arctic aerosol. Atmospheric Environment, 1981, 15: 1365-1369

[22] Rahn K A, Heidam N. Progress in Arctic air chemistry. 1977~1980: A comparison of the first and second symposia. Atmospheric Environment, 1981, 15: 1345-1348

[23] Goldberg E. Synthetic organohalides in the sea. Proceedings of the Royal Society of London B 1975, 189: 277-289

[24] Gregor D J, Loeng H, Barrie L. The influence of physical and chemical processes on contaminant transport into and within the Arctic. In: Wilson S J, Murray J L, Huntington H P (Eds.). AMAP Assessment Report: Arctic Pollution Issues. Oslo, Norway: Arctic Monitoring and Assessment Programme (AMAP), 1998: 25-116

[25] Shen L, Wania F, Lei Y D, et al. Hexachlorocyclohexanes in the North American atmosphere. Environmental Science & Technology, 2004, 38: 965-975

[26] Wania F, Mackay D. Tracking the distribution of persistent organic pollutants. Environmental Science & Technology, 1996, 30: 390A-396A

[27] Wania F, Mackay D. Global chemical fate of α-hexachlorocyclohexane. 2. Use of a global distribution model for mass balancing, source apportionment, and trend predictions. Environmental Toxicology and Chemistry, 1999, 18: 1400-1407

[28] Scheringer M. Analyzing the global fractionation of persistent organic pollutants (POPs). In: Mehmetli E, Koumanova B (eds.). The Fate of Persistent Organic Pollutants in the Environment. Netherlands: Springer, 2008: 189-203

[29] Shen L, Wania F, Lei Y D, et al. Polychlorinated biphenyls and polybrominated diphenyl ethers in the North American atmosphere. Environmental Pollution, 2006, 144: 434-444

[30] Wania F, Dugani C B. Assessing the long-range transport potential of polybrominated diphenyl ethers: A comparison of four multimedia models. Environmental Toxicology and Chemistry, 2003. 22: 1252-1261

[31] Wania F, Su Y S. Quantifying the global fractionation of polychlorinated biphenyls. AMBIO: A Journal of the Human Environment, 2004, 33 (3): 161-168

[32] Beyer A, Wania F, Gouin T, et al. Selecting internally consistent physicochemical properties of organic compounds. Environmental Toxicology and Chemistry, 2002, 21 (5): 941-953

[33] Shen L, Wania F. Compilation, evaluation and selection of physical-chemical properties for organochlorinated pesticides. Journal of Chemical and Engineering Data, 2005, 50: 742-768

[34] Plassmann M M, Meyer T, Lei Y D, et al. Laboratory Studies on the Fate of Perfluoroalkyl Carboxylates and Sulfonates during Snowmelt. Environmental Science & Technology, 2011, 45 (16): 6872-6878

[35] Scheringer M, Wegmann F, Fenner K, Hungerbuhler K. Investigation of the cold conden-

sation of persistent organic pollutants with a global multimedia fate model. Environmental Science & Technology, 2000, 34: 1842-1850

[36] Gouin T, Mackay D, Jones K C, et al. Evidence for the "grasshopper" effect and fractionation during long-range atmospheric transport of organic contaminants. Environmental Pollution, 2004, 128: 139-148

[37] Barra R, Popp P, Quiroz R, et al. Persistent toxic substances in soils and waters along an altitudinal gradient in the Laja River Basin, central southern Chile. Chemosphere, 2005, 58: 905-915

[38] Wania F, Westgate J N. On the mechanism of mountain cold-trapping of organic chemicals. Environmental Science & Technology, 2008, 42: 9092-9098

[39] Daly G L, Wania F. Organic contaminants in mountains. Environmental Science & Technology, 2005, 39: 385-398

[40] Daly G L, Lei Y D, Teixeira C, et al. Pesticides in Western Canadian mountain air and soil. Environmental Science & Technology, 2007, 41: 6020-6025

[41] Daly G L, Lei Y D, Teixeira C, et al. Accumulation of current-use pesticides in neotropical montane forests. Environmental Science & Technology, 2007, 41: 1118-1123

[42] Westgate J, Wania F. Model-based exploration of the drivers of mountain cold-trapping in soil. Environmental Science-Processes & Impacts, 2013, 15: 2220-2232

附录 缩略语（英汉对照）

AHC   agglomerative hierarchical clustering，分层聚类

BAF   bioaccumulation factor，生物蓄积因子

BCF   biological concentration factor，生物富集因子

CC   *cis*-chlordane，顺式氯丹

ChnGPERM Chinese Gridded Pesticide Emission and Residue Model，网格化质量平衡模型

CT   chlorothalonil，百菌清

CWT   concentration weighted trajectory，浓度加权的风迹方法

DDDs   dichlorodiphenyldichloroethanes，二氯二苯基二氯乙烷

DDEs   dichlorodiphenyldichloroethylenes，二氯二苯基二氯乙烯

DDTs   dichlorodiphenyltrichloroethanes，滴滴涕，二氯二苯基三氯己烷

HCA   hierarchical cluster analysis，分层聚类分析

HCB   hexachlorobenzene，六氯苯

HCHs   hexachlorocyclohexanes，六氯环己烷

LRTP   long-range transport potential，长距离传输潜力

OCPs   organochlorine pesticides，有机氯农药

PAHs   polycyclic aromatic hydrocarbon，多环芳烃

PAS   passive air samplers，大气被动采样器

PBDEs   polybrominated diphenyl ethers，多溴二苯醚

PCBs   polychlorinated biphenyls，多氯联苯

PCDD/Fs   polycholoro dibenzo-*p*-dioxin/furans，多氯联苯并二噁英/呋喃

PCNs   polychlorinated naphthalenes，多氯萘

PFOS   perfluooctane sulfonate，全氟辛基磺酸

POPs   persistent organic pollutants，持久性有机污染物

PUF   poly urethane foam，聚氨酯泡沫

SCCPs   short-chain chlorinated paraffins，短链氯化石蜡

SPMD   semi-permeable membrane device，半透膜装置

SVHC   substances of very high concern，高度关注的化学品

SVOC	semi-volatile organic compound，半挥发性有机化合物
TC	*trans*-chlordane，反式氯丹
TN	*trans*-nonachlor，反式九氯
TOC	total organic carbon，总有机碳
VOC	volatile organic compound，挥发性有机化合物

索　引

持久性有机污染物的大气传输

持久性有机污染物长距离大气传输　15，16，
　　17，21，226

持久性有机污染物区域性大气传输　22，88，
　　90，91，122，145，146，224，242，247

持久性有机污染物区域性特征　146

识别两种大气传输过程　204

**持久性有机污染物的
大气传输研究实例**

天津　22，64，65，251

山东长岛　23，95

卧龙自然保护区（四川西部山区，中国）　25，
　　127，161

青藏高原（中国）　236-246

英国-挪威纬度剖面　263

博茨瓦纳（非洲）　56，199

落基山脉（加拿大）　202

智利（南美洲）　204

北美洲　19，207

南极洲　16

跨太平洋　15，16

全球大气被动采样网络（GAPS）　209，266

**持久性有机污染物的大气
传输有关模型研究**

环境多介质模型　28，29，174

逸度　28，29，190

Globo-POP 环境多介质模型　28，29，277

MCMPOP 环境多介质模型　246，248，249

Mountain-POP 环境多介质模型　174

MCP-山区污染潜势　174，175

化合物空间图　175

被动采样吸附过程的模型研究　57，58

大气扩散模型　30

演变趋势模型研究　31

持久性有机物污染物的大气被动采样

被动采样　50，54，55，58，59

主动采样　50，53，54，55，58

SPMD-PAS 被动采样　22，43，44

POG-PAS 被动采样　44

XAD-PAS 被动采样　21，43，44，45，55，
　　64，65，123，128，251

XAD-PAS 被动采样平行样　66，69，149，
　　215，239，243

PUF-PAS 被动采样　21，22，43，44，45，
　　46，55，224

吸附平衡采样器　44，47，60

线性吸附采样器　44，47，60

双膜吸附假设　46，56，222

三过程吸附假设　56，222

采样速率的影响因素　48，49

采样速率的估算　48，51，68，98，135-138

采样速率的校准　47，53，56，239-241

POPs 均值数据的代表性　234

参考化合物　51，52，56，98，135

逸失-参考化合物　52，53，59

大气被动采样的风速效应　49，131，215

大气被动采样风速效应的应对　223，232-236

持久性有机污染物的
浓度水平与时空变化

浓度水平　69，103，139，140，161，162，246
相对组成　60，104，114，246
组成特征　64，98
POPs 源排放组成特征　90，91
POPs 组成探针　148，149
季节变化　64，69，90，91，95，109，143，162
年际差异与变化趋势　64，213，245
空间分布　64，69，238，242-244
海拔梯度分布　143，155-157，170，173，181，188，246
城市-郊区梯度分布　22，64，73

大气被动采样 XAD 树脂
吸附剂的处理与分析

采样前预处理　67
采样后的抽提处理　68
采样后的净化处理　68
采样后的 POPs 分析　68，223

典型持久性有机污染物的
基本特性和理化性质

持久性　2，74
长距离传输能力　2，3，14
生物蓄积性　2，4
毒性　2，5
理化性质　2，3，25，32，175，274-275
半挥发性　4
辛醇-水分配系数　3，4
水-大气分配系数　3，4
辛醇-大气分配系数　3，4
生物蓄积因子　5
生物富集因子　5
亲脂性　5

典型持久性有机污染物和
其他有机污染物

六氯苯　3，11，20，69，65，69，78，135，164，200，204，207，209，239，249
六六六　3，11，18，22，30，64，69，104，139，164，166，200，204，207，209，239，249
滴滴涕　3，12，18，20，21，69，79，106，140，164，166，200，207，239，249
多氯联苯　3，9，10，17，22，23，25，30，64，69，83，140，178，226，239，249，264，275
多氯联苯并二噁英/呋喃　8
多溴二苯醚　16，17，178
全氟辛基磺酸及其盐类　8
全氟辛基磺酰氟　8
林丹　8，64，65，168，211
硫丹　18，22，200，204，207，211
三氯杀螨醇　12，20，22，91，107，140
多环芳烃　18，22，26，226

典型环境过程

全球分馏效应　20，30，273
纬度分馏效应　24，264
海拔分馏效应　24，246
冷凝结效应　24，264
极地冷捕集效应　17，20，24，25，264
山区冷捕集效应　17，20，24，25，166，168，177，178，192，279
土气交换过程　26，189
水气交换过程　199
森林过滤效应　95，188，248
林内林外浓度比值　26，108
降解与转化　15，74，148，225
大气湿沉降　16，248
半衰期　2，3，269

线性回归　170，172

指数回归　170，173，178，187

土壤有机碳校正　169，173，177，180，184-
　　186，190，265

土壤再挥发　26，32，51，73，148，191，199

水体再挥发　26，32，51，73，148，191，199

二次排放源　26，32，51，73，148，191，199

反向风迹模型和空域计算　24，27，56，206

HYSPLIT 软件应用　116

正向风迹图　116

反向风迹图　116，130

风迹聚类分析　116

空域　130，150

关于全球性环境问题的国际公约

《斯德哥尔摩公约》　6，267-269

《斯德哥尔摩公约》附件 A　7，12

《斯德哥尔摩公约》附件 B　7，12

《斯德哥尔摩公约》附件 C　7，12

POPs 审查委员会　8

《斯德哥尔摩公约》的履约工作进展　13，245

POPs 防治最佳可行技术（BAT）　3

POPs 防治最佳环境实践（BEP）　3

臭氧层保护国际公约　267

汞污染防治国际公约　267

聚类分析及相关主题

聚类分析　18，200，202，204，207，209

基于绝对浓度的聚类分析　213

基于相对组成的聚类分析　88，89，118，
　　213，242-244

组成特征探针　225

相关性分析　86，95，115，116

来源识别　105，106，109，166，207，224-
　　226，242-244

局地排放　120-122，142，189，202，247，
　　275

区域性特征　121，122，202

源区-受体关系　18，24，95，116，120，
　　122，145，147，150

区分当地点源排放和区域性长距离传输的贡献
　　两类采样点位　202

区分当地点源排放和区域性长距离传输的贡
　　献　95，227

其他主题

POPs 比值法　12，15，17，18，19，21，22，
　　23，69，74，77，80，106，139，140，
　　145，222，247

POPs 手性化合物　16，19，20

氯同位素丰度比测定　227，250-257

氯同位素分馏　257

开拓与创新　273-280

POPs 研究先进理念　263

彩　图

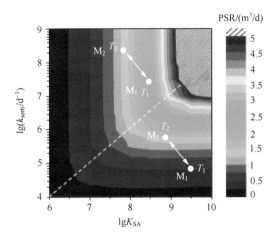

彩图1　被动采样速率(PSR)与化合物性质、温度、分子大小的关系

分子大小:$M_1 > M_2$;温度:$T_1 < T_2$。图示基于 XAD-PAS 放置 360 d 的模型计算的结果,假设空气边界层的厚度是 0.01 cm,描述了 K_{SA}-k_{sorb} 二维化合物空间中被动采样速率(PSR)的变化。右上角的灰色区间对应于较高的 K_{SA} 和较高的 k_{sorb} 组合所计算得到的 PSR 大于 5 m³/s 的情况,在实际中不可能有这样的化合物存在

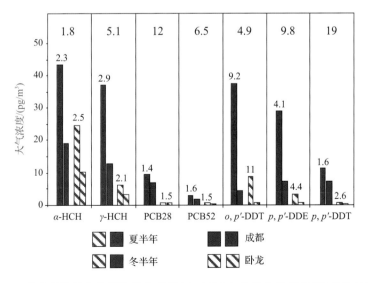

彩图2　7种半挥发性有机污染物在成都(实心柱)与卧龙自然保护区(斜纹柱)的夏半年(红色柱)与冬半年(蓝色柱)大气中浓度中位数的比较。图中小号数值标注夏冬半年浓度比,图顶部大号数据标注成都/卧龙污染物浓度比[29]

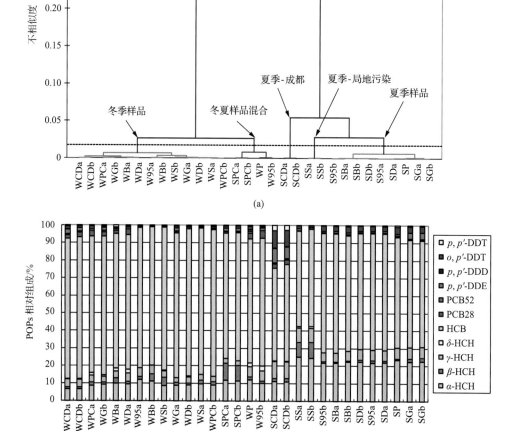

彩图 3 成都-卧龙区域 30 个被动采样样品组成数据聚类分析树形图(a)与组成图(b)

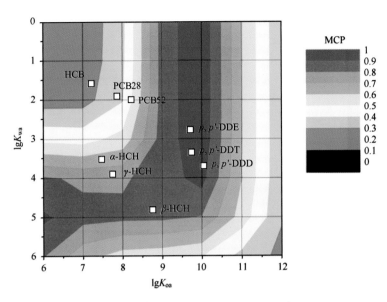

彩图 4　化合物空间图（chemical space plot）

根据 Wania 和 Westgate[16] 按照普通山地系统中对持久性有机污染物进行计算，获得山区污染潜势（MCP）与其水-大气平衡分配系数 K_{wa} 和辛烷-大气平衡分配系数 K_{oa} 的函数。巴郎山区土壤中检出的 9 种 POPs 按其分配性质[39,40,66] 叠加于图中[17]

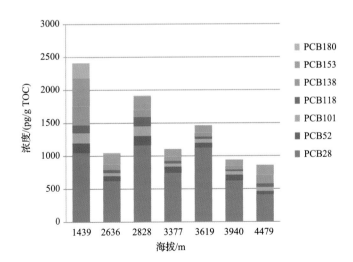

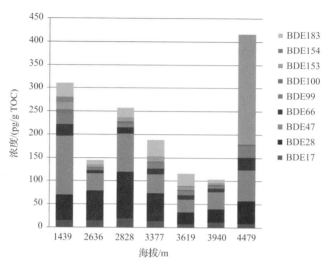

彩图 5 巴郎山土壤中 PCBs 和 PBDEs 浓度沿海拔的分布[34]

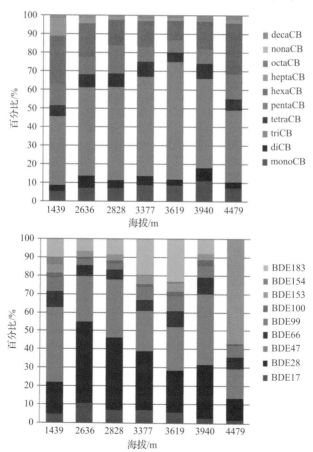

彩图 6 土壤中 PCBs 同系物及 PBDEs 组分百分比随海拔分布[34]

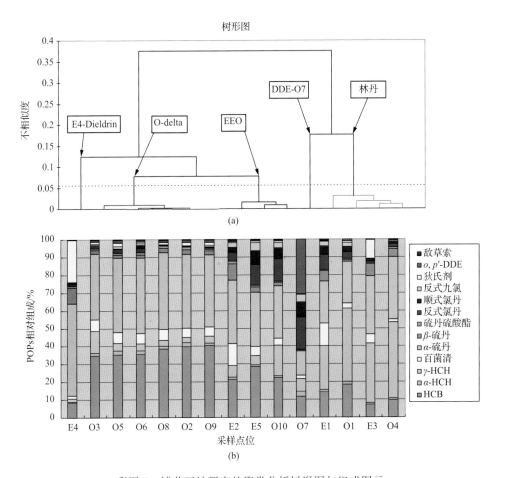

彩图 7　博茨瓦纳研究的聚类分析树形图与组成图示

（a）树形图表明聚类分析得到 5 个分组，其中 2 个组仅含 1 个点位，另 2 个组分别含 3 和 4 个点位。所有这 4 个组均有较高的 POPs 浓度水平，六氯苯含量相应较低。"O-delta"组含有 6 个点位，是最清洁的，六氯苯含量相应较高，点位之间组成高度相似。（b）相对组成图，采样点位与树形图的点位一一对应

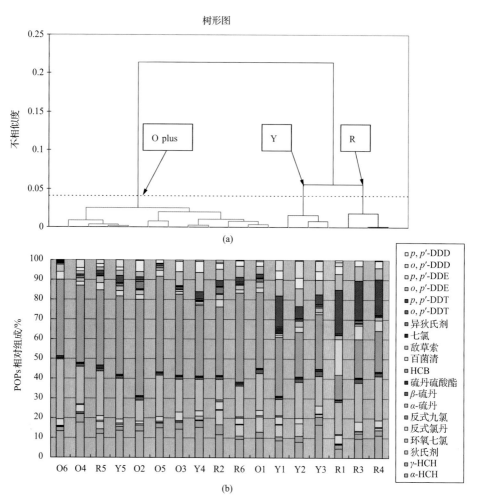

彩图 8　加拿大西部山区研究的聚类分析树形图与组成图示

（a）树形图表明聚类分析得到 3 个分组。R 组由雷夫尔斯托克剖面海拔较低的 3 个点位组成；Y 组由幽鹤剖面海拔较低的 3 个点位组成；O plus 组由 11 个点位构成，包括观望峰剖面的所有 6 个点位以及雷夫尔斯托克剖面和优霍剖面的 5 个点位，主要是海拔较高的点位。（b）相对组成图，采样点位与树形图的点位一一对应

彩图 9　加拿大西部山区雷夫尔斯托克（Revelstoke）、优霍（Yoho）和观望峰（Observation Peak）三个海拔剖面的采样点位图示以及聚类发现的结果。蓝色分组均为高海拔点位，包括观望峰剖面的所有点位，属于清洁的背景大气。黄色分组临近高速公路。红色分组接近居民小镇雷夫尔斯托克镇[9]

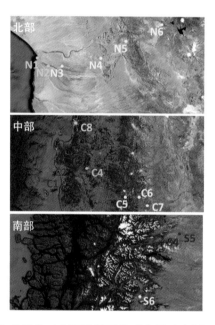

彩图 10　智利北部、中部、南部的三个海拔剖面地理位置示意图以及聚类分析的结果。红色分组的点位来自南部和中部,代表了南太平洋的清洁大气。黄色分组包括三个海拔剖面的高海拔点位,具有较多硫丹和百菌清成分。绿色分组有城市点位构成,富含百菌清。蓝色分组代表一个农业区,组成独特[9]

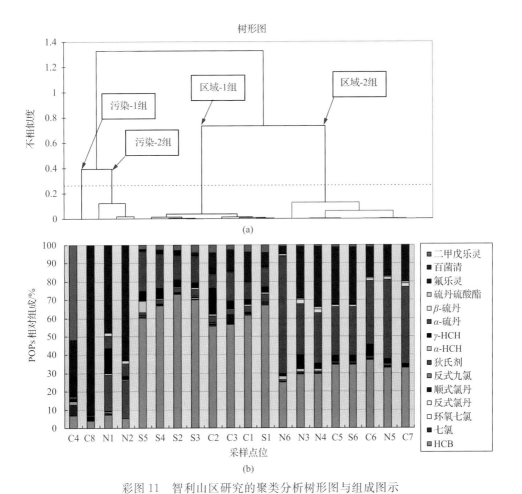

彩图 11　智利山区研究的聚类分析树形图与组成图示

（a）树形图表明聚类分析得到 4 个分组。左侧 2 个组为污染分组含 4 个点位；其他 2 个组为
区域性分组，其点位来自广大地区。（b）相对组成图，采样点位与树形图的点位一一对应

彩图 12　北美洲被动采样网络 40 个点位示意图[9]

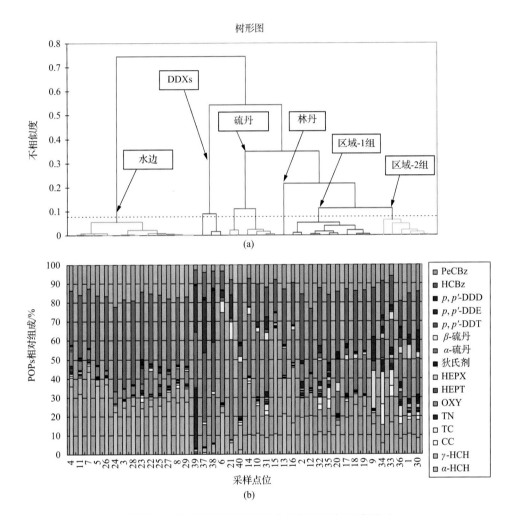

彩图 13　北美洲研究的聚类分析树形图与组成图示

(a)树形图表明聚类分析得到 8 个分组。最左侧的水边分组与最右侧的区域性分组 1 和 2(Regional-1 和 2)为区域性清洁分组。居中的 5 个分组分别置于 DDXs、硫丹、林丹名下,为污染分组。

(b)相对组成图,采样点位与树形图的点位一一对应

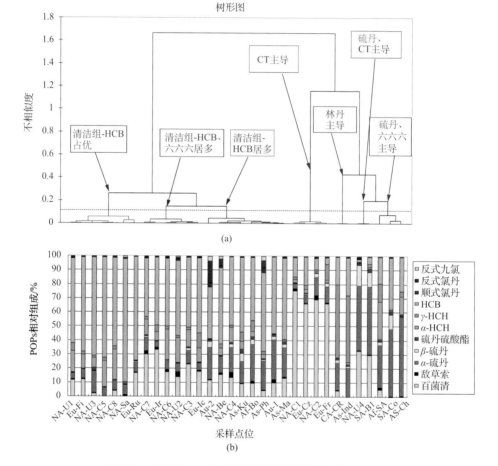

彩图 14　GAPS-2007 年数据的聚类分析树形图与组成图示

（a）树形图表明聚类分析得到 7 个分组。左侧的 3 个分组为清洁分组，共含有 21 个点位。
右侧的 4 个分组共含 11 个点位，2 个分组相对清洁，2 个分组为污染分组。（b）相对组成
图，采样点位与树形图的点位一一对应

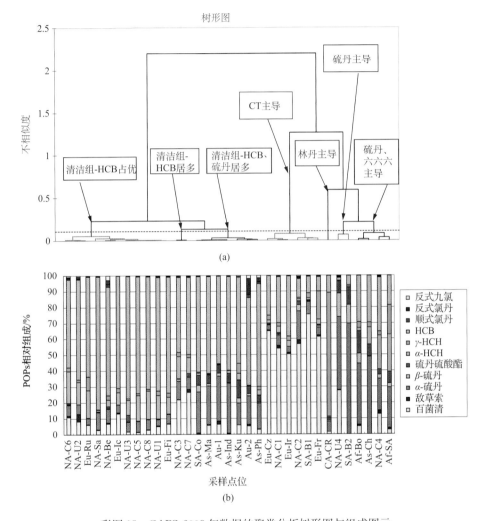

彩图 15　GAPS-2008 年数据的聚类分析树形图与组成图示

(a) 树形图表明聚类分析得到 7 个分组。左侧的 3 个分组为清洁分组,共含有 20 个点位。右侧的 4 个分组,共含 13 个点位;其中最右侧的分组所属 4 个点位相对清洁,而其他 9 个点位污染水平较高。

(b) 相对组成图,采样点位与树形图的点位一一对应

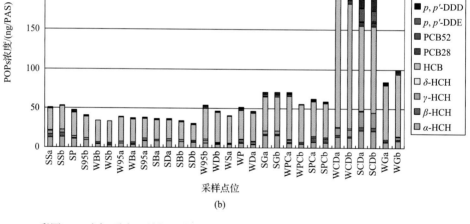

彩图 16　成都-卧龙区域性研究浓度数据的聚类分析树形图与总量及组成图示

（a）树形图表明聚类分析得到 5 个分组。左侧的 2 个分组浓度水平较低,共含有 24 个样品。右侧的 3 个分组,共含 6 个点位;其中最右侧的分组"冬季-风大"浓度略高,居中的 2 个分组由成都样品构成,浓度较高。

（b）POPs 总量及组成图,采样点位与树形图的点位一一对应

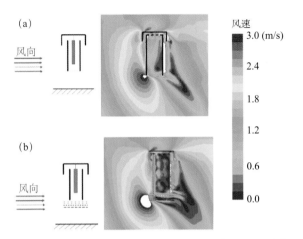

彩图 17 青藏高原纳木错地区冬季(风速 4.4 m/s)流体动力学计算风场模拟图
(a)被动采样器原设计;(b)改进型被动采样器[14]

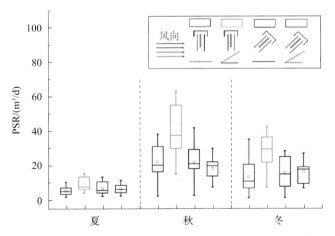

彩图 18 在青藏高原纳木错野外现场四种"地形-放置"情况(平面-垂直;坡面-垂直;
平面-倾斜;坡面-倾斜;黑、绿、蓝、棕 4 种颜色数据),3 个季节的 XAD 吸附树脂
被动采样器的平均被动采样速率(PSR)图示[14]

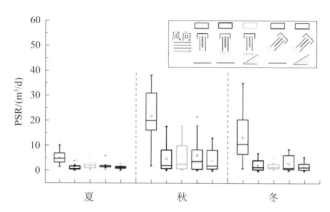

彩图 19　在青藏高原纳木错野外现场四种"地形-放置"情况(平面-垂直;坡面-垂直;平面-倾斜;坡面-倾斜;黑、绿、蓝、棕 4 种颜色数据),3 个季节的改进型 XAD 吸附树脂被动采样器的平均被动采样速率(PSR)图示及其和被动采样器原型(平面-垂直,红色数据)的比较[14]

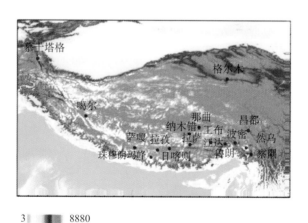

彩图 20　青藏高原 POPs 监测网络采样点示意图[28]
用颜色表示海拔高度的图标的单位是 m

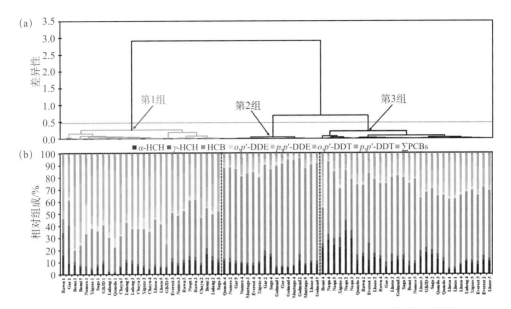

彩图 21　聚类分析结果树形图(a)和对应大气被动采样样品的 POPs 相对组成图(b)

树形图(a)中水平横线表明确定 3 个分组的相似性水平处于一个稳定的区间,水平横线向上或向下移动均不会突然改变 3 个分组的状况。图(b)的底部给出了每个样品的名称,首先是采样点的名称,数字部分表明采样的年份,1～5 表示 2007～2012 年。2007～2008 年的样品为 1,2008～2009 年的样品为 2,余类推

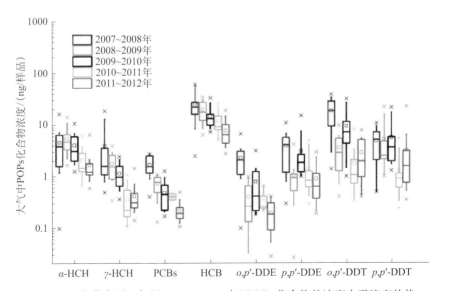

彩图 22　青藏高原 5 年间(2007～2012 年)POPs 化合物的浓度水平演变趋势

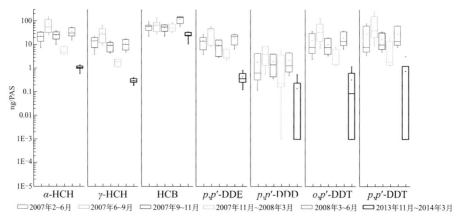

彩图 23　山东长岛 2013 年 12 月至 2014 年 3 月有机氯污染物浓度水平和
2007 年 2 月至 2008 年 6 月数据的比较

彩图 24　大气 POPs 观测断面和模拟断面[37]

大气 POPs 观测断面位于喜马拉雅山脉中段,从尼泊尔南部的平原地区越过喜马拉雅山脊直到北坡,由 9 个采样点位组成。最南端的 2 个点位是锡马拉(Simara)和黑道达(Hetauda);海拔居中的 3 个点位是首都加德满都(Kathmandu)及达曼(Daman)、赛亚布贝斯(Syabru Besi);从赛亚布贝斯往北 3 个站点的海拔急剧增加,是瑞姆奇(Rimchhe)、克岩晶岗姆巴(Kyanjin Gumba)和亚拉峰(Yala Peak);而希夏邦马(Xixiabangma)已经位于喜马拉雅山脉的北坡了。另有一个采样点位设置在吉隆镇(Gillon)附近。因为吉隆河从西藏吉隆横切喜马拉雅山脉抵达尼泊尔的赛亚布贝斯,这条河流流经的山谷也是 POPs 越过喜马拉雅山脉的一个传输通道。图中白色箭头为正北方向

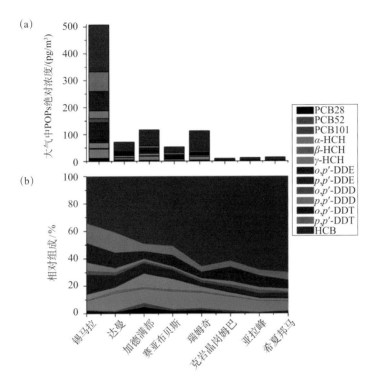

彩图 25　大气 POPs 沿喜马拉雅山脉观测断面的绝对浓度分布(a)与相对组成变化(b)[37]

观测结果显示,沿观测断面的传输过程中发生了大气 POPs 绝对浓度衰减和相对组成
逐步变化的情况。POPs 相对组成变化揭示了分馏效应,即挥发性良好的 HCB(六氯苯)
的份额随着海拔升高越来越大,挥发性较差的化合物的份额则越来越小

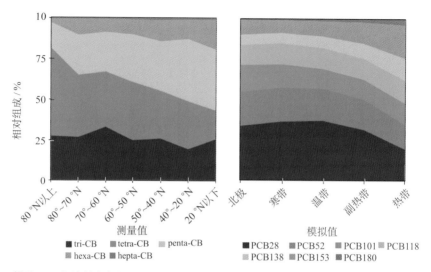

彩图 26　北美洲大气被动采样网络的 PCBs 相对组成数据实际测量研究结果[29] 和
模型研究结果的比较[31]

土壤中化学组成

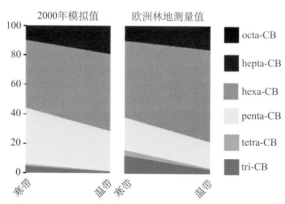

彩图 27　北半球温带和寒带土壤中 PCBs 分布的模型研究结果[31] 和
实际测量研究结果[3] 的比较